国家人力资源和社会保障部
国家工业和信息化部 信息专业技术人才知识更新工程（"653工程"）指定教材
全国高等职业教育"十一五"计算机类专业规划教材

Oracle
SHUJUKU GUANLI YU YINGYONG JIAOCHENG

Oracle
数据库管理与应用教程

丛书编委会

U0132245

中国电力出版社
http://jc.cepp.com.cn

内容提要

本书是国家人力资源和社会保障部、国家工业和信息化部有关信息专业技术人才知识更新工程（"653 工程"）的指定教材，同时也是全国高等职业教育计算机类专业规划教材。

本书概念准确、原理简明、内容实用、重在实例，深入浅出地对 Oracle 数据库的管理与应用技术进行了讲述。本书不仅适用于高等职业教育教学需要，而且也适用于从事 Oracle 系统管理维护或基于 Oracle 数据库进行应用开发的中级用户参考。

图书在版编目（CIP）数据

Oracle 数据库管理与应用教程 / 《国家人力资源和社会保障部、国家工业和信息化部信息专业技术人才知识更新工程（"653 工程"）指定教材》丛书编委会编. —北京：中国电力出版社，2009

国家人力资源和社会保障部、国家工业和信息化部信息专业技术人才知识更新工程（"653 工程"）指定教材

ISBN 978-7-5083-7192-4

Ⅰ. O⋯ Ⅱ. 国⋯ Ⅲ. 关系数据库－数据库管理系统，Oracle－教材 Ⅳ. TP311.138

中国版本图书馆 CIP 数据核字（2009）第 005648 号

书　　名：Oracle 数据库管理与应用教程
出版发行：中国电力出版社
　　　　地　　址：北京市三里河路 6 号　　　　邮政编码：100044
　　　　电　　话：（010）68362602　　　　传　　真：（010）68316497，88383619
　　　　服务电话：（010）58383411　　　　传　　真：（010）58383267
　　　　E-mail：infopower@cepp.com.cn
印　　刷：北京丰源印刷厂
开本尺寸：184mm×260mm　　　印　　张：16.25　　字　　数：393 千字
书　　号：ISBN 978-7-5083-7192-4
版　　次：2009 年 1 月北京第 1 版
印　　次：2009 年 1 月第 1 次印刷
印　　数：0001—3000 册
定　　价：**26.00 元**

专家指导委员会

丛书编委会

本书编委会

丛书编委会院校名单

（按拼音排序）

保定电力职业技术学院　　　　山东电子职业技术学院
北京电子科技职业学院　　　　山东济宁职业技术学院
北京工业职业技术学院　　　　山东交通职业学院
北京建筑工程学院　　　　　　山东经贸职业学院
北京市经济管理学校　　　　　山东省工会管理干部学院
北京市宣武区第一职业学校　　山东省潍坊商业学校
滨州职业学院　　　　　　　　山东丝绸纺织职业学院
渤海大学高职学院　　　　　　山东信息职业技术学院
沧州职业技术学院　　　　　　山东枣庄科技职业学院
昌吉职业技术学院　　　　　　山东中医药高等专科学校
大连工业大学职业技术学院　　沈阳师范大学职业技术学院
大连水产学院职业技术学院　　石家庄邮电职业技术学院
东营职业学院　　　　　　　　苏州建设交通高等职业技术学校
河北建材职业技术学院　　　　苏州托普信息职业技术学院
河北旅游职业学院　　　　　　天津铁道职业技术学院
河南工程学院　　　　　　　　潍坊职业学院
河南农业职业学院　　　　　　温州职业技术学院
湖北省仙桃职业学院　　　　　无锡南洋职业技术学院
嘉兴职业技术学院　　　　　　武汉软件工程职业学院
江门职业技术学院　　　　　　咸宁职业技术学院
江苏财经职业技术学院　　　　新疆农业职业技术学院
江苏常州工程职业技术学院　　新余高等专科学校
金华职业技术学院　　　　　　兴安盟委党校
莱芜职业技术学院　　　　　　浙江金融职业学院
辽宁机电职业技术学院　　　　浙江商业职业技术学院
辽宁金融职业学院　　　　　　浙江同济科技职业技术学院
辽宁经济职业技术学院　　　　郑州电力高等专科学校
辽宁科技大学高等职业技术学院　中国农业大学继续教育学院
青岛滨海学院　　　　　　　　中国青年政治学院
青岛酒店管理职业技术学院　　中华女子学院山东分院
青岛职业技术学院　　　　　　淄博职业学院
日照职业技术学院

丛　书　序

自 20 世纪 90 年代以来，伴随着信息技术创新和经济全球化步伐的不断加快，全球信息化进程日益加速，中国的经济社会发展对信息化提出了广泛、迫切的需求。党的十七大报告做出了要"大力推进信息化与工业化融合"，"提升高新技术产业，发展信息、生物、新材料、航空航天、海洋等产业"的重要指示，这对信息技术人才提出了更高的要求。

为贯彻落实科教兴国和人才强国战略，进一步加强专业技术人才队伍建设，推进专业技术人才继续教育工作，人力资源和社会保障部组织实施了"专业技术人才知识更新工程（'653 工程'）"，联合相关部门在现代农业、现代制造、信息技术、能源技术、现代管理等 5 个领域，重点培训 300 万名紧跟科技发展前沿、创新能力强的中高级专业技术人才。工业和信息化部与人力资源和社会保障部在 2006 年 1 月 19 日联合印发《信息专业技术人才知识更新工程（"653 工程"）实施办法》（国人部发［2006］8 号），对信息技术领域的专业技术人才培养进行了部署和安排，提出了要在 6 年内培养信息技术领域中高级创新型、复合型、实用型人才 70 万人次左右。

作为国家级人才培养工程，"653 工程"被列入《中国国民经济和社会发展第十一个五年规划纲要》和《2006—2010 年全国干部教育培训规划》，成为建设高素质人才队伍的重要举措。

本系列教材作为"653 工程"指定教材，严格按照《信息专业技术人才知识更新工程（"653 工程"）实施办法》的要求，以培养符合社会需求的信息专业技术人才为目标，汇聚了众多来自信息产业部门、著名高校、科研院所和知名企业的学者与技术专家，组成强大的教学研发和师资队伍，力求使教材体系严谨、贴近实际。同时，教材采用"项目驱动"的编写思路，以解决实际项目的思路和操作为主线，连贯多个知识点，语言表述规范、明确，贴近企业实际需求。

为了方便教师授课和学生学习，促进学校教学改革，提升教学质量，本系列教材不仅提供教师授课所用的教学课件、习题和答案解析，而且针对教材中所涉及的案例、项目和实训内容，提供了多媒体视频教学演示课件。另外，在教学过程中，随时可以登录教师之家——中国学术交流网（www.jiaoshihome.cn），寻求教学资源的支持，我们特别为每一本教材设置了针对教师授课和学员学习的答疑论坛。同时，本套教材举办"有奖促学"活动，凡购买本套教材，学习完后，举一反三创作出个人作品，上传至教师之家——中国学术交流网，每个学期末将根据创作内容和网站点击率综合评选一次，选出一、二、三等奖和纪念奖，并在假期中颁发奖项。

学员学习本系列教材后经考核合格，可以申请"专业技术人才知识更新工程（'653 工程'）培训证书"。该证书可以作为专业技术人员职业能力考核的证明，以及岗位聘用、任职、定级和晋升职务的重要依据。

我们希望以本系列教材为载体，不断更新教学内容，改进教学方法，搭建学校与企业沟通的桥梁，大力推进校企合作、工学结合的人才培养模式，探索一条充满生机和活力的中国信息技术人才培养之路，为建设社会主义和谐社会提供坚强的智力支持和人才保证。

丛书编委会

前　　言

在国家人力资源和社会保障部印发的《关于加快实施专业技术人才知识更新工程（"653 工程"）的意见》中特别指出，专业技术人才知识更新工程是列入我国国民经济和社会发展第十一个五年计划的一项重大人才培养工程。对于加强专业技术人才队伍建设、培养创新型人才、增强自主创新能力、推动继续教育事业的全面发展具有重要意义。根据此精神，工业和信息化人才培养中心联合中国电力出版社，特别组织并研发了信息专业技术人才知识更新工程（"653 工程"）指定教材。教材以就业为导向，以"工学结合、校企合作"为依托，以发挥行业指导性、推行"双证书"制度为手段，以培养应用技能型人才为目标，将教、学、用完美结合。

本书作为高等职业教育用书，紧密围绕当前高职教育教学的目标和出发点，本着实用性和技能性的要求，在编者多年从事 Oracle 教学和开发的基础上，以 Oracle9i 为例，由浅入深地讲述了 Oracle 体系结构、维护实用管理技术和应用开发技术。本书在编写时力求概念准确、原理简明、内容实用、通俗易懂，尽量避免冗杂的理论陈述，重在实际操作，在操作中感受 Oracle 的工作机制。本书大部分章节设置了习题和上机实训内容，以加深读者对所学知识的理解，提高解决实际问题的能力。本书内容编排与 Oracle 公司的认证培训要求基本一致，也适用于从事 Oracle 系统管理维护或基于 Oracle 数据库进行应用开发的中级用户参考。

本书分三篇，共 14 章。

第一篇　Oracle 基础篇。重点介绍 Oracle 数据库相关的基础知识，为后续章节的学习打下基础，共包括 4 章。第 1 章讲述了数据库的基础知识及 Oracle 数据库的发展历程、特点；第 2 章讲述了关系数据库语言 SQL 的概念、特点、功能，以及数据定义、数据查询、数据操作和事务控制，同时讲述了 SQL*Plus 的操作使用；第 3 章讲述了三种 Oracle 常用的工具；第 4 章讲述了 Oracle 数据库的体系结构。

第二篇　Oracle 数据库系统管理与维护篇。重点介绍 Oracle 数据库系统的各种管理维护的技术与方法，共包括 6 章。第 5 章讲述了启动、关闭数据库的步骤及方法；第 6、7 章讲述了 Oracle 控制文件、重做日志文件及表空间与数据文件的管理维护技术和方法；第 8 章讲述了 Oracle 数据库的安全管理技术和方法；第 9 章讲述了网络配置技术和方法；第 10 章讲述了各种备份与恢复的技术与方法。

第三篇　Oracle 数据库开发篇。重点介绍基于 Oracle 数据库的应用开发知识和技术，共包括 4 章。第 11、12 章讲述了 Oracle 数据库对象（表、约束、索引、视图等）的应用技术；第 13 章讲述了 PL/SQL 编程基础知识；第 14 章，以"科技信息情报网站"系统开发为例，介绍了基于 Oracle 数据库系统开发的主要内容和相关技术。

本书由刘俊英编写第 1～5 章和第 13 章，曹素丽编写第 6～12 章和第 14 章。

由于编者水平有限，加之时间仓促，难免有错误和疏漏之处，恳请广大读者谅解，并予以批评指正。

编 者

2008 年 12 月

目　　录

第二篇　Oracle 数据库系统管理与维护

第一篇

Oracle 基础

本篇从初学入门的角度，主要讲述 Oracle 数据库相关的基础知识，旨在为后面的管理维护篇和应用开发篇提供 Oracle 数据库的基础知识。本篇共分 4 章，包括 Oracle 数据库概述、关系数据库语言 SQL、Oracle 常用工具及 Oracle 数据库体系结构等内容。其中第 1、3 章为了解性内容；第 2 章重在命令使用，是本篇的一个重点；第 4 章重在理解，是本篇的一个难点。

通过本篇的学习，应该达到下列目标：

（1）了解数据库的基础知识。

（2）了解 Oracle 数据库的特点。

（3）熟练掌握 SQL 语句，并能在 SQL*Plus 环境中操作使用。

（4）了解 Oracle 的常用工具。

（5）理解 Oracle 数据库体系结构。

（6）掌握常用数据字典和动态性能视图的使用。

第 1 章
Oracle 数 据 库 概 述

Oracle 数据库管理系统是关系型面向对象的数据库管理系统，是由 Oracle 公司生产的享誉全球的 DBMS，因其在数据安全、数据处理方面具有卓越的性能，并具有良好的可移植性、稳定性等特点，使 Oracle 数据库管理系统及相应产品在全世界各个领域都得到了广泛应用。本章简要介绍数据库的基础知识及 Oracle 数据库的发展历程和特点，为后续课程的学习奠定良好的基础。

1.1 数据库基础知识

随着信息社会的不断发展，数据库的应用领域日益广泛，它已经成为计算机应用系统中重要的支持性软件。数据库因其良好的数据结构性、高度共享、低冗余、易于扩充、易于编程等特点，在生产管理、电子商务、统计、多媒体以及智能化应用领域中的地位日益突出。

1.1.1 数据库基本概念

1. 数据、数据处理

数据（Data）是存储在计算机媒体上，反映事物特征的物理符号。数据有数字、文字、图形、图像、声音等多种表现形式。数据处理是利用计算机对各种形式的数据进行处理，从中获取有价值的信息用于决策的过程。数据处理的内容主要包括收集数据、存储数据，对数据分类、汇总、统计、检索、传输与维护等。

2. 数据库

数据库（Database）指以一定的组织方式将相关的数据组织在一起并存储在存储介质上，所形成的能为多个用户共享，与应用程序彼此独立的一组相互关联的数据集合。数据库中的数据按一定的数据模型组织、描述和存储，具有较低的冗余度、较高的数据独立性和易扩展性，并可为所有用户共享。

3. 数据库管理系统

数据库管理系统（Database Management System，DBMS）是位于用户与操作系统之间，负责数据库存取、维护和管理的软件系统，是数据库系统的核心。数据库管理系统提供安全性、完整性、并发性控制机制，数据库系统各类用户对数据库的各种操作请求（数据定义、查询、更新及各种控制）都是由数据库管理系统来完成的。

4. 数据库系统

数据库系统是指计算机系统中引入数据库技术后的计算机系统，由数据库、软件系统（操作系统、数据库管理系统、开发工具、编译系统和应用系统等）、用户（数据库管理员、应用程序员和终端用户）、硬件系统构成。

5. 数据库应用系统

数据库应用系统是程序开发人员根据用户的需要在数据库管理系统的支持下，用 DBMS 提供的命令编写、开发并能够在数据库管理系统的支持下运行的程序和数据库的总称。如各种财务、人事管理系统及各种电子商务应用系统等。

6. 数据库管理员

数据库管理员（Database Administrator，DBA）指管理和维护数据库的专门人员。其主要职责为规划、设计数据库结构；对数据库中的数据安全性、完整性、并发控制及数据备份、恢复等进行管理和维护；监视数据库的运行，不断调整和优化内部结构，使系统保持最佳性能。

1.1.2 数据库系统特点

数据库系统是计算机数据处理技术的重大进步，具有以下特点。

1. 数据结构化

在数据库系统中采用统一的数据结构组织方式，如在关系数据库中采用二维表作为统一的结构。数据结构采用数据模型来表示。

2. 数据可共享性与低冗余性

数据的共享指所有的程序都可存取同一个数据库，同时允许多个用户同时存取数据而不相互影响。具体讲，数据共享包括三个方面：所有用户可以同时存取数据；数据库不仅可以为当前的用户服务，也可以为将来的用户服务；可以使用多种语言编程来完成与数据库的连接。数据的共享又极大地减少了数据冗余性，不仅节省了存储空间，更为重要的是可以避免数据的不一致性。

3. 数据独立性

数据独立性指数据与程序间互不依赖性，即应用程序不必随数据物理和逻辑存储结构的改变而发生变化。数据独立性包括物理数据独立和逻辑数据独立两个方面：物理数据独立指数据的物理存储格式和组织方式改变时，并不影响数据库的逻辑结构，从而也不影响应用程序；逻辑数据独立指数据库的逻辑结构的变化不会影响用户的应用程序。因此，数据独立性大大提高了程序维护的效率。

4. 数据统一的管理和控制

数据库系统不仅为数据提供高度集成环境，同时它还为数据提供统一管理的手段，包括数据的完整性控制、数据的安全性管理和并发性控制等。

1.1.3 数据模型

1. 基本术语

（1）实体描述。

实体：客观存在并且可以相互区别的事物称为实体，如学生、课程等。

属性：用于描述实体具有的特性或特征。若干个属性值所组成的集合可描述一个实体

（个体）。属性有"型"和"值"的区别，属性名是属性的型，而其值是具体的内容。

实体集：性质相同的同类实体的集合称为实体集。

（2）实体间联系。实体联系描述实体内部的各属性间和实体之间的对应关系。实体联系分为：实体内部组成实体的各属性之间的联系、同一实体集中各实体之间的联系和不同实体集的各实体之间的联系。实体集之间的联系有如下三种类型。

一对一联系：实体集 A 中的一个实体至多与实体集 B 中的一个实体相对应（相联系），反之亦然，则称实体集 A 与实体集 B 的联系为一对一的联系。例如，学院与院长之间的联系。

一对多联系：实体集 A 中的一个实体与实体集 B 中的多个实体相对应，反之，实体集 B 中的一个实体至多与实体集 A 中的一个实体相对应，则称实体集 A 与实体集 B 的联系为一对多的联系（其逆是多对一）。例如，班级与学生、部门与雇员之间的联系都为一对多联系。

多对多联系：实体集 A 中的一个实体与实体集 B 中的多个实体相对应，而实体集 B 中的一个实体与实体集 A 的多个实体相对应，则称实体集 A 与实体集 B 的联系为多对多的联系。例如，学生与课程之间的联系即为多对多联系。

2. 数据模型的种类

数据模型是数据库管理系统用来表示实体与实体间联系的方法。任何数据库管理系统都是基于某种数据模型的，数据库管理系统也是以此来命名的。数据库管理系统支持的模型主要分为三种：层次模型、网状模型和关系模型。关系模型是当今最流行的数据模型，目前所有的数据库管理系统基本上都属于关系模型数据库管理系统（简称关系数据库管理系统，Relational Database Management System，RDMS）。

层次模型是用树状结构来表示实体类型以及实体间联系的模型。它的每个结点描述一个实体类型，称为记录类型。一个记录类型可有许多记录值，简称记录。层次模型的上层记录类型与下层记录类型间的联系是 $1:n$ 的联系，因此不能表示两个以上实体类型之间的复杂联系和实体类型之间的多对多的联系。

网状模型是用网状结构来表示实体类型以及实体间联系的模型。网中的每一个结点表示一个实体类型。它能够表示实体间的多种复杂联系和实体类型之间的多对多的联系，但缺点是路径多，当插入或删除数据时涉及到的相关数据太多，不易维护和管理。

关系模型是用二维表格结构来表示实体以及实体间联系的模型。关系模型是由若干个二维表组成的集合，每个二维表又称为关系。在关系型数据库中，表是数据库存储数据的基本单元，表由行和列组成。其中列代表一个基本数据项，用于描述实体的属性，每一列给定一个名称，也称为字段；行表现实体的具体数据，并且具有以下特点。

（1）表中每一列名称必须是唯一的。

（2）表中每一列必须有相同的数据类型。

（3）表中不允许出现内容完全相同的行。

（4）表中行和列的顺序，可以任意排列。

1.2 Oracle 发展历程及特点

Oracle 数据库管理系统是关系型面向对象的数据库管理系统，本节简要介绍一下 Oracle 数据库的发展历程及特点。

1.2.1 Oracle 发展历程

1977 年，Larry Ellison、Bob Miner 和 Ed Oates 等人组建了 Relational 软件公司（Relational Software Inc，RSI）。他们使用 C 语言和 SQL 界面构建了新型的关系数据库管理系统，并很快发布了第一个版本，这是 Oracle 的前身。

1979 年，RSI 正式发布了 Oracle 的第一个产品，即版本 2。它是世界上第一款商业关系型数据库管理系统。

1983 年，第 3 个版本发布。加入了 SQL 语言，而且性能也有所提升，其他功能也得到增强。与前几个版本不同的是，这个版本是完全用 C 语言编写的。同年，RSI 更名为 Oracle Corporation，也就是今天的 Oracle 公司。

1984 年，Oracle 的第 4 版发布。Oracle 首次将关系数据库扩展到个人计算机上，这也是第一个加入了读一致性（Read-Consistency）的版本。

1985 年，Oracle 的第 5 版发布。该版本可称作是 Oracle 发展史上的里程碑，它具有分布式数据库处理能力，并通过 SQL*Net 引入了客户端/服务器的计算机模式，对数据进行集中存储预处理。

1988 年，Oracle 的第 6 版发布。该版本除了改进性能、增强序列生成与延迟写入（Deferred Writes）功能以外，还引入了底层锁。除此之外，该版本还加入了 PL/SQL 和热备份等功能。这时 Oracle 已经可以在许多平台和操作系统上运行。

1992 年，Oracle7 发布。Oracle7 在对内存、CPU 和 I/O 的利用方面作了许多体系结构上的变动，是一个功能完整的关系数据库管理系统，在易用性方面也作了许多改进。

1999 年，Oracle8i 发布。这是全球第一个全面支持 Internet 的数据库。Oracle8i 数据库具有强大的网络分布功能，完善的数据库安全策略，有效的数据库备份与恢复机制和支持大规模的并行查询技术，并增加了对象的技术，是一个对象关系型数据库管理系统。

2001 年，Oracle9i 发布。该版本在集群技术、高可用性、商业智能、安全性、系统管理等方面都有了很大突破。像 Oracle8i 那样继续聚焦于 Internet，提供了用于电子商务环境的一系列特定功能和产品束，此外添加了一系列新特性，如大幅扩展了 Oracle 对 Internet 数据库的可用性、可伸缩性、可管理性和性能，提供了安全的应用程序开发和部署平台，同时 Oracle9i 还提供了第一个真正的业务智能平台，带有对联机分析处理 （OLAP）、数据挖掘以及提取、转换和加载（ETL）操作的扩展数据库支持。本书将主要讲述 Oracle9i，使用的是 Release 9.2.0.1.0 版本。

2004 年，Oracle 10g 发布。它是业界第一个为网格计算而设计的数据库，在数据库高可用性、可伸缩性、安全性、可管理性等方面和数据仓储、内容管理、应用软件开发方面都达到了一个新的水平。

1.2.2 Oracle 数据库系统特点

对于 Oracle 数据库系统的主要特点，总结如下。

1. 支持多用户、大事务量的高性能事务处理

Oracle 支持多用户、大事务量的工作负荷，支持大量用户同时在同一数据上执行各种数据应用，并使数据争用最小，保证数据一致性。系统具有高性能，Oracle 每天可连续 24h 工作，正常的系统操作（后备或个别计算机系统故障）不会中断数据库的使用。可控制数据库数据的可用性，可在数据库级或在子数据库级上控制。

2. 数据安全性和完整性控制

Oracle 通过权限设置限制用户对数据库的使用。通过权限控制用户对数据库的存取、实施数据库审计、追踪以监控数据库的使用状况。Oracle 为限制各监控数据存取提供系统可靠的安全性。Oracle 实施数据完整性，为可接受的数据指定标准。

3. 提供对数据库的操作接口

Oracle 提供了应用程序、软件、高级语言、异种数据库等对 Oracle 数据库的存取。例如，与高级语言接口的 Pro*C、Pro*Fortran、Pro*Cobol 软件，客户端应用软件 Programmer/2000、标准数据库接口 ODBC、JDBC、SQLJ 以及 OCI 可调用编程函数等。

4. 支持分布式数据处理

Oracle 数据库支持分布式数据处理。使用分布式计算环境可以充分利用计算机网络系统，使不同地域的硬件、数据库资源实现共享。将数据的处理过程分为数据库服务器端及客户应用程序端，共享的数据由数据库管理系统集中处理，而运行数据库应用的软件在客户端。通过网络连接的计算机环境，Oracle 将存放在多台计算机上的数据组合成一个逻辑数据库，可被全部网络用户存取。分布式系统像集中式数据库一样具有透明性和数据一致性。

5. 高可用性和可靠性

Oracle9i 大幅度地扩展了 Oracle 在 Internet 数据库可用性（对任何电子商务应用程序都是至关重要的）方面的领导地位，包括提供总控钥匙式零数据丢失保护环境，通过对更多联机操作的支持来减少脱机维护的要求，提供已损坏数据库的快速而准确的修复，使最终用户能够识别并更正其自身的错误。

6. 可伸缩性

在 Oracle9i 中，Oracle 公司提供了应用程序集群技术，它的实现方法是在 Oracle9i 应用服务器中集成高速缓存融合技术，所有应用程序不需要修改，即可分解到各台计算机中已经融合的高速缓存中处理，真正实现高速运行，并且能随着用户所安装的硬件设备的增加而无限制伸缩。增加新的计算机后，性能自动伸缩。

7. 可移植性、可兼容性和可连接性

由于 Oracle 软件可在许多不同的操作系统上运行，以致 Oracle 上所开发的应用可移植到任何操作系统，只需很少修改或不需修改。Oracle 软件同工业标准相兼容，包括许多工业标准的操作系统，所开发应用系统可在任何操作系统上运行。可连接性是指 Oracle 允许

不同类型的计算机和操作系统通过网络可共享信息。

小　　结

本章简要介绍了数据库基本知识及 Oracle 数据库的发展历程和特点等内容，理解数据库的基本概念、特点及关系型数据库的特点，了解 Oracle 数据库的发展和优异的特性为后续课程的学习打好基础。

习　　题

一、填空题

1. 实体集之间的联系有_____、_____和_____三种类型。

2. 数据库管理系统支持的模型主要有：_____模型、_____模型和_____模型，其中_____模型是当今最流行的数据模型。

二、概念解释题

1. 数据库。

2. 数据库管理系统。

3. 数据库系统。

4. 数据库应用系统。

5. 数据模型。

三、问答题

1. 简述数据库管理员的职责。

2. 简述数据库系统的特点。

3. 简述 Oracle 数据库系统的特点。

第 2 章

SQL 语 言

SQL（Structured Query Language，结构化查询语言）是目前应用最为广泛的关系型数据库操作的标准语言，应用程序与 Oracle 数据库之间进行交互即通过 SQL 语言来完成，SQL 语言是管理数据库和开发数据库应用程序的关键和基础，而 SQL*Plus 是 Oracle 提供的用于执行 SQL 语言的命令行工具。本章主要介绍 SQL 语言和 SQL*Plus 的使用。

2.1 SQL 综 述

SQL 由 IBM 公司于 1974 年开发，它采用了结构式语法规则，用于该公司研制的关系数据库管理系统的操作。由于 SQL 功能丰富、语言简洁，很快得到了应用和推广。许多关系数据库系统产品，如 DB2、Oracle、Sybase、Access 等都支持 SQL 语言。同时其他数据库产品的厂家也纷纷推出支持 SQL 的软件或与 SQL 的接口软件，SQL 语言得到了整个计算机界的认可。目前已被 ANSI（美国国家标准化组织）正式批准为数据库的工业标准。

当前，几乎所有的关系型数据库系统都采用了 SQL 标准，这使得不同数据库系统之间的相互操作有了统一的语言基础。但同时为了使 SQL 语言编写的程序更加灵活的对数据库进行操作和控制，各个关系型数据库系统也对 SQL 进行了扩展和增强，如 Oracle 公司的 PL/SQL 和 Microsoft 的 Transact-SQL。关于 PL/SQL，我们将在后面的章节中介绍。

SQL 作为关系数据库的操作语言，是应用程序与数据库进行交互的接口。它集数据查询、数据定义、数据操作和数据控制功能于一体，是一种综合的、功能强大的语言。无论是数据库管理员，还是程序开发人员，学好 SQL 对他们来说都是非常重要的。

2.1.1 SQL 语言特点

（1）SQL 是非过程性语言。它只描述要对数据进行哪种操作，并不说明如何进行操作，也就是说，它是与具体过程无关的。因此，对于用户来说，执行 SQL 语句时，只需理解其逻辑含义，不需要关心其具体的执行步骤。Oracle 会自动优化每条 SQL 语句，确定最佳的执行方案。

（2）语言简单、易学易用。SQL 语言非常简单，完成核心功能的语句只用了 9 个动词，而且语法结构接近于英语。SQL 的命令及其功能，如表 2-1 所示。

（3）SQL 是一种面向集合的操作语言。

表 2-1   SQL 的命令动词

SQL 功能	命 令 动 词
数据查询	SELECT
数据定义	CREATE、DROP、ALTER
数据操作	INSERT、UPDATE、DELETE
数据控制	GRANT、REVOKE

它的操作对象和操作结果都是元组的集合，对数据的处理都是成组进行的，而不是一条一条处理的。采用这种操作方式，大大加快了数据的处理速度。

（4）SQL 具有交互式和嵌入式两种执行方式。对于交互式 SQL，用户只需在终端直接输入 SQL 命令对数据库进行操作，如在 SQL*Plus 环境中；对于嵌入式 SQL，将 SQL 语句嵌入到高级语言程序中实现对数据库的操作，给程序员设计程序提供了很大的方便，如 Pro*C/C++、ASP.NET 等。

2.1.2 SQL 语言分类

SQL 语言按照功能可以分为四类。

（1）数据查询语言（SELECT 语句）：用于查询数据库的数据，同时实现对查询结果的分类、排序、统计等，是功能和语法最复杂、最灵活的语言形式。

（2）数据定义语言（Data Definition Language，DDL）：用于实现对基本表、视图及索引的定义、修改和删除等操作。

（3）数据操作语言（Data Manipulation Language，DML）：用于实现数据的插入、删除、修改等操作。

（4）数据控制语言（Data Control Language，DCL）：用于实现数据安全性、完整性控制和事务控制等。SQL 通过对数据库用户的授权、收权命令来实现数据的存取控制，以保证数据库的安全性；通过数据完整性约束条件的定义和检查机制，以保证数据库的完整性；通过并发事务处理实现事务控制等。

2.2 SQL*Plus 工具

SQL*Plus 是 Oracle 公司提供的最为常用的一个工具程序，可以用于运行 SQL 语句和 PL/SQL 块，也可以运行 SQL*Plus 命令。本节主要介绍 SQL*PLus 的启动、关闭和常用的编辑命令。

2.2.1 SQL*Plus 启动

SQL*Plus 既可以在命令行运行，也可以在 Windows 环境中运行。

1. 命令行方式启动 SQL*Plus

选择“开始”→“运行”命令，输入以下两种语法格式的命令。

（1）语法格式 1：

```
SQLPLUS [username]/[password][@server]
```

在该语句格式中，各参数含义为：

①username、password：数据库用户名和口令。

②server：网络服务名。连接本地数据库，不需要提供网络服务名；远程连接数据库，必须提供网络服务名，关于网络服务名的配置将在后面的章节中详细介绍。

【例 2-1】 scott 用户连接到本地数据库。

如图 2-1 和图 2-2 所示。

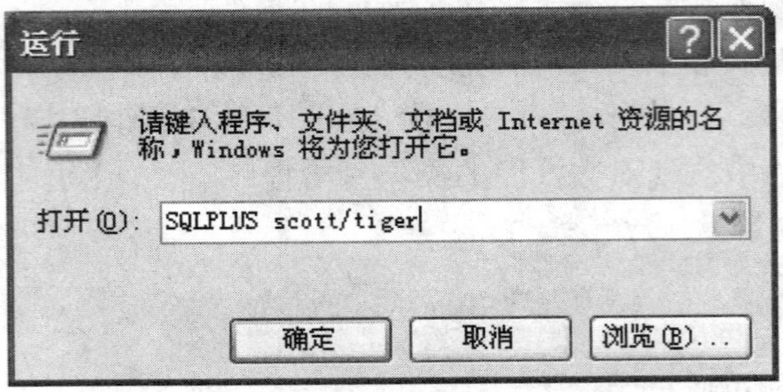

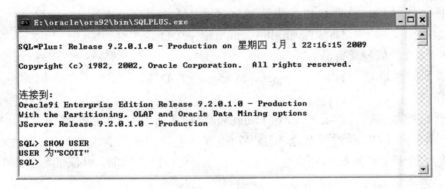

图 2-1 scott 用户连接到本地数据库

图 2-2 SQL*Plus

说明：scott 用户为 Oracle 数据库的一个用户，口令默认为 tiger。SHOW USER 命令用于显示当前连接的数据库用户。

（2）语法格式 2：

```
SQLPLUS/nolog
CONN[nect][username]/[password][@server]
```

在该语句格式中，**SQLPLUS/nolog** 指启动 SQL*Plus，然后再以某一用户连接数据库。

【**例 2-2**】 scott 用户连接到本地数据库。

操作如图 2-3 和图 2-4 所示。

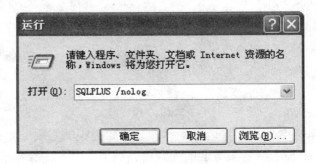

图 2-3 scott 用户连接到本地数据库

E:\oracle\ora92\bin\SQLPLUS.exe
SQL*Plus: Release 9.2.0.1.0 - Production on 星期四 1月 1 22:19:56 2009
Copyright (c) 1982, 2002, Oracle Corporation. All rights reserved.
SQL> CONN scott/tiger
已连接。
SQL> SHOW USER
USER 为"SCOTT"
SQL>

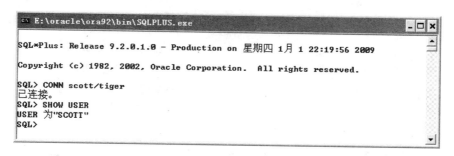

图 2-4 SQL*Plus

2. 在 Windows 环境中运行 SQL*Plus

如果 Windows 系统中安装了 Oracle 数据库产品，则可以在窗口环境中运行 SQL*PLus。具体操作步骤为：选择“开始”→“程序”→“Oracle-OraHome92”→“Application Development”→“SQL PLus”命令，弹出如图 2-5 所示的登录窗口。

登录
用户名称(U):
system
口令(P):
******
主机字符串(H):
确定
取消

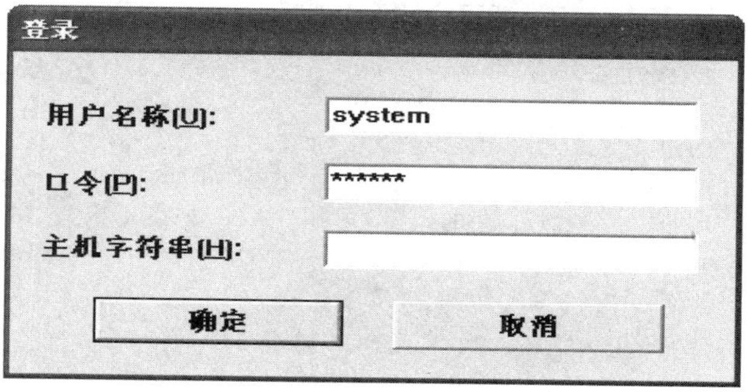

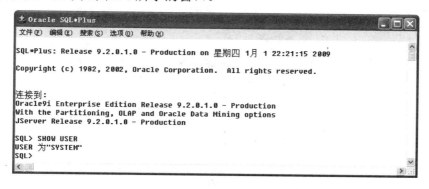

图 2-5 登录窗口

输入用户名和口令后，单击“确定”按钮就可以连接到本地数据库了。如果要连接到远程数据库，还必须在“主机字符串”处输入网络服务名。

连接成功后，显示如图 2-6 所示的窗口。

Oracle SQL*Plus
文件(F) 编辑(E) 搜索(S) 选项(O) 帮助(H)
SQL*Plus: Release 9.2.0.1.0 - Production on 星期四 1月 1 22:21:15 2009
Copyright (c) 1982, 2002, Oracle Corporation. All rights reserved.
连接到:
Oracle9i Enterprise Edition Release 9.2.0.1.0 - Production
With the Partitioning, OLAP and Oracle Data Mining options
JServer Release 9.2.0.1.0 - Production
SQL> SHOW USER
USER 为"SYSTEM"
SQL>

图 2-6 SQL*Plus 窗口

不论以哪种方式启动 SQL*Plus，成功连接到数据库后，都会显示 SQL>提示符，此时就可以执行各种 SQL 语句和 SQL*Plus 命令了。

2.2.2 SQL*Plus 常用命令

SQL*Plus 命令指在 SQL*Plus 环境中专用的连接、编辑、格式等命令，它与 SQL 语句有根本的不同：SQL 语句可以访问数据库，而 SQL*Plus 命令不能访问数据库。SQL*Plus 命令分为四类：帮助命令、连接命令、编辑命令和报表命令，下面分别介绍每一类型中常用的命令。

1. 帮助命令

HELP INDEX 命令会显示 SQL*Plus 的命令列表，例如：

```
SQL>HELP INDEX
Enter Help [topic] for help.
 @              COPY           PAUSE                    SHUTDOWN
 @@             DEFINE         PRINT                    SPOOL
 /              DEL            PROMPT                   SQLPLUS
 ACCEPT         DESCRIBE       QUIT                     START
 APPEND         DISCONNECT     RECOVER                  STARTUP
 ARCHIVE LOG    EDIT           REMARK                   STORE
 ATTRIBUTE      EXECUTE        REPFOOTER                TIMING
 BREAK          EXIT           REPHEADER                TTITLE
 BTITLE         GET            RESERVED WORDS (SQL)     UNDEFINE
 CHANGE         HELP           RESERVED WORDS (PL/SQL)  VARIABLE
 CLEAR          HOST           RUN                      WHENEVER OSERROR
 COLUMN         INPUT          SAVE                     WHENEVER SQLERROR
 COMPUTE        LIST           SET
 CONNECT        PASSWORD       SHOW
```

HELP [topic] 会显示某一个命令的用法，例如：

```
SQL> HELP EDIT
 EDIT
 ----
 Invokes a host operating system text editor on the contents of
 the specified file or on the contents of the SQL buffer.
 ED[IT] [file_name[.ext]]
 Not available in iSQL*Plus
```

2. 连接命令

（1）**CONN[ECT]**。该命令用于连接到数据库，建立数据库与某用户的会话。

①使用该命令建立了新的数据库会话，会自动断开先前会话。例如：

```
SQL>CONN scott/tiger
已连接
```

②当以特权用户身份连接数据库时，必须带有 **AS SYSDBA** 或 **AS SYSOPER** 选项。例如：

```
SQL>CONN / AS SYSDBA
```

说明：特权用户是指具有 **SYSDBA** 或 **SYSOPER** 特殊权限的用户，该类用户可以执行启动、关闭、备份和恢复数据库及各种数据库管理和维护操作，在 Oracle9i 中，特权用户为 sys。默认的 DBA 用户为 sys 和 system，可以执行各种数据库管理和维护操作。

（2）DISC[ONNECT]。用于断开某用户与数据库的连接会话，但不会退出 SQL*Plus。

（3）EXIT/QUIT。两个命令均用于断开当前的数据库连接，并退出 SQL*Plus。默认情况下，当执行该命令时会自动提交事务。

（4）PASSW[ORD]。该命令用于修改用户的口令。

①任何数据库用户可使用该命令修改自身口令。

②DBA 用户可使用该命令修改其他用户的口令。

【例 2-3】 scott 用户修改自身的口令。

操作如图 2-7 所示。

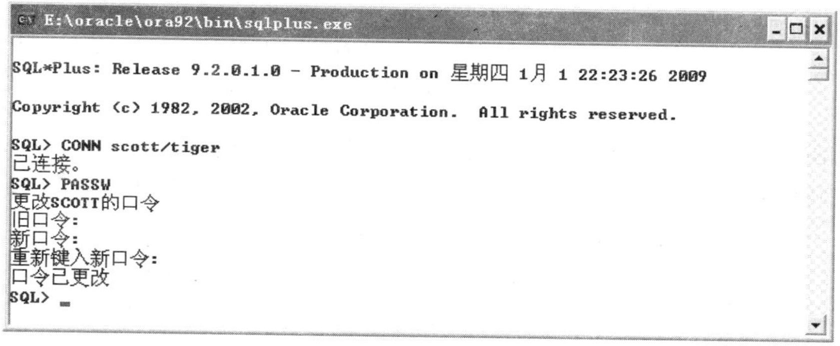

图 2-7 用户修改自身的口令

【例 2-4】 DBA 用户修改 scott 用户的口令。

操作如图 2-8 所示。

图 2-8 DBA 用户修改其他用户的口令

3. 编辑命令

（1）L[IST]。该命令用于列出 SQL 缓冲区中的内容，可以是缓冲区的某语句行或所有语句行的内容。

①l：列出 SQL 缓冲区的所有语句内容。

②l[n]：列出 SQL 缓冲区第 n 行的语句内容。

如图 2-9 所示。

（2）ED[IT]。该命令用于编辑 SQL 缓冲区的语句或 SQL 脚本文件。当运行该命令时，会自动启动"记事本"，显示 SQL 缓冲区的语句或脚本文件内容，编辑完成后需保存。例如：

```
SQL>ED
SQL>ED c:\test.sql
```

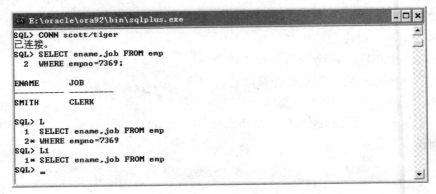

图 2-9　L[IST]命令

（3）RUN 和/。两个命令均用于运行 SQL 缓冲区中的语句。常用方法是，SQL 缓冲区的语句使用 EDIT 命令编辑完毕，再使用这两个命令之一运行。当使用 RUN 命令时，还会列出 SQL 缓冲区的内容。例如：

```
SQL>SELECT empno,ename,sal FROM emp WHERE empno=7369;
   EMPNO    ENAME      SAL
 -------  -------  ---------
   7369    SMITH      800
SQL>L
  1* SELECT empno,ename,sal FROM emp WHERE empno=7369
SQL>/
   EMPNO    ENAME      SAL
 -------  -------  ---------
   7369    SMITH      800
SQL>RUN
  1* SELECT empno,ename,sal FROM emp WHERE empno=7369
   EMPNO    ENAME      SAL
 -------  -------  ---------
   7369    SMITH      800
```

（4）SAVE。将当前 SQL 缓冲区的内容保存到 SQL 脚本中。当执行该命令时，默认选项为 CREATE，即建立新脚本文件。例如：

```
SQL>SELECT empno,ename,sal FROM emp WHERE empno=7369;
   EMPNO    ENAME       SAL
 ------  ----------  -------
   7369    SMITH       800
SQL>SAVE c:\test.sql
已创建文件 c:\test.sql
```

上述命令执行完毕，建立了新脚本文件 test.sql，并将 SQL 缓冲区内容存放到该文件中。如果 SQL 脚本已经存在，那么使用 REPLACE 选项可以覆盖已存在 SQL 脚本；如果要给已存在的 SQL 脚本追加内容，则使用 APPEND 选项。

（5）GET。它用于将 SQL 脚本中的所有内容装载到 SQL 缓冲区中。例如：

```
SQL>GET c:\test.sql
  1* SELECT empno,ename,sal FROM emp WHERE empno=7369
```

（6）START 和@。两个命令均用于运行指定的 SQL 脚本。例如：

```
SQL>@c:\test.sql
  EMPNO    ENAME        SAL
  ------ ---------- -------
   7369    SMITH        800
```

（7）SPOOL。该命令用于将 SQL*Plus 屏幕内容存放到文本文件中。当执行该命令时，首先建立假脱机文件，并将随后 SQL*Plus 屏幕的所有内容全部存放到该文件中，最后使用 SPOOL OFF 命令关闭假脱机文件。例如：

```
SQL>SPOOL c:\test.txt          --假脱机输出开始
SQL>SELECT ename,sal FROM emp WHERE empno=7369;
  ENAME        SAL
---------- --------
   SMITH        800
SQL>SPOOL OFF                   --假脱机结束
```

4. 报表命令

SQL*Plus 的报表命令可以将 SELECT 查询结果生成报表，并可以控制显示的格式。

（1）COL[UMN]。该命令用于控制 SQL 语句执行结果中列的显示格式。选项 FORMAT 用于指定列的显示格式，其中常用的格式如下。

①An：设置 CHAR、VARCHAR2 类型列的显示宽度。

②9：在 NUMBER 类型列上禁止显示前导 0。

③0：在 NUMBER 类型列上强制显示前导 0。

④.：指定 NUMBER 类型列的小数点位置。

```
SQL>COL ename FORMAT a10
SQL>SELECT ename,job FROM emp WHERE empno=7788;
  ENAME        SAL
---------- --------
   SCOTT       3000
```

另外，选项 HEADING 用于指定某列的显示标题。使用 CLEAR 也可以清除列的显示格式。例如：

```
SQL>COL ename CLEAR
SQL>COL empno HEADING '雇员号'
SQL>COL ename HEADING '姓名'
SQL>SELECT empno,ename FROM emp;
  雇员号       姓名
---------- ----------
   7369      SMITH
   7499      ALLEN
   7521       WARD
   7566     JONESTTITLE
...
```

（2）TTITLE。该命令用于设置报表标题的格式，TTITLE OFF 命令禁止显示。

（3）BTITLE。该命令用于设置报表页尾的格式，BTITLE OFF 命令禁止显示。

【例 2-5】 查询 EMP 表，设置报表标题为"雇员工资表"，表尾为"2008 年 08 月"，列标题为雇员号、姓名、工资。

```
SQL>TTITLE              '雇员工资表'
SQL>BTITLE              '2008 年 08 月制表'
SQL>COL empno HEADING   '雇员号'
SQL>COL ename HEADING   '姓名' FORMAT a8
SQL>COL sal HEADING     '工资'
SQL>SELECT empno,ename,sal FROM EMP;
星期六 08 月 22                                  第    1

                        雇员工资表

雇员号       姓名       工资
-------   --------   ----------
7369      SMITH       800
7499      ALLEN       1600
7521      WARD        1250
7566      JONES       2975
7654      MARTIN      1250
7698      BLAKE       2850
7782      CLARK       2450
                     2008 年 08 月制表
星期六 08 月 22                                  第    2
...
已选择 14 行。
```

2.2.3　SQL*Plus 环境参数

SQL*Plus 的环境参数有很多，可以通过设置环境参数定制 SQL*Plus 的运行环境。

SET 命令用于设置 SQL*Plus 的环境参数值，SHOW 命令用于显示当前的环境参数设置。常用的环境参数如表 2-2 所示。

表 2-2　　　　　　　　　　　　SQL*Plus 常用的环境参数

环　境　参　数	说　　　　明
AUTOCOMMIT	设置是否自动提交 DML 语句
LINESIZE	设置行宽度，默认为 80
PAGESIZE	设置每页显示的行数，默认为 14
SERVEROUTPUT	控制服务器输出
ECHO	设置交互式响应
TERMOUT	控制 SQL 脚本的输出

例如：

```
SQL> SET PAGESIZE 12
SQL> SHOW PAGESIZE
PAGESIZE 12
```

2.3 数 据 定 义

SQL 的数据定义包括对关系（基本表，TABLE）、视图（VIEW）和索引（INDEX）的定义、修改和删除操作。本节主要介绍基本表的操作，关于视图、索引将在后面的章节中介绍。

2.3.1 创建表

定义基本表的命令格式为：

```
CREATE TABLE <表名>
(<列名>  <数据类型> [列级完整性约束条件]
[,  <列名>  <数据类型> [列级完整性约束条件]…]
[,  <表级完整性约束条件>])
```

说明：

（1）在该命令格式中，"[ ]"表示可选，"< >"表示必选，"|"表示前后内容可以任选其一。本书中提到的命令格式一律按此约定。

（2）<表名>：指用户所要创建的表的名称。它可以由一个或多个属性（列、字段）组成。建表的同时通常还可以定义与该表有关的完整性约束条件，这些完整性约束条件被存入系统的数据字典中，当用户操作表中数据时由 DBMS 自动检测该操作是否违背这些完整性约束条件。如果完整性约束条件涉及到该表的多个属性列，则必须定义在表级上，否则既可以定义在列级也可以定义在表级。完整性约束条件包括 PRIMARY KEY（主键约束）、UNIQUE（唯一性约束）、NOT NULL（非空约束）、FOREIGN KEY（外键约束）和 CHECK（检查约束）等，在后面的章节中将详细的介绍。

（3）当建立表时，要为列指定合适的数据类型及其长度。Oracle 常用的数据类型如表 2-3 所示。

表 2-3   **Oracle 常用的数据类型**

数据类型	说　　明
CHAR(n)	用于定义固定长度的字符串，其中 n 表示字符串的长度
VARCHAR2(n)	用于定义可变长度的字符串，可变长度是指在定义之初，系统并不为变量分配长度为 n 的空间，而是在使用中按需分配，最大长度为 n
NUMBER(m,n)	用于定义数字类型的数据，其中 m 是数字的总位数，n 是小数点后的位数。定义整数可以直接使用 INT 数据类型
DATE	用于定义日期类型的数据

下面以"学生—选课"数据库为例说明 CREATE 语句的用法。

"学生—课程"数据库中包括三个表：

```
stud(sno,sname,ssex,sage,sdept,sdate)
course(cno,cname,pcno,ccredit)
sc(sno,cno,grade)
```

（1）学生表 stud 由学号（sno）、姓名（sname）、性别（ssex）、年龄（sage）、所在系号（sdept）、入学时间（sdate）6 个属性组成。

（2）课程表 course 由课程号（cno）、课程名称（cname）、先修课号（pcno）、学分（ccredit）4 个属性组成。

（3）学生选课表 sc 由学号（sno）、课程号（cno）、成绩（grade）3 个属性组成。

【例 2-6】 建立学生表 stud，其中学号属性不能为空，并且其值是唯一的。

```
SQL>CREATE TABLE stud
    (sno NUMBER(5) NOT NULL UNIQUE,        --指定非空、唯一性约束
    sname CHAR (10) NOT NULL,
    ssex CHAR(2),
    sage  INT,
    sdept CHAR(2),
    sdate DATE
    );
```

2.3.2 修改表

修改表主要包括增加或者删除列。一般格式为：

```
ALTER TABLE<表名>
ADD<新列名><数据类型>[完整性约束]|
DROP COLUMN <列名>|
MODIFY<列名><数据类型>[完整性约束];
```

其中，<表名>指定需要修改的表，ADD 子句用于增加新列和新的完整性约束条件，新增加的列不能定义为"NOT NULL"。表在增加一列后，所有的数据记录在新增加的列上，值都为空。DROP COLUMN 子句用于删除指定列。MODIFY 子句用于修改指定列的定义。

【例 2-7】 向 stud 表增加一个"saddress"列。

```
SQL>ALTER TABLE stud ADD saddress VARCHAR2(20);
```

表已更改。

【例 2-8】 删除列 Sage。

```
SQL>ALTER TABLE stud  DROP  COLUMN sage;
```

2.3.3 删除表

删除表的一般格式为：

```
DROP TABLE <表名>;
```

表删除后，这个表的所有数据也一并被删除。

【例 2-9】 删除 stud 表。

```
SQL>DROP TABLE stud;
表已丢弃。
```

表一旦删除，表中的数据以及在该表上建立的索引都将自动被删除，而建立在该表上的视图虽仍然保留，但已无法引用。因此执行删除操作一定要特别小心。

2.4 数 据 查 询

在所有 SQL 语句中，SELECT 语句的语法最复杂，功能也最强大。本节将介绍 SELECT 语句的查询功能。

需要说明的是，本节使用的数据表为 Oracle 数据库 scott 用户的 emp（雇员信息表）、dept（部门信息表）两个表。

2.4.1　简单查询

简单 SELECT 语句的语法格式如下：

```
SELECT [DISTINCT]  <*,column ,…>  FROM  tablename;
```

其中，SELECT 子句指定要检索的列名，FROM 子句指定从哪个表选择。为了确定查询可以检索的列，一般首先要查询表结构。在 SQL*Plus 中，使用 DESC 命令显示表结构。

【例 2-10】　显示 scott 用户 emp、dept 表结构。

```
SQL>CONN scott/tiger
```

已连接。

```
SQL>DESC emp
```

名称	是否为空	类型
EMPNO	NOT NULL	NUMBER(4)
ENAME		VARCHAR2(10)
JOB		VARCHAR2(9)
MGR		NUMBER(4)
HIREDATE		DATE
SAL		NUMBER(7,2)
COMM		NUMBER(7,2)
DEPTNO		NUMBER(2)

```
SQL> desc dept
```

名称	是否为空	类型
DEPTNO	NOT NULL	NUMBER(2)
DNAME		VARCHAR2(14)
LOC		VARCHAR2(13)

1. 查询所有的列

【例 2-11】　查询所有雇员的详细信息。

```
SQL>SELECT * FROM emp;
```

2. 查询指定的列

【例 2-12】　查询雇员的雇员号、姓名。

```
SQL>SELECT empno,ename FROM emp;
```

3. 使用算术表达式

当执行查询操作时，可以在数字列上使用算术表达式（＋、－、×、÷）。

【例2-13】　显示雇员名及其年薪。

```
SQL>SELECT ename,12*sal FROM emp;
```

4. 使用列别名

当显示查询结果时，默认情况下，列标题是大写格式的列名或表达式。通过使用列别名，可以改变列标题的显示样式。列别名的定义格式为：

列名 [AS] 列别名

其中，AS 关键字可选。另外需要注意的是，如果列别名要区分大小写或包含特殊字符、空格等，则必须用双引号括起来。

【例2-14】　显示雇员名及年薪，并且列标题分别为姓名、年薪。

```
SQL>SELECT ename AS 姓名,12*sal AS 年薪 FROM emp;
    姓名            年薪
----------    ------------------
    SMITH         9600
    ALLEN        19200
    WARD         15000
    JONES        35700
    MARTIN       15000
    ...
```

5. 取消取值重复的行

使用 DISTINCT 取消查询结果中重复的行。

【例2-15】　查询雇员所在部门号。

```
SQL>SELECT deptno FROM emp;
    DEPTNO
 ---------
      20
      30
      30
      20
      ...
```

该查询结果包含了重复的行。

执行下列查询语句，则去掉了取值重复的行。

```
SQL>SELECT DISTINCT deptno FROM emp;
    DEPTNO
----------
      10
      20
      30
```

6. 连接字符串

实际应用中，为了显示更有意义的查询结果，需要将多个列或字符串连接起来显示，这时可以使用 "||" 连接运算符。

【例 2-16】 将雇员姓名和岗位连接起来显示。

```
SQL>SELECT ename||' is a '||job AS "Employee Details" FROM emp;
 Employee Details
 --------------------------
 SMITH  is a  CLERK
 ALLEN  is a  SALESMAN
 WARD   is a  SALESMAN
 JONES  is a  MANAGER
 MARTIN is a  SALESMAN
 BLAKE  is a  MANAGER
 ...
```

2.4.2 条件查询

在 SELECT 语句中，使用 WHERE 子句可以查询满足指定条件的数据，语句格式如下：

```
SELECT  [DISTINCT]  <*,column ,…>
 FROM  tablename
[WHERE condition(s)];
```

当编写条件子句时，需要使用表 2-4 所列的各种比较运算符。

表 2-4   比 较 运 算 符

比 较 操 作 符	含 义
=	等于
<>或!=	不等于
>	大于
<	小于
>=	大于等于
<=	小于等于
BETWEEN…AND…	在两个值之间
IN（）	与列表值之一相匹配
LIKE	与字符样式相匹配
IS NULL	测试 NULL

1. 在 WHERE 子句中使用比较大小的运算符

【例 2-17】 查询雇员号为 7369 的雇员姓名。

```
SQL>SELECT ename FROM emp WHERE empno=7369;
```

【例 2-18】 查询 SMITH 的工作岗位。

```
SQL>SELECT ename,job FROM emp WHERE ename='SMITH';
```

注意,比较字符型和日期型数据时,必须用单引号引起来。字符数据区分大小写,日期数据必须符合日期显示格式。

【例 2-19】 查询 1982 年 1 月 1 日之后雇佣的雇员。

```
SQL>SELECT ename,hiredate FROM emp WHERE hiredate>'01-1月-82';
    ENAME      HIREDATE
---------- ----------
    ADAMS      23-5月 -87
    MILLER     23-1月 -82
```

2. 在 WHERE 子句中使用 BETWEEN…AND…操作符

【例 2-20】 查询工资在 1000~2000 之间的雇员信息。

```
SQL>SELECT ename,sal FROM emp WHERE sal BETWEEN 1000 AND 2000;
```

该语句等同于

```
SQL>SELECT ename,sal FROM emp WHERE sal>=1000 AND sal<=2000;
```

与 BETWEEN…AND…相对的谓词是 NOT BETWEEN…AND,用于排除某个范围的数据。

3. 在 WHERE 子句中使用 IN 操作符

【例 2-21】 查询 20、30 部门的雇员。

```
SQL>SELECT ename FROM emp WHERE deptno IN(20,30);
```

与 IN 相对的谓词是 NOT IN,用于查找值不属于指定集合的数据。

4. 在 WHERE 子句中使用 LIKE 操作符

LIKE 操作符用于执行模糊查询。当进行模糊查询时,需要使用以下两个通配符。

%:表示 0 或多个字符; _:表示单个字符。

【例 2-22】 查询姓名首字母为 B 的雇员姓名。

```
SQL>SELECT ename FROM emp WHERE ename LIKE'B%';
```

【例 2-23】 查询姓名第二个字母为 R 的雇员姓名。

```
SQL>SELECT ename FROM emp WHERE ename LIKE'_R%';
```

5. 在 WHERE 子句中使用 IS NULL 操作符

IS NULL 操作符用于比较是否为空值。

【例 2-24】 查询没有佣金的雇员姓名。

```
SQL>SELECT ename FROM emp WHERE comm IS NULL;
```

与 IS NULL 相对的谓词是 IS NOT NULL。

6. 在 WHERE 子句中使用逻辑运算符

当使用多个查询条件时,必须使用逻辑运算符 AND、OR 和 NOT。需要注意的是,比较运算符和逻辑运算符优先级从高到低为:比较运算符、NOT、AND、OR。

【例 2-25】 显示 10 部门中工资高于 3000 的雇员姓名、工资。

```
SQL>SELECT ename,sal FROM emp WHERE deptno=10 AND sal>3000;
```

【例 2-26】 显示工资高于 3000 或佣金非空的雇员姓名。

```
SQL>SELECT ename FROM emp WHERE sal>3000 OR comm IS NOT NULL;
```

7. 对查询结果排序

使用 ORDER BY 子句可以对查询结果进行升序（ASC）或降序（DESC）显示，其中升序（ASC）为默认值。因为 ORDER BY 子句是对最终的查询数据进行排序，所以任何情况下它都放在 SELECT 语句的最后。

【例 2-27】 查询雇员的姓名、工资，并按工资降序排列。

```
SQL>SELECT ename,sal FROM emp ORDER BY sal DESC;
```

【例 2-28】 查询工资大于 1000 的雇员信息，并按部门号升序、工资降序显示。

```
SQL>SELECT ename,deptno,sal FROM emp WHERE sal>1000 ORDER BY deptno,sal DESC;
    ENAME        DEPTNO        SAL
    ---------- ----------  ----------
    KING         10          5000
    CLARK        10          2450
    MILLER       10          1300
    FORD         20          3000
    JONES        20          2975
    ADAMS        20          1100
    ...
```

2.4.3 分组查询

在实际应用中，经常需要对数据进行分组查询统计，如查询统计各个部门雇员的平均工资。数据的分组查询是通过 GROUP BY 子句、分组函数及 HAVING 子句实现的。其中，GROUP BY 子句用于指定分组的列，分组函数用于分组统计，HAVING 子句按一定的条件对这些组进行筛选，最终显示满足条件的组。

SQL 提供了下列常用的分组统计函数。

（1）AVG()：计算平均值。

（2）COUNT()：计算记录个数。

（3）MIN()：返回列的最小值。

（4）MAX()：返回列的最大值。

（5）SUM()：返回列的总和。

【例 2-29】 按部门号分组，查询各个部门的平均工资。

```
SQL>SELECT deptno,AVG(sal) FROM emp GROUP BY deptno;
   DEPTNO        AVG(SAL)
   ---------- ----------
      10         2916.66667
      20         1968.75
      30         1566.66667
```

【例 2-30】 按部门号分组，查询雇员最高工资>3000 的部门号和该部门的最高工资。

```
SQL>SELECT deptno,MAX(sal) FROM emp GROUP BY deptno HAVING MAX(sal)>3000;
  DEPTNO       MAX(SAL)
 --------     ----------
    10          5000
```

2.4.4 连接查询

前面的查询都是针对一个表进行的，也称为单表查询。若一个查询同时涉及两个以上的表，则称之为连接查询。连接两个或多个表中的数据所需的条件称为连接条件。连接查询包括等值连接查询、非等值连接查询、自身连接查询和外连接查询四种类型。

使用连接查询，应注意以下事项。

（1）两个表必须有相同含义的列才能连接。连接的列名称可以相同，也可以不同，但数据类型必须是可比的。例如，可以都是字符型，或都是日期型；也可以一个是整型，另一个是实型，整型和实型都是数值型，因此是可比的。但因为 Oracle 具备对某些数据类型的自动转换功能，因此有些类型之间也是可比的，如字符型数值和整型数据相互可比。

（2）如果多个表中有相同的列，列名前必须加"表名."作为前缀，以示区分。

（3）使用表别名可以简化连接查询语句，但需要注意的是，如果表定义了别名，则 SELECT 子句中作为列名前缀的表名必须使用别名。当使用自身连接时，必须定义表别名。

1. 等值与非等值连接查询

WHERE 子句中连接条件为：

[<表名 1>.]<列名 1><比较运算符>[<表名 2>.]<列名 2>

当比较运算符为"＝"时，称为等值连接；使用>、>=、<=、<、!=、<>或 BETWEEN 等运算符称为非等值连接。如果有多个连接条件，可以使用 AND、OR 逻辑运算符。

【例 2-31】 显示所有雇员信息，包括雇员号、姓名、工资、所在部门、部门地址。

```
SQL>SELECT empno,ename,sal,dname,loc
    FROM emp,dept
    WHERE emp.deptno=dept.deptno;
  EMPNO   ENAME   SAL   DNAME      LOC
 ------- ------- ----- -------- -----------
   369    SMITH   800   RESEARCH   DALLAS
   7499   ALLEN   1600  SALES      CHICAGO
   7521   WARD    1250  SALES      CHICAGO
   7566   JONES   2975  RESEARCH   DALLAS
   ...
```

【例 2-32】 查询雇员号为 7902 的雇员姓名、所在的部门及部门号。

```
SQL>SELECT empno,ename,dname,a.deptno
    FROM emp a,dept b
    WHERE a.deptno=b.deptno AND empno=7902;
  EMPNO   ENAME    DNAME          DEPTNO
 ----- -------- -------------- ----------
   7902   FORD     RESEARCH         20
```

在以上查询中，empno、ename、dname 在 emp 与 dept 表中是唯一的，因此可以不加表名前缀，但 deptno 在两个表中都出现了，因此必须加表名前缀。

2. 自身连接查询

连接操作不仅可以在两个表之间进行，也可以是一个表与其自己进行连接，这种连接查询称为表的自身连接查询，主要用于显示上下级关系或层次关系。例如，在 emp 表中，雇员和经理之间的对应关系如下：

```
   EMPNO          ENAME              MGR
   -------       ----------       ----------
→  7369          SMITH             7902
   7499          ALLEN             7698
   7521          WARD              7698
   7566          JONES             7839
   7654          MARTIN            7698
   7698          BLAKE             7839
   7782          CLARK             7839
   7839          KING
   7844          TURNER            7698
   7876          ADAMS             7788
   7900          JAMES             7698
   7902          FORD              7566
   7934          MILLER            7782
```

【例 2-33】 查询雇员及其经理姓名。

```
SQL>SELECT  a.ename,b.ename FROM emp a,emp b
    WHERE a.mgr=b.empno;
ENAME          ENAME
----------    ----------
SMITH          FORD
ALLEN          BLAKE
WARD           BLAKE
JONES          KING
MARTIN         BLAKE
...
```

【例 2-34】 在学生—选课数据库中，查询每门课的先修课。

```
SQL>SELECT a.cname,b.cname FROM course a,course b
WHERE a.pcno=b.cno;
```

3. 外连接查询

外连接分为左外连接、右外连接和完全外连接三种。采用外连接时，它返回的查询结果集合中不仅包含符合连接条件的行，而且包括左表（左外连接时）、右表（右外连接时）或两个表（完全外连接时）中的其他数据行。

在 Oracle9i 之前，连接必须在 WHERE 子句中使用 "+" 操作符指定。从 Oracle9i 开始，还可以在 FROM 子句中指定。这里我们介绍后一种方法，连接语法如下：

```
FROM <表1> [LEFT|RIGHT|FULL] JOIN <表2> ON 表1.列=表2.列
```

（1）左外连接。

【例 2-35】 查询每个部门的雇员姓名，如果该部门没有雇员，只显示部门名称。

```
SQL>SELECT a.dname,b.ename FROM dept a LEFT JOIN emp b
    ON a.deptno=b.deptno;
    DNAME              ENAME
--------------     ----------
    RESEARCH           SMITH
    SALES              ALLEN
    SALES              WARD
    RESEARCH           JONES
    SALES              MARTIN
    SALES              BLAKE
    ACCOUNTING         CLARK
    ...
    ACCOUNTING         MILLER
    OPERATIONS
```

以上查询中，因为做了左外连接，因此左表 dept 表中其他不满足连接条件的行也列出了。

（2）右外连接。例如，观察以下查询结果：

```
SQL>SELECT a.dname,b.ename FROM dept a RIGHT JOIN emp b
    ON a.deptno=b.deptno AND a.deptno=10;
    DNAME              ENAME
---------          ----------
    ACCOUNTING         MILLER
    ACCOUNTING         KING
    ACCOUNTING         CLARK
                       JAMES
                       TURNER
                       BLAKE
    ...
```

以上查询了 10 号部门的雇员，但因为做了右外连接，因此右表 emp 表中其他不满足连接条件的行也列出了。

（3）完全外连接。例如，观察以下查询结果：

```
SQL>SELECT a.dname,b.ename FROM dept a FULL JOIN emp b
    ON a.deptno=b.deptno AND a.deptno=10;
    DNAME              ENAME
--------------     ---------
    ACCOUNTING         CLARK
    ACCOUNTING         KING
    ACCOUNTING         MILLER
    RESEARCH
    SALES
    OPERATIONS
                       SMITH
                       ALLEN
```

```
WARD
JONES
MARTIN
BLAKE
TURNER
ADAMS
JAMES
FORD
```

以上查询了 10 号部门的雇员，但因为做了完全外连接，因此两个表中其他不满足连接条件的行也全部列出。

连接操作除了可以是两表连接或一个表与其自身连接外，还可以是两个以上的表进行连接，后者通常称为多表连接。

【例 2-36】 在"学生—选课"数据库中，查询每个学生及其选修的课程名及其成绩。

```
SQL>SELECT s.sno,sname,c.cname,sc.grade
    FROM stud s,course c,sc
    WHERE s.sno=sc.sno AND sc.cno=c.cno;
```

2.4.5 子查询

在 SQL 语言中，一个 SELECT…FROM…WHERE 语句称为一个查询块。将一个查询块嵌套在另一个查询块的 WHERE 子句或 HAVING 短语的条件中，该查询块称为子查询或嵌套查询。语法如下：

```
SELECT <*,column ,…>
 FROM  tablename;
WHERE column <比较运算符>（SELECT <*,column ,…>  FROM  tablename）;
```

根据子查询返回结果的不同，将子查询分为单行子查询、多行子查询、多列子查询。此外，还有相关子查询、FROM 子句中的子查询和 DDL、DML 语句中的子查询等。

1. 单行子查询

单行子查询是指只返回一行值的子查询，此时可以使用=、>、<、>=、<=、<>等单行运算符。

【例 2-37】 查询与 SMITH 同部门的雇员姓名。

```
SQL>SELECT ename FROM emp WHERE deptno
    =(SELECT deptno FROM emp WHERE ename='SMITH');
```

【例 2-38】 查询工资最高的雇员。

```
SQL>SELECT ename,sal FROM emp
    WHERE sal=(SELECT MAX(sal) FROM emp);
```

2. 多行子查询

多行子查询是指返回多行数据的子查询，使用多行子查询必须使用多行运算符（IN、ALL、ANY）。

（1）IN 指只要等同子查询结果中的任一个值即可。

（2）ALL 指必须符合子查询结果的所有值。

（3）ANY 指只要符合子查询结果的任一个值即可。

【例 2-39】　在"学生—选课"数据库中，查询选择课程号为 C2 课程的学生姓名。

```
SQL>SELECT sname FROM stud
    WHERE sno IN(SELECT sno FROM sc WHERE cno= 'c2');
```

【例 2-40】　查询工资比所有部门平均工资都高的雇员姓名。

```
SQL>SELECT ename FROM emp
    WHERE sal>ALL(SELECT AVG(sal) FROM emp GROUP BY deptno);
```

也可以使用单行子查询实现：

```
SQL>SELECT ename FROM emp
    WHERE sal>(SELECT MAX(AVG(sal)) FROM emp GROUP BY deptno);
```

【例 2-41】　查询高于 20 部门任意雇员工资的雇员姓名、工资及所在部门。

```
SQL>SELECT ename,sal,emp.deptno,dept.dname FROM emp,dept
    WHERE emp.deptno=dept.deptno AND
    sal>ANY(SELECT sal FROM emp WHERE deptno=20);
```

3. 多列子查询

多列子查询是指返回多个列数据的子查询语句。当多列子查询返回单行数据时，可以使用单行运算符，返回多行数据时，可以使用多行运算符。

【例 2-42】　查询与 SMITH 工资、岗位完全相同的雇员姓名。

```
SQL>SELECT ename FROM emp WHERE (sal,job)=
    (SELECT sal,job FROM emp WHERE ename='SMITH');
```

4. 相关子查询

相关子查询常使用 EXISTS 运算符来实现，它对子查询结果数据行的存在性进行测试，如果子查询有数据返回，则 EXISTS 返回值为 TRUE，并返回主查询的记录；如果子查询无数据返回，则 EXISTS 返回值为 FALSE，不返回主查询的记录。

【例 2-43】　查询在 NEW YORK 工作的雇员姓名。

```
SQL>SELECT a.ename FROM emp a
    WHERE EXISTS(SELECT deptno FROM dept b
    WHERE b.deptno=a.deptno AND loc='NEW YORK');
```

相关子查询引用了主查询表列的值，即首先取主查询的一个数据行来处理子查询，如果 WHERE 子句有返回数据，则 EXISTS 返回值为 TRUE，则取主查询的该数据行放入结果集中，然后再取主查询的下一行数据；继续这一过程，直到主查询结束。

【例 2-44】　在"学生—选课"数据库中，查询所有未学习 C2 课程的学生信息。

```
SQL>SELECT * FROM stud
    WHERE NOT EXISTS(SELECT * FROM sc
    WHERE sno =stud.sno AND cno='c2');
```

5. FROM 子句中的子查询

当在 FROM 子句中使用子查询时，必须将子查询文本括起来，并且为其定义别名。

【例 2-45】 查询高于本部门平均工资的雇员姓名、工资、部门名称和该部门的平均工资。

```
SQL>SELECT a.ename,a.sal,a.deptno,b.avgsal FROM emp a,
    (SELECT deptno,AVG(sal) avgsal FROM emp GROUP BY deptno) b
    WHERE a.deptno=b.deptno AND a.sal>b.avgsal;
```

分析以上语句，子查询结果如下：

```
SQL>SELECT deptno,avg(sal) avgsal FROM emp GROUP BY deptno;
  DEPTNO    AVGSAL
  ------    ---------
    10    2916.66667
    20    1968.75
    30    1566.66667
```

然后将 emp 表与以上查询结果进行连接查询。

6. DDL、DML 语句中的子查询

在 DDL、DML 语句中也可使用子查询。

【例 2-46】创建表并复制数据。

```
SQL>CREATE TABLE worker(id,name,sal,job) AS
    SELECT empno,ename,sal,job FROM emp WHERE deptno=10;
```

以上语句通过子查询创建了新表 worker，同时复制了相应的数据。

在 UPDATE、DELETE 语句中使用子查询，均是为了引用子查询返回的值，在后面将要介绍。

2.4.6 集合查询

使用集合查询可以处理多个 SELECT 查询的结果，集合运算符有 UNION（并）、INTERSECT（交）和 MINUS（差）。语法格式如下：

SELECT 语句 1 <集合运算符> SELECT 语句 2 [ORDER BY 子句];

需要说明的是，使用集合查询，两个子查询的列数及列的类型应相同，每个子查询都不能包含 ORDER BY 子句。

1. UNION（并）

集合并操作返回两个子查询结果集的并集，而且会自动去掉结果集中的重复行。

【例 2-47】查询 10 号部门雇员和工资高于 2000 的雇员姓名、工资、部门号。

语句如下：

```
SQL>SELECT ename,sal,deptno FROM emp WHERE deptno=10
    UNION SELECT ename,sal,deptno FROM emp WHERE sal>2000
    ORDER BY deptno;
```

```
    ENAME          SAL          DEPTNO
---------- ---------- ----------
    CLARK          2450          10
    KING           5000          10
    MILLER         1300          10
    FORD           3000          20
    JONES          2975          20
    BLAKE          2850          30
```

如果使用 UNION ALL（全并），则返回的结果集中包含重复的行。例如：

```
SQL>SELECT ename,sal,deptno FROM emp WHERE deptno=10
    UNION ALL SELECT ename,sal,deptno FROM emp WHERE sal>2000
    ORDER BY deptno;
    ENAME          SAL          DEPTNO
---------- ---------- ----------
    CLARK          2450          10
    KING           5000          10
    MILLER         1300          10
    CLARK          2450          10
    KING           5000          10
    JONES          2975          20
    FORD           3000          20
    BLAKE          2850          30
```

2. INTERSECT（交）

集合交操作返回两个子查询结果集的交集，即显示两个结果集中都有的数据行。

【例 2-48】查询部门号为 10，岗位为 manager 的员工。

```
SQL>SELECT ename FROM emp WHERE deptno=10
    INTERSECT SELECT ename FROM emp WHERE job='MANAGER';
```

3. MINUS（差）

集合差操作返回两个子查询结果集的差集，即只返回存在于第一个结果集中，而在第二个结果集中不存在的数据。

【例 2-49】查询部门号为 10，岗位不是 manager 的员工。

```
SQL>SELECT ename FROM emp WHERE deptno=10
    MINUS SELECT ename FROM emp WHERE job='MANAGER';
```

2.5　数　据　操　作

SQL 语言的数据操作包括插入数据、修改数据和删除数据三种，使用 DML 语句（INSERT、UPDATE、DELETE）来实现，以下分别进行介绍。

2.5.1　插入数据

SQL 语言使用 INSERT 语句向数据表中插入新的数据行。

1. 插入单条记录

插入单条记录的 INSERT 语句格式为：

```
INSERT  INTO  <表名>  [(列名1[，列名2…])]  VALUES (值1[，值2…]);
```

说明：

（1）[(列名 1[，列名 2…])]指明要插入值的列，如果表中某些列在[(列名 1[，列名 2…])]中没有出现，则新记录在这些列上将取空值；如果所有的列都有值插入，则这部分可以省略不写；如果某列具有 **NOT NULL** 的属性，且未指定默认值，则该列不能取空值。

（2）(值 1[，值 2…])与 [(列名 1[，列名 2…])] 必须一一对应。

【例 2-50】新插入的记录所有的列都有值。

```
SQL>INSERT INTO dept VALUES(50, 'DESIGN', 'CHICAGO');
```

【例 2-51】新插入的记录部分列有值。

```
SQL>INSERT INTO emp(empno,ename,job,hiredate)
    VALUES(9988, 'TINA', 'CLERK', '04-10 月-08');
```

新插入的记录在其他列上取空值。

2. 插入子查询结果

将 INSERT 语句和 SELECT 查询结合起来，可以批量的将查询数据插入到表中，语句格式为：

```
INSERT INTO <表名> [(列名1 [,列名2…])]  SELECT 子查询;
```

【例 2-52】

```
SQL>INSERT INTO worker(id,name,sal,job)
    SELECT empno,ename,sal,job FROM emp WHERE deptno=20;
```

以上语句将子查询结果插入到另一张表中。

2.5.2 删除数据

SQL 语言使用 **DELETE** 语句删除表中的数据，语句格式为：

```
DELETE FROM <表名> [WHERE<条件>];
```

其功能是从指定表中删除满足 **WHERE** 子句条件的数据。如果省略 **WHERE** 子句，表示删除表中全部记录，但表依然存在。**DELETE** 语句删除的是表中的数据，而不是关于表的定义。

【例 2-53】删除雇员号为 9988 的记录。

```
SQL>DELETE FROM emp WHERE empno=9988;
```

【例 2-54】删除所有雇员记录。

```
SQL>DELETE  FROM  emp;
```

子查询同样也可以嵌套在 **DELETE** 语句中，用以构造执行删除操作的条件。

【例 2-55】删除 emp 表中 ACCOUNTING 部门的雇员。

```
SQL>DELETE  FROM emp WHERE deptno
    =(SELECT deptno FROM dept WHERE dname='ACCOUNTING');
```

2.5.3　修改数据

SQL 语言使用 UPDATE 语句更新或修改满足规定条件的记录。语句格式为：

```
UPDATE<表名>  SET<列名>=<表达式>[,<列名>=<表达式>]…
[WHERE<条件>];
```

其功能是修改指定表中满足 WHERE 子句条件的数据。其中 SET 子句用于指定修改方法，即用<表达式>的值取代相应的列值。如果省略了 WHERE 子句，则表示要修改表中的所有记录。

【例 2-56】将所有雇员工资提高 10%。

```
SQL>UPDATE emp SET sal=sal*1.1;
```

【例 2-57】给 10 号部门的雇员补助金改为 100。

```
SQL>UPDATE emp SET comm=100 WHERE deptno=10;
```

子查询同样也可以嵌套在 UPDATE 语句中，用以构造执行修改操作的条件或获取值。

【例 2-58】将 SMITH 的工资、补助修改成与 FORD 相同。

```
SQL>UPDATE emp SET (sal,comm)=
    (SELECT sal,comm FROM emp WHERE ename='FORD')
    WHERE ename='SMITH';
```

【例 2-59】将 10 号部门中低于所有部门平均工资的雇员工资提高 10%。

```
SQL>UPDATE emp SET sal=sal*1.1
    WHERE sal<(ALL SELECT AVG(sal) FROM emp GROUP BY DEPTND) AND deptno=10;
```

2.6　事　务　控　制

2.6.1　事务概念

事务（Transaction）是用户定义的一系列操作语句的集合，用于完成特定的任务。事务是一个原子单位，事务中所有 SQL 语句的结果可以被全部提交或全部撤销，即这些操作要么都执行，要么都不执行。

事务是保证数据库一致性和完整性的机制，以银行转账业务为例进行介绍。

银行将账户 A 的 10 000 元转入账户 B，完成这个业务需要两步：

（1）从账户 A 中减去 10 000 元。

（2）给账户 B 加上 10 000 元。

如果只是第一个操作完成，第二个操作执行失败，则银行数据就会出现不一致的现象。因此，将这两步操作的语句组成一个事务单元来处理，要么全部都执行，要么全部都不执行，以保证银行数据的一致性和完整性。

一个事务中的 SQL 语句，全部执行时，即提交事务，对数据库的修改会永久的保存到数据库；全部取消执行时，即撤销事务，回到执行前的数据库状态。DDL 语句是自动提交语句，一旦执行不可撤销，因此，事务中包含的只能是 DML 语句。

在一个事务结束后，下一个执行的 SQL 语句将自动启动下一个事务。

2.6.2 事务控制命令

1. 提交事务

提交事务就是将事务中的 SQL 语句对数据库所做的修改永久化。

在 SQL*Plus 中，如果环境变量 AUTOCOMMIT 设置为 ON，则每执行一条 DML 语句，就会自动提交事务。Oracle 系统在这种状态下消耗的系统资源较大，同时也增加了误操作不能撤销的风险，因此建议将 AUTOCOMMIT 设置为 OFF，即：

```
SQL>SET AUTOCOMMI OFF
```

COMMIT 命令用于显式的提交事务，例如：

```
SQL>DELETE FROM emp WHERE empno=7788;
```

已删除 1 行。

```
SQL>COMMIT;
```

提交完成。

当执行一些 SQL 命令或 SQL*Plus 命令时，会将之前执行的尚未提交的事务给予自动提交。这些命令包括 CONNECT、EXIT、QUIT、CREATE、ALTER、DROP、GRANT、REVOKE 等。

2. 撤销事务

撤销事务即回到事务执行前的数据库状态，也称为回滚事务，使用 ROLLBACK 命令，例如：

```
SQL>DELETE FROM emp WHERE deptno=10;
```

已删除 3 行。

```
SQL>SELECT ename FROM emp WHERE deptno=10;
```

未选定行

```
SQL>ROLLBACK;
```

回退已完成。

```
SQL>SELECT ename FROM emp WHERE deptno=10;
    ENAME
  --------
    CLARK
    KING
    MILLER
```

3. 设置保留点

保留点是事务中的中间标记，可将一个长的事务分成更小的段，允许将事务撤销到保留点，其后的任务将回滚。这样做的目的就是避免一个很长的事务因为某个语句的失败而撤销整个事务。例如：

```
SQL>UPDATE emp SET sal=sal*1.1 WHERE deptno=10;
SQL>SAVEPOINT a;
SQL>DELETE FROM emp WHERE empno=8899;
SQL>ROLLBACK TO a;
SQL>COMMIT;
```

以上事务中，通过 ROLLBACK TO 命令将保留点 a 之后的事务撤销，只是提交了该保留点之前的事务。

小　　结

本章重点介绍了 SQL*Plus 工具使用和 SQL 语言知识。

SQL*Plus 工具作为 Oracle 的管理和维护工具，有命令行和 Windows 两种启动方式，包含自身专用的一些命令，熟练掌握这些命令的应用技巧，对于今后数据库的管理、开发都是非常必要的。

SQL 语言分为 SELECT 查询、DML、DDL、DCL 四种，重点介绍了前三种语言的基本语法和灵活应用形式，要求熟练掌握。尤其是 SELECT 查询，分为简单查询、分组查询、连接查询、子查询和集合查询等，熟练掌握这些查询技巧，并能灵活的运用，对于数据库操作是非常重要的。

实　　训

目的与要求

（1）掌握 SQL*Plus 工具的两种启动方法。

（2）掌握 SQL*Plus 的各种命令。

（3）掌握在不同启动方式下，SQL*Plus 工具本身的设置及复制、粘贴等常用技巧。

（4）掌握 SQL 命令（SELECT、INSERT、UPDATE、DELETE）。

实训项目

假设有如下 5 个数据库表：

（1）books（图书信息表）。

```
名称              是否为空            类型
---------        -------            ------------
bno              NOT NULL          VARCHAR2(10)     --书号
bname                              VARCHAR2(30)     --书名
pubdate                           DATE             --出版日期
pno                               NUMBER(2)        --出版社号
```

cost	NUMBER(3)	--成本价
retail	NUMBER(3)	--零售价
kind	VARCHAR2(20)	--类别

（2）customers（客户信息表）。

名称	是否为空	类型	
cno	NOT NULL	NUMBER(4)	--客户号
cname		VARCHAR2(10)	--客户姓名
address		VARCHAR2(20)	--客户住址
city		VARCHAR2(20)	--所在城市
postid		VARCHAR2(5)	--住址邮编

（3）orders（订单信息表）。

名称	是否为空	类型	
ono	NOT NULL	NUMBER(4)	--订单号
cno		NUMBER(4)	--客户号
orderdate		DATE	--订单日期
shipdate		DATE	--发货日期
shipadress		VARCHAR2(18)	--发货地址
shippostid		VARCHAR2(5)	--地址邮编

说明：如果订单没有发货，则 shipdate 为空。

（4）orderitems（订单详表）。

名称	是否为空	类型	
ono	NOT NULL	NUMBER(4)	--订单号
itemno	NOT NULL	NUMBER(2)	--分项号
bno		VARCHAR2(10)	--书号
quantity		NUMBER(3)	--数量

说明：一个订单中，有一种或多种书籍的订货量，每一种书籍的订货指定一个分项号，同时说明书的编号、数量。

（5）publishers（出版社信息表）。

名称	是否为空	类型	
pno	NOT NULL	NUMBER(2)	--出版社号
pname		VARCHAR2(23)	--出版社名称
contact		VARCHAR2(15)	--联系人
phone		VARCHAR2(12)	--联系电话

1. 创建各表并录入数据

录入数据时注意各表之间的关系，如 orders、orderitems 和 publisher 三个表与 books 和 customers 之间的逻辑关系（bno、cno）等。要求每一个表至少包含 5 条记录。

2. 基本的 SELECT 语句

（1）显示 books 表结构，然后显示该表的全部数据。

（2）查询 books 表中所有图书的书名。

（3）查询 books 表中每本书的书名和出版日期，要求对 pubdate 字段使用 publication date 列标题。

（4）查询 customers 表中每一个客户的客户号及住址。

（5）查询图书种类，要求不要重复列出。

（6）查询有订单的每一个客户的客户号，要求每一个客户号只列出一次。

（7）查询所有图书名称及所属种类。

3．条件查询

（1）查询所有上海客户的客户号和姓名，将结果按姓名排序。

（2）查询在 2008 年 4 月 10 日之后发货的订单号、客户号。

（3）查询所有"经济类"图书名称及出版日期。

（4）查询 2003 年 4 月 2 日之前订单的订单号、客户号。

（5）查询"王"姓客户的姓名及所在城市。

（6）查询书号为 080411 的图书在 2008 年 3 月 1 日之后订单的所有订单号。

（7）查询书名中包含 ORACLE 的所有图书名称。

（8）查询在 2001 年出版的所有计算机书的图书名称。

4．连接查询

（1）查询每本书的书名、出版社及出版社联系人的姓名和联系电话。

（2）查询还没有发货的订单以及该订单客户的姓名，要求将结果按下达订单的日期升序排列。

（3）查询购买过"计算机"类图书的所有客户的客户号、姓名及所在城市。

（4）查询北京客户"张磊"曾购买所有图书的名称及数量。

（5）查询销售给客户"张磊"的每一本图书的利润。将结果按订单日期排序。如果订购了多本书，则将结果按利润的降序排序。

（6）查询石家庄客户中订购了"计算机类"图书的所有客户的姓名。

（7）查询"人民出版社"的图书的订单情况，包括图书、订单数量。

5．分组函数

（1）查询"计算机类"图书的数量。

（2）查询零售价超过 30 的图书的数量。

（3）查询最新出版的图书名称及出版日期。

（4）查询"计算机类"图书中零售价最低的图书名称及出版社名称。

（5）查询 ORDERS 表中所有订单的总利润。

6．子查询

（1）查询零售价低于所有图书平均零售价的图书名称。

（2）查询成本低于同一种类书中平均成本的图书名称。

（3）查询与 1014 号订单客户相同所在城市相同的订单号。

（4）查询已处理的订单中发货延迟时间最长订单号及客户姓名。

（5）查询订购了零售价最便宜的图书的客户姓名及所在城市。

（6）查询由"中国电力出版社"出版的图书名称及出版日期。

7．事务处理语句

练习使用 COMMIT、ROLLBACK 语句进行事务提交和撤销，体会事务处理的工作机制。

8．SQL*Plus 屏幕设置及拷贝、粘贴等常用技巧

使用两种方式启动 SQL*Plus：

（1）练习 SQL*Plus 屏幕设置方法，如屏幕尺寸、背景颜色、字体颜色等。

（2）练习复制、粘贴命令的方法和技巧。

第3章

Oracle 常 用 工 具

本章将简单介绍 Oracle 的常用管理工具及其简单的使用方法。

3.1 Oracle Enterprise Manager

前面介绍了 SQL*Plus 命令行工具，当执行各种操作时，必须输入各种命令语句，对于初学者来说，可能有些困难，下面介绍一种可视化的管理工具——Oracle Enterprise Manager（OEM，企业级数据库管理器），该套工具几乎包括了对数据库对象的所有管理。但需要说明的是，可视化的工具操作简便，但执行功能呆板、不灵活。命令行工具虽然需要记忆各种命令语句，但更能帮助初学者理解 Oracle 的工作机制和数据库结构，而且使用灵活，因此，建议使用命令行工具进行 Oracle 数据库的管理和应用。本书后面的章节均以介绍和使用命令行语句为主。

3.1.1 启动 OEM

启动方法：选择"开始"→"程序"→Oracle-OraHome92→Enterprise Manager Console 命令，显示如图 3-1 所示的窗口。

图 3-1　OEM Console 登录

如图 3-1 所示，当使用 OEM 时，既可以使用"独立启动"方式，也可以使用"登录到 Oracle Managemeng Server"方式，但执行一般管理操作使用"独立启动"就可以了。单击"确定"按钮后，显示如图 3-2 所示的窗口。

展开"数据库"文件夹，单击某一个数据库名称，出现如图 3-3 所示的窗口。

输入用户名、口令后，进入 OEM 主界面，如图 3-4 所示。

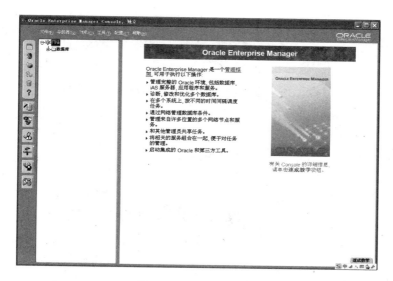

图 3-2　独立启动界面

图 3-3　登录数据库

图 3-4　OEM 主界面

3.1.2　使用 OEM

进入 OEM 主界面后，就可以执行各种管理操作。

（1）单击"例程"节点，可以管理实例，主要可以完成以下操作。

①启动、关闭数据库据库。

②查看、编辑初始化参数文件。

③管理用户会话，并查看当前执行的 SQL。

④通过资源计划管理资源使用。

⑤对数据库进行备份、恢复。

（2）单击"方案"节点，可以管理数据库对象，主要完成以下操作。

①创建、修改和删除表、索引、视图等数据库对象。

②显示数据库对象相关信息。

③导出数据库对象。

（3）单击"安全性"节点，可以管理数据库用户、角色和 PROFILE 文件，主要可以完成以下操作。

①创建、修改和删除用户、角色和 PROFILE 文件。

②为用户授予权限、角色。

③显示用户、角色的相关信息。

（4）单击"存储"节点，可以管理表空间、数据文件、控制文件、日志文件，主要可以完成以下操作。

①创建、管理表空间、数据文件、重做日志文件等存储对象。

②显示表空间、数据文件、重做日志文件等的相关信息。

③对数据库文件执行备份、恢复操作。

此外，单击"分布"节点，可以管理分布式数据库；单击"数据仓库"节点，可以管理数据仓库。

3.2　SQL*Plus WorkSheet 工具

SQL*Plus WorkSheet 是 Oracle 公司提供的图形界面的 SQL*Plus 工具。运行方法为：选择"开始"→"程序"→Oracle-OraHome92→Application Development→SQL Plus WorkSheet 命令，如图 3-5 所示。

输入用户名和口令后，单击"确定"按钮就可以登录到本地数据库了。如果要连接到远程数据库，还必须在"服务"输入栏中输入网络服务名。连接到 SQL*Plus WorkSheet 后，显示如图 3-6 所示的界面。

在图 3-6 界面中，窗口分为上下两部分，上面部分是全屏幕编辑区域，用于输入 SQL 语句或 PL/SQL 程序；下面部分显示语句或程序的执行结果。窗口左侧有 5 个工具按钮，自上向下的前三个按钮比较常用，功能分别为：

（1）"改变数据库连接"：改变当前连接的数据库或当前连接的用户。

（2）"执行"：执行输入的语句或程序，也可按 F5 键执行。

（3）"命令历史记录"：打开"显示历史记录"对话框，可选定前面键入的语句重新执行，提高操作效率。

SQL*Plus WorkSheet 是一个全屏幕的编程和运行环境，比 SQL*Plus 使用更方便。

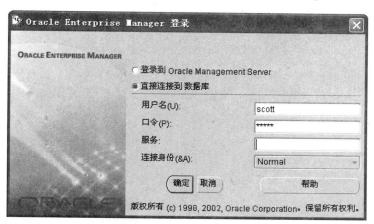

图 3-5　SQL*Plus WorkSheet 登录窗口

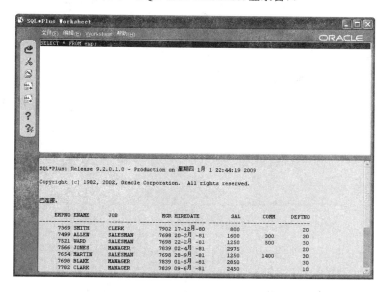

图 3-6　SQL*Plus Worksheet 工作窗口

3.3　*i* SQL*Plus

*i*SQL*Plus 是 SQL*Plus 基于 Web 的方式，是 Oracle9i 的新特性。运行 *i*SQL*Plus 之前，必须首先在服务器端启动 HTTP SERVER。

启动 HTTP SERVER：选择"开始"→"程序"→Oracle-OraHome92→Oracle HTTP Server→Start HTTP Server powered by Apache，出现如图 3-7 所示的窗口。

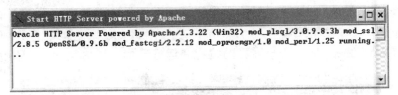

图 3-7 Start HTTP Server powered by Apache 窗口

使用 *i*SQL*Plus 时，以普通用户身份和特权用户身份登录的方式有所不同，下面分别进行介绍。

3.3.1 以普通用户身份运行 *i*SQL*Plus

打开 IE 浏览器，在地址栏中输入"HTTP://主机名：端口号/isqlplus"或"HTTP://IP：端口号/isqlplus"，如果连接本地数据库，也可以输入"HTTP://localhost：端口号/isqlplus"，显示如图 3-8 所示窗口。

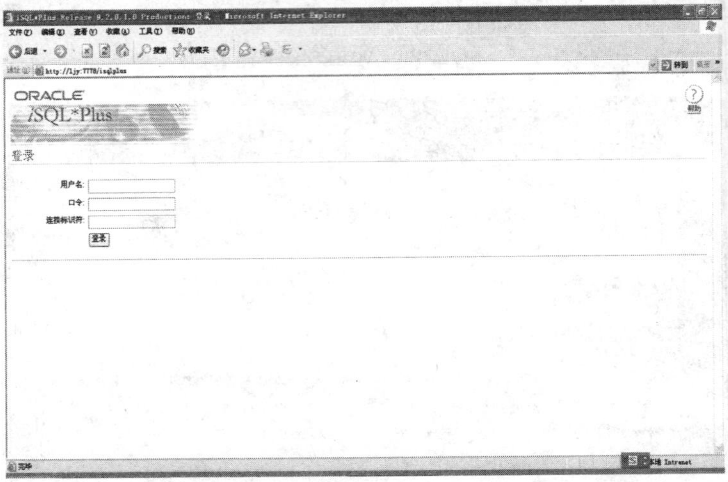

图 3-8 Oracle *i*SQL*Plus 登录窗口

注意：不同 Oracle 版本使用不同的端口号，Oracle92 版本的端口号为 7778，具体可以通过查看%ORACLE_HOME%\Apache\Apache 目录下的 ports.ini 文件来看默认的端口设置。如果需要更改端口，可以通过调整%ORACLE_HOME%\Apache\Apache\conf\httpd.conf 文件来进行端口设置。

在如图 3-8 所示的窗口中输入 Oracle 数据库用户名和口令，单击"登录"按钮连接到本地数据库。如果要连接到远程数据库，必须输入"连接标识符"，即网络服务名。连接到数据库后进入 *i*SQL*Plus 工作界面，如图 3-9 所示。

在 *i*SQL*Plus 工作界面中可以输入 SQL*Plus 命令和 SQL 语句，执行结果在屏幕下方显示，如图 3-10 所示。

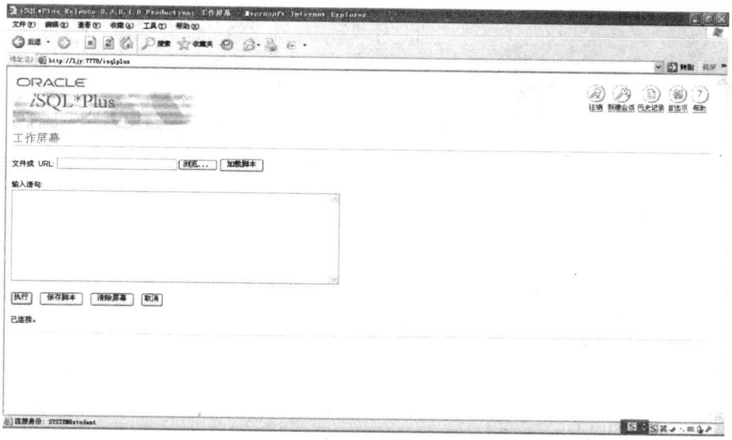

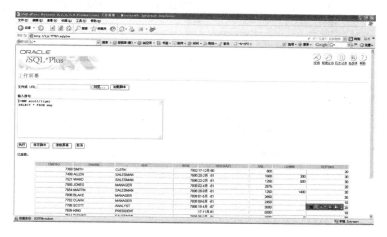

图 3-9 *i*SQL*Plus 工作屏幕

图 3-10 执行 SQL*Plus 命令和 SQL 语句

3.3.2 以特权用户身份运行 *i*SQL*Plus

考虑到 Oracle 数据库的安全，在以特权用户连接数据库之前，需要首先输入 HTTP SERVER 用户名和口令，因此首先要使用 Apache 的 HTPASSWD 命令创建 HTTP SERVER 用户。该命令一般在%ORACLE_HOME%\Apache\Apache\bin 目录下，通过它向 iplusdba.pw 文件（在%ORACLE_HOME%\sqlplus\admin 目录下）中添加一个用户。

例如，增加 HTTP SERVER 用户 admin，如图 3-11 所示。

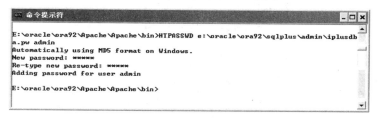

图 3-11 增加用户

图 3-12　用户验证

打开 IE 浏览器，在地址栏中输入"HTTP://主机名：端口号/isqlplusdba"或"HTTP://IP：端口号/isqlplusdba"，如果连接本地数据库，也可以输入"HTTP://localhost：端口号/isqlplusdba"，出现如图 3-12 所示用户验证对话框。

在图 3-12 所示的对话框中输入 admin 用户名及其密码，进入 *i*SQL*Plus DBA 登录界面，输入特权用户及其密码，如图 3-13 所示。

单击"登录"按钮后，进入 *i*SQL*Plus DBA 的工作界面，就可以执行各种特权操作了，如启动、关闭数据库等。

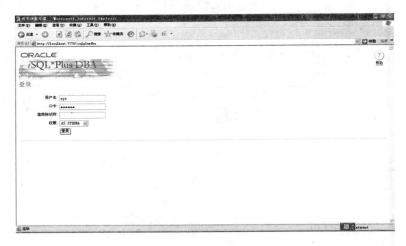

图 3-13　Oracle *i*SQL*Plus 登录窗口

小　　结

本章简单介绍了三种 Oracle 常用工具的使用方法。可视化的管理工具 Oracle Enterprise Manager，该工具可以对数据库进行所有管理操作。SQL*Plus WorkSheet 是 Oracle 公司提供的图形界面的 SQL*Plus 工具。*i*SQL*Plus 是 SQL*Plus 基于 WEB 的方式，是 Oracle9i 的新特性，使用 *i*SQL*Plus 时，以普通用户和特权用户登录的方式有所不同。

实　　训

目的与要求

（1）掌握使用 OEM 工具进行数据库操作的方法。

（2）了解 SQL*Plus Worksheet 的使用方法。

（3）了解普通用户和特权用户登录 *i*SQL*Plus 的方法。

实训项目

（1）以独立方式启动 OEM 工具，了解该工具的功能。

（2）在 OEM 中查询 scott 用户的所有表、表列名称及数据。

（3）在 scott 用户下创建表 stud，修改表、删除表。

（4）启动 SQL*Plus WorkSheet，执行创建表、查询表、修改表、删除表的操作。

（5）分别以普通用户和特权用户登录 *i*SQL*Plus。

第 4 章

Oracle 体 系 结 构

本章主要介绍 Oracle 数据库的存储结构（逻辑结构、物理结构）、实例结构及工作原理。理解 Oracle 体系结构，掌握数据库的工作机制对有效的管理和维护数据库系统和基于数据库开发都是非常有必要的。

4.1　Oracle 服务器体系结构

Oracle 服务器主要由数据库和实例两部分组成。数据库是 Oracle 用于保存数据的一系列物理结构和逻辑结构；实例（Instance）是由服务器在运行过程中的内存结构和一系列后台进程组成。Oracle 服务器体系结构如图 4-1 所示。

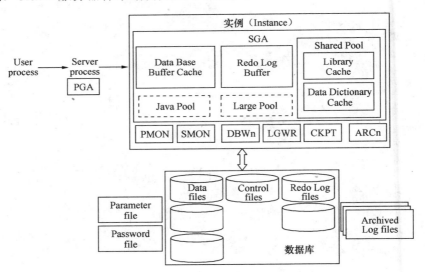

图 4-1　Oracle 服务器体系结构

数据库的存储结构就是数据库存储数据的方式。Oracle 数据库的存储结构分为物理结构和逻辑结构，两个相互独立但又密切相关的部分。物理结构用于描述在 Oracle 外部，即操作系统中组织和管理数据的方式，逻辑结构则用于描述在 Oracle 内部组织和管理数据的方式。

Oracle 实例由内存结构和一系列后台进程组成，在启动数据库时必须首先创建实例，然后才能够通过实例来访问数据库。在 Oracle 中，每一个数据库至少有一个与之相对应的实例，启动数据库时首先在内存中创建一个实例，然后由实例加载并打开数据库。当用户连接数据库时，实际上是连接到实例中，然后由实例负责与数据库通信，再将处理结果返回给用户，实例在用户和数据库之间充当着中间层的角色，图 4-1 也充分说明了这一点。

因此，Oracle 体系结构包括 4 部分：物理结构、逻辑结构、内存结构和进程结构。

4.2　Oracle 数据库物理结构

Oracle 数据库物理结构包括三种类型的文件：数据文件、控制文件和重做日志文件。除了这三种文件外，也使用其他一些文件，包括口令文件、归档日志文件、跟踪文件和警告文件等，但这些文件不是数据库的一部分。在以后的章节中对于这三种类型物理文件的管理技术将详细介绍，本节只简单介绍它们的概念。

1. 数据文件

数据文件（Data File）用于存储所有的数据库数据，包括用户数据（表、索引等）、数据字典、存储过程、函数、包等程序，临时数据及 UNDO 数据等。数据文件具备以下特点。

（1）Oracle 数据库由一个或多个数据文件组成。

（2）一个数据文件只与一个数据库相关，只属于一个表空间。

（3）Oracle 数据库逻辑上由一个或多个表空间组成，每个表空间由一个或多个数据文件组成。

2. 控制文件

控制文件（Control File）是一个很小的二进制文件，在其中包含了数据库物理结构的重要信息，每个数据库至少包含一个控制文件。当启动 Oracle 数据库时，系统会根据初始化参数 CONTROL_FILES 来定位控制文件，然后依据控制文件记载的信息打开所有的数据文件和重做日志文件，因此控制文件对于数据库的成功启动是至关重要的。在控制文件中记载了以下信息。

（1）数据库名称及创建时间。

（2）数据文件、联机重做日志文件的路径和大小。

（3）日志序列号。

3. 重做日志文件

Oracle 在重做日志文件（Redo Log File）中以重做记录的形式记录用户对数据库所进行的修改操作。重做信息是进行数据库恢复的主要依据，当需要进行数据库恢复时，Oracle 对数据文件应用重做日志，以重现用户对数据的修改，从而挽回丢失的修改信息。

每个数据库至少包含两个重做日志文件组，并且这些重做日志文件组是循环使用的。当一个重做日志文件组被写满后，后台进程 LGWR（日志写进程）开始写入下一个重做日志文件组，以此类推。LGWR 进程结束对当前重做日志文件组的使用，开始写入下一个重做日志文件组时，称为一次"日志切换"。当前正在被写的重做日志文件称为"联机重做日志文件（Online Redo Log Files）"。考虑到重做日志文件的重要性，一般将同一个文件组的文件放在不同的磁盘上建立副本。图 4-2 展示了重做日志文件的配置结构和工作机制。

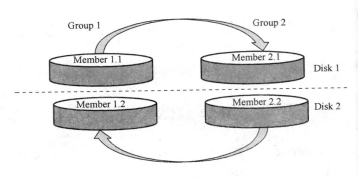

图 4-2　重做日志文件的配置结构和工作机制

4. 归档日志文件

Oracle 利用重做日志文件记录对数据库所做的修改，但是重做日志文件循环使用的工作机制，决定了在重新写入重做日志文件时，会将原来保存的重做记录覆盖。在重做日志文件被覆盖之前，Oracle 将已经写满的重做日志文件通过复制操作系统文件的方式保存到指定的位置，保存下来的重做日志文件称为归档日志文件（Archived Log File），复制的过程称为"归档"。

根据是否进行归档，Oracle 数据库有两种运行模式：归档模式（ARCHIVELOG 模式）和非归档模式（NOARCHIVELOG 模式）。

非归档模式下，Oracle 数据库将不会对重做日志文件进行归档。当发生日志切换时，重做日志文件重新被写，原有的重做信息将被覆盖。这种模式下的数据库，只具有从实例恢复的能力，而不能进行介质恢复，是一种不安全的运行模式。

归档模式下，在重做日志文件重新被写之前，Oracle 数据库将对重做日志文件进行归档。在这种模式下，当数据库出现介质失败时，使用数据文件副本和归档日志可以完全恢复数据库，因此这是一种安全的运行模式。

5. 参数文件

参数文件（Parameter File）用于定义 Oracle 实例的特性，在创建数据库或启动数据库实例时必须访问参数文件。在 Oracle9i 之前，参数文件是一个文本文件，从 Oracle9i 开始，既可以使用文本参数文件，也可以使用二进制格式的服务器参数文件（Server Parameter File）。

6. 口令文件

口令文件（Password File）用于存放特权用户的信息，特权用户是指具有 SYSDBA 和 SYSOPER 权限的用户，它们可以执行启动实例、关闭实例、创建数据库等特殊操作。在 Oracle9i 之前，初始的特权用户为 internal 和 sys；从 Oracle9i 开始，初始的特权用户只有 sys。

口令文件的名称格式为 pwd<SID>.ora，其中 SID 为实例名。

7. 警告文件

警告文件（Alert File）由连续的消息和错误组成，并且这些消息和错误是按照时间顺序来存放的。通过查看警告文件，可以查看到 Oracle 内部错误、块损坏错误、非默认的初始化参数，可以用于监视特权用户的操作和数据库的物理结构改变。警告文件的位置由初始化参数 BACKGROUND_DUMP_DEST 确定，名称为<SID>_alert.log。它的信息是由服务器进程和后台进程写入的。

8. 后台进程跟踪文件

后台进程跟踪文件用于记录后台进程的警告或错误信息，每个后台进程都有相应的跟踪文件。后台进程跟踪文件的位置由初始化参数 BACKGROUND_DUMP_DEST 确定，名称格式为<SID>_<processname>_<SPID>.trc，其中 SPID 是后台进程所对应的 OS 进程号。

9. 服务器进程跟踪文件

服务器进程跟踪文件用于跟踪 SQL 语句，使用它可以诊断 SQL 语句性能，并做出相应的 SQL 调整规划。该文件的位置由初始化参数 USER_DUMP_DEST 确定，其名称格式为<SID>_ora_<SPID>.trc。

4.3 Oracle 数据库逻辑结构

数据库数据（表、索引等）物理上存储在数据文件中，而逻辑上存储在表空间中。数据库逻辑上由一个或多个表空间组成，每个表空间在物理上由一个或多个数据文件组成。数据库逻辑结构与物理结构之间的关系如图 4-3 所示。

Oracle 在逻辑上将保存的数据划分为一个个小单元来进行存储和维护，以便有效地进行管理、存储和检索。按照由小到大的顺序，逻辑结构包括以下几种。

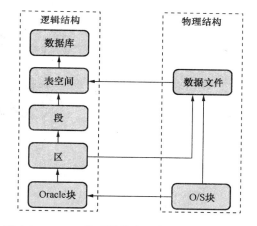

图 4-3　Oracle 物理结构和逻辑结构之间的关系

1. 块

块（Block）是 Oracle 最小的逻辑存储单元，是 Oracle 在数据文件上进行 I/O 操作的最小单元。一个 Oracle 块由一个或多个操作系统块组成。块的大小是数据库创建时由参数 DB_BLOCK_SIZE 决定的。

2. 区

区（Extent）由一系列连续的块组成，是 Oracle 进行空间分配、回收的逻辑单元。例如，用户在数据库中新建 stud 表，Oracle 会分配段 stud（假设初始大小为 2MB），当数据占满 2MB 时，Oracle 会自动扩展段，为其分配一个区，以后回收存储空间时也是以区为单位进行的。

3. 段

段（Segment）由一个或多个区组成，这些区可以是连续的，也可以是不连续的。当用户在数据库中创建各种具有实际存储结构的对象时，比如表、索引等，Oracle 将为这些对象创建段，对象的所有数据都保存在段中。每个段在创建时都会分配一定数目的初始区，当段中初始区的空间用完后，Oracle 将继续为段分配新的区。

段有很多类型，不同类型的数据库对象拥有不同类型的段。表段用于存储表数据；索引段用于存储索引数据；临时段用于存储排序操作产生的临时数据；UNDO 段用于存储事务所修改数据的旧值。

4. 表空间

表空间（TableSpace）是最高一级的逻辑存储结构，数据库是由若干个表空间组成的。段以及它所包含的区都存放在表空间中。在创建数据库时会自动创建一个默认的 SYSTEM 表空间。

为了提高数据访问性能，同时便于数据管理、备份和恢复等操作，DBA 通常会将属于不同应用的逻辑结构和数据库对象存放在不同的表空间中，如 SALE 销售表空间、HR 人力资源管理表空间、索引表空间等。

数据库各级逻辑结构之间的关系如图 4-4 所示。

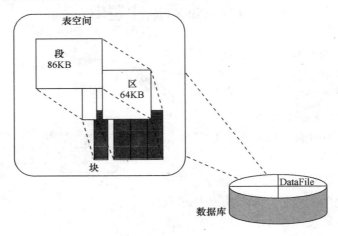

图 4-4　数据库各级逻辑结构之间的关系

4.4　Oracle 内存结构

Oracle 的内存结构是影响数据库性能的关键因素，它的大小直接影响数据库的运行速度。内存结构主要由两部分组成：SGA 区（System Global Area，系统全局区）和 PGA 区（Program Global Area，程序全局区）。

4.4.1　SGA 区

SGA 区是 Oracle 实例的重要组成部分，它与后台进程一同构成实例。每个 Oracle 实例只具有一个 SGA 区，SGA 区中的信息能够被所有 Oracle 进程共享使用，数据库的各种操作主要是在 SGA 区中进行的。

当启动实例时，Oracle 为 SGA 区分配内存；终止实例时，SGA 区被释放。

SGA 区的大小由多个初始化参数决定，能够影响 SGA 区大小的初始化参数主要有以下 5 个。

（1）DB_CACHE_SIZE：设置数据库缓存的大小（以 KB 或 MB 为单位）。

（2）LOG_BUFFER：设置重做日志缓存的大小（以 B 为单位）。

（3）SHARED_POOL_SIZE：设置共享池的大小（以 B 为单位）。

（4）LARGE_POOL_SIZE：设置大型池的大小（以 B 为单位）。

（5）JAVA_POOL_SIZE：设置 Java 池的大小（以 B 为单位）。

在实例的运行过程中，可以在 SQL*Plus 中执行 SHOW 语句来显示实例当前的 SGA 区大小：

```
SQL>SHOW  SGA;
    Total  System  Global  Area      193752940  bytes
    Fixed  Size                       282476  bytes
    Variable  Size                    159383552  bytes
    Database  Buffers                 33554432  bytes
    Redo  Buffers                     532480  bytes
```

也可以通过 SHOW PARAMETER 语句或查询数据字典视图 v$parameter 显示 DB_CACHE_SIZE 等初始化参数的大小。例如：

```
SQL>SHOW PARAMETER DB_CACHE_SIZE
    NAME            TYPE            VALUE
    ----------- ----------- --------------------
    db_cache_size  big integer      25165824
SQL>COL name FORMAT a30
SQL>COL value FORMAT a30
SQL>SELECT name,value FROM v$parameter
    WHERE name LIKE'db_%cache%';
    NAME                    VALUE
    --------------- ----------------------
    db_keep_cache_size      0
    db_recycle_cache_size   0
    db_2k_cache_size        0
    db_4k_cache_size        0
    db_8k_cache_size        0
    db_16k_cache_size       0
    db_32k_cache_size       0
    db_cache_size           25165824
    db_cache_advice         ON
```

SGA 区的内存结构包括数据库缓存区、重做日志缓存区、共享池、Java 池和大型池。

1. 数据库缓存区

数据库缓存区（Database Buffer Cache）保存的是最近从数据文件中读取的数据块，其中的数据可以同时被所有用户共享访问。在数据库缓存区修改或插入的数据满足一定条件后，由 DBWn 后台进程写入数据文件。

当用户第一次执行查询或修改操作时，所需的数据从数据文件中读取出来之后，首先将被装入到数据库缓存中，对数据的操作将在数据库缓存区中进行。当用户下一次访问相同的数据时，Oracle 就不必再从数据文件中读取数据，而直接将数据库缓存中的数据返回给用户。由于访问内存的速度要比访问硬盘快上千倍，这样做可以极大地提高对用户请求的响应速度。

在 Oracle8i 及以前的版本中，数据库缓存的大小由 DB_BLOCK_SIZE 和 DB_BLOCK_BUFFERS 两个初始化参数共同决定。其中 DB_BLOCK_SIZE 参数设置的是数据库块的大小，DB_BLOCK_BUFFERS 参数设置的是数据库缓存所包含的块的数目。

在 Oracle9i 中，数据库缓存的大小由初始化参数 DB_CACHE_SIZE 指定。

在 Oracle9i 中支持非标准大小的数据块。也就是说，在数据库中，由 DB_BLOCK_SIZE 参数定义了标准块的大小，大部分块都是标准块，但是也允许在数据库中包含一小部分非标准块，用于那些需要保存特殊类型数据的表空间。

DB_CACHE_SIZE 参数所指定的数据库缓存使用的是与标准块大小相同的缓存块，即 DB_BLOCK_SIZE 参数所指定的块大小。但是如果在数据库中创建了使用非标准块的表空间，则必须在 SGA 区中建立相应的数据库缓存。通过设置如下初始化参数可以建立使用非标准块的数据库缓存，该缓存的缓存块大小与非标准块大小相同。

（1）DB_2K_CACHE_SIZE：设置缓存块大小为 2KB 的数据库缓存大小。

（2）DB_4K_CACHE_SIZE：设置缓存块大小为 4KB 的数据库缓存大小。

（3）DB_8K_CACHE_SIZE：设置缓存块大小为 8KB 的数据库缓存大小。

（4）DB_16K_CACHE_SIZE：设置缓存块大小为 16KB 的数据库缓存大小。

（5）DB_32K_CACHE_SIZE：设置缓存块大小为 32KB 的数据库缓存大小。

例如，初始化参数文件中具有如下设置。

```
DB_BLOCK_SIZE=4096
DB_CACHE_SIZE=1024M
DB_8K_CACHE_SIZE=512M
```

说明数据库标准块的大小为 4KB，使用与标准块大小相同的缓存块的数据库缓存为 1024MB。除此之外，缓存块大小为 8KB 的数据库缓存为 512MB。

2. 重做日志缓存区

重做日志缓存区（Redo Log Buffer）用于缓存在对数据进行修改的操作过程中生成的重做记录（Redo Record），每条重做记录记载了被修改数据块的位置及变化后的数据。当用户执行 DDL 或 DML 语句时，Oracle 会自动为这些操作生成重做记录，并写入到重做日志缓存区中，随后由 LGWR 后台进程把重做日志缓存区中的内容写入联机重做日志文件。

重做日志缓存区是一个循环缓存区，在使用时从顶端向底端写入数据，然后再返回到缓存区的起始点循环写入。

3. 共享池

共享池（Shared Pool）是对 SQL、PL/SQL 程序进行语法分析、编译、执行的内存区域，主要由库高速缓存和数据字典高速缓存组成。

（1）库高速缓存。库高速缓存用于缓存最近执行的 SQL 或 PL/SQL 程序，包括语句文本和执行计划。

库高速缓存主要用来提高 SQL 或 PL/SQL 程序的执行效率。当一条 SQL 语句提交时，Oracle 首先在库高速缓存中进行搜索，查看相同的 SQL 语句是否已经被解析、执行并缓存过。如果有，Oracle 将利用缓存中的 SQL 语法分析结果和执行计划来执行该语句，而不必再重新对它进行解析。

（2）数据字典高速缓存。数据字典高速缓存用于缓存最近使用的数据字典信息，包括表、列、权限和存储控制等信息。

4. 大型池和 Java 池

大型池和 Java 池都是 SGA 区中可选的内存结构，DBA 可以根据实际需要决定是否在 SGA 区中创建大型池或 Java 池。

大型池主要为需要大内存的数据库操作提供内存。这些操作包括以下几个。

（1）数据库备份、恢复操作。

（2）执行具有大量排序操作的 SQL 语句。

（3）执行并行化的数据库操作。

Java 池主要为 Java 操作提供内存。

4.4.2　PGA 区

PGA 区保存特定服务器进程的数据和控制信息，是非共享的，每个服务器进程都有它自己的 PGA 区。PGA 区由私有 SQL 区、会话内存区组成，私有 SQL 区包含 SQL 语句的绑定变量和运行时的内存结构等信息；会话内存区保存用户会话的变量以及与其他会话相关的信息。

4.5　Oracle 进程结构

4.5.1　进程类型

在 Oracle 运行和交互过程中主要涉及到两类进程：用户进程和 Oracle 进程。

1. 用户进程

当用户连接数据库时会创建一个用户进程，向服务器发出各种服务请求，并接收数据库的响应信息。例如，当用户执行一个 Oracle 应用程序（如 Pro*C 程序）时，或者启动一个 Oracle 工具（如 OEM 或 SQL*Plus）时，Oracle 将创建一个用户进程来执行相应的用户任务。

2. Oracle 进程

Oracle 进程是由 Oracle 自身创建的，用于完成特定的服务功能。根据功能可以分为两类，即服务器进程和后台进程。服务器进程由 Oracle 自身创建，用于处理连接到实例中的用户进程所提出的请求，并将操作结果返回用户进程。后台进程为并发的多个用户进程提供系统服务，使 Oracle 有效地完成复杂的数据处理和维护任务。一个完整的 Oracle 实例由 SGA 区和一系列后台进程组成。

4.5.2 后台进程

Oracle 后台进程包括数据库写进程（DBWn）、日志写进程（LGWR）、检查点进程（CKPT）、系统监视进程（SMON）、进程监视进程（PMON）、归档进程（ARCn）、恢复进程（RECO）、调度进程（Dnnn）等各自独立的进程。其中前 5 个后台进程是实例必需的后台进程，在默认情况下，创建实例时只会启动这 5 个进程。图 4-5 展示了各个后台进程与 Oracle 数据库的各个组件之间是如何工作的。

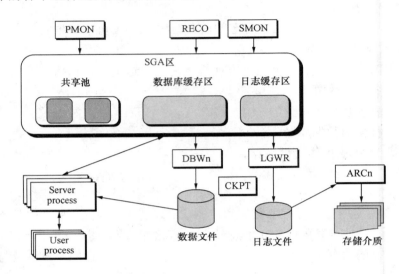

图 4-5 后台进程与数据库组件之间的关系

1. DBWn

DBWn 进程负责将数据库缓存中的脏缓存块数据成批写入到数据文件中。默认情况下，Oracle 创建实例时只启动一个 DBW0 进程。如果数据更改操作非常频繁，通过设置初始化参数 DB_WRITER_PROCESSES 可以最多启动 20 个 DBWn（DBW0～DBW9，DBWa～DBWj）进程，以提高写入能力。

在数据库缓存区中，如果某个缓存块的数据被修改，它将被标记为脏。DBWn 对脏缓存块实行延迟写入，即脏缓存块产生后，DBWn 并没有立即将其写入数据文件，而是在满足一定条件时，DBWn 才开始成批地将脏缓存块写入数据文件。这样做可以尽量避免 DBWn 进程与其他进程之间发生 I/O 冲突，并且减少数据库执行物理 I/O 操作的次数。在下列情况下，DBWn 会将脏缓存块写入数据文件。

（1）脏缓存块数量达到一定的阈值。

（2）系统发出检查点（CHECKPOINT）。

（3）服务器进程不能找到空闲缓存区。

（4）发生超时。

2. LGWR

LGWR 进程负责将重做日志缓存中的重做记录写入联机重做日志文件中。当执行 DML

或 DDL 语句时，Oracle 首先在重做日志缓存中记录重做记录，然后才会修改数据库缓存。在 DBWn 将脏缓存块数据写入到数据文件之前，LGWR 首先会将重做记录写入到重做日志文件，这称为"快速提交"机制。即使发生数据库崩溃，事务对数据库所做的更改也不会丢失，可以通过相应的重做记录完全恢复。

LGWR 进程并不随时都在工作，只有在下述情况发生时，LGWR 进程才开始将缓存数据写入重做日志文件。

（1）用户发出 COMMIT 语句提交当前事务。

（2）重做日志缓存区被写满三分之一。

（3）在 DBWR 进程将脏缓存块写入数据文件之前。

（4）每隔 3s。

3. CKPT

CKPT 进程负责发出检查点（CHECKPOINT），以同步数据库数据文件、控制文件和日志文件。当检查点事件发生时，将促使 DBWn 进程将数据库缓存中的脏缓存块写入数据文件，同时将检查点时刻的 SCN（System Change Number）写入到控制文件和数据文件头部，以记录下当前的数据库结构和状态，此时数据库处于完整状态。在发生数据库崩溃后，需要将数据库从上一个检查点开始执行恢复。

在以下情况下，CKPT 进程才会开始工作。

（1）日志切换时。

（2）达到设置的执行间隔时间。

（3）手工执行检查点。

（4）关闭实例（除 SHUTDOWN ABORT 外的其他三种方式）。

4. SMON

SMON 进程在实例启动时负责对数据库进行恢复操作。如果上一次数据库是非正常关闭，当下一次启动实例时，SMON 进程会自动读取重做日志文件，对数据库进行实例恢复，将已提交的事务写入数据文件，回退未提交的事务，同步所有数据文件、控制文件和联机重做日志文件，然后才会打开数据库。

除此之外，SMON 进程还会执行一些空间维护功能，包括回收临时段或临时表空间中不再使用的存储空间，合并表空间中的空闲空间碎片。

5. PMON

PMON 进程负责监视用户进程的执行，并且在用户进程断开或失败时，负责释放用户进程和服务器进程所占用的资源。例如，用户关闭客户端程序，但是却没有从数据库中退出，或者是由于网络中断造成数据库连接的异常终止。在这些情况下，Oracle 将通过 PMON 进程来清理中断或失败的用户进程，包括回退未提交的事务，释放会话占用的锁、SGA 区、PGA 区等资源。

6. RECO

恢复进程 RECO 负责在分布式数据库环境（Distributed Database）中自动恢复失败的分布式事务。

7. ARCn

当数据库运行在归档模式下，归档进程 ARCn 负责在日志切换后将已经写满的重做日志文件进行归档，以防止写满的重做日志文件被覆盖。

在默认情况下，实例启动时只会启动一个归档进程 ARC0。通过设置初始化参数 LOG_ARCHIVE_MAX_PROCESSES，Oracle 最多可以启动 10 个归档进程（ARC0～ARC9）。

8. Dnnn

Dnnn 进程是多线程服务器（Multithreaded Server，MTS）体系结构的组成部分。它接受用户进程的请求，将它们放入请求队列中，然后为请求队列中的用户进程分配一个服务器进程。通过 Dnnn 进程使得多个用户进程可以共享一个服务器进程，这样少量的服务器进程可以处理多个用户进程的请求。

4.5.3　Oracle Server 配置模式

根据服务器进程对用户进程是专用还是共享，Oracle 有两种配置模式：专用服务器配置模式和多线程（共享）服务器配置模式。

1. 专用服务器配置模式

在专用服务器配置中，Oracle 为每一个连接到实例的用户进程启动一个专门的服务器进程。一个专用服务器进程只为一个用户进程提供服务。在这种模式下，如果同一时刻存在大量的用户进程，则必须创建相同数量的服务器进程，因此会大大降低系统的性能和响应速度。Oracle 默认为专用服务器配置模式。

2. 多线程（共享）服务器配置模式

在多线程服务器配置中，Oracle 在创建实例时启动一定数量的服务器进程，在 Dnnn 调度进程的帮助下，这些服务器进程可以为任意数量的用户进程提供服务。这种模式下，由少量的服务器进程为大量的用户进程提供服务，减轻了服务器的负担，使服务器可以同时支持更多的用户，也减少了服务器进程所占用的内存资源。

确认数据库是否配置为多线程服务器模式，可通过查询初始化参数 MTS_SERVERS 来实现。

```
SQL>SHOW PARAMETER MTS_SERVERS
```

如果数值>0，则说明 Oracle 配置为多线程服务器模式。

4.6　数　据　字　典

数据字典（Data Dictionary）是 Oracle 数据库的重要组成部分，它记载了数据库的系统信息，是由一系列对于用户来说只读的基表和视图组成。数据字典是在数据库创建时自动建立的，所有者为 sys 用户，其数据被存放在 SYSTEM 表空间中。对数据字典的维护和修改是由 Oracle 自动完成的，任何用户都只能在数据字典上执行查询操作（SELECT 语句）。

4.6.1　数据字典内容

在数据字典中主要保存有以下信息。

（1）所有数据库对象的定义，包括表、索引、视图、同义词、存储过程、函数、触发器等，以及表列、约束的定义等。

（2）数据库存储空间的分配信息，包括为某个对象段分配了多少存储空间，目前该对象的空间使用情况等。

（3）数据库的用户、权限、角色等信息。

（4）数据库运行时的性能和统计信息。

4.6.2　数据字典结构

在 Oracle 数据库中，数据字典包括数据字典基表和数据字典视图两部分，其中数据字典基表存储着数据库的基本信息，以加密格式存储，用户不能直接访问；数据字典视图是基于数据字典基表所建立的视图，普通用户可以通过查询数据字典视图获取系统信息。数据字典视图主要包括 USER_*XXX*、ALL_*XXX* 和 DBA_*XXX* 三种类型，各自的用途如表 4-1 所示。

表 4-1　　　　　　　　　　　　　三种类型数据字典视图

类　　型	用　　途
USER_*XXX*	任何用户都能访问，用于显示该用户所拥有的所有对象信息
ALL_*XXX*	任何用户都能访问，用于显示该用户可以访问的所有对象信息
DBA_*XXX*	只有 DBA 用户才能访问，用于显示所有数据库对象信息

三种类型数据字典视图存储的数据有重叠，访问对象的范围有所不同，它们之间的关系如图 4-6 所示。

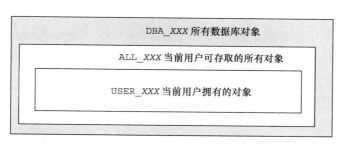

图 4-6　三种数据字典视图的区别

【例 4-1】　　以 scott 用户登录查询数据字典。

```
SQL>CONN scott/tiger
```

当查询数据字典视图 user_tables 时，只会返回 scott 用户拥有的所有表信息。

```
SQL>SELECT table_name FROM user_tables;
    TABLE_NAME
    ----------------------------
    BONUS
    DEPT
    EMP
    SALGRADE
```

当查询数据字典视图 all_tables，不但会返回 scott 用户拥有的表信息，也会返回该用户可以访问的 usera 用户的 stud 表。

```
SQL>SELECT owner,table_name FROM all_tables;
    OWNER                TABLE_NAME
------------    --------------------
    SCOTT                EMP
    SCOTT                DEPT
    ...
    USERA                STUD
```

【例 4-2】 以 system 用户登录查询数据字典。

当查询数据字典视图 dba_tables 时，不仅返回 system 用户自身拥有的表，同时返回所有其他用户所拥有的表。

```
SQL>SELECT owner, table_name FROM dba_tables;
    OWNER                TABLE_NAME
-----------    -------------------
    SYS                  ACCESS
    SYSTEM               AQ$INTERNET_AGENTS
    SCOTT                EMP
    USERA                STUD
    ...
```

4.6.3 常用数据字典视图

常用的数据字典视图包括以下几个。

（1）dictionary、dict_columns、dual、obj

（2）查询数据库对象：dba_tables、dba_indexes、dba_tab_columns、dba_constraints、dba_objects

（3）查询空间存储：dba_segments、dba_extents

（4）查询数据库结构：dba_tablespaces、dba_data_files

1. dict

用于显示当前用户可以访问的所有数据字典视图，并给出这些数据字典视图的作用。例如，查询当前用户可以访问的与权限相关的数据字典视图：

```
SQL>SELECT table_name FROM dict WHERE comments  LIKE'%grant%';
    TABLE_NAME
    -----------------------
    ALL_COL_PRIVS
    ALL_COL_PRIVS_MADE
    ALL_COL_PRIVS_RECO
    ...
```

2. dict_columns

用于显示数据字典视图每个列的含义。例如，显示 dict 每个列的含义：

```
SQL>SELECT column_name,comments FROM dict_columns
    WHERE table_name='DICT';
```

```
COLUMN_NAME          COMMENTS
-----------  ---------------------------
TABLE_NAME       Name of the object
COMMENTS         Text comment on the object
```

3. dual

dual 是一个虚拟的表，用于查询一些返回值。

（1）查看当前用户。

```
SQL>SELECT user FROM dual;
    USER
    ----------------------------------
    SCOTT
```

（2）用来调用系统函数。

```
SQL>SELECT SYSDATE FROM dual;    --获得当前系统时间
  SYSDATE
  ----------
  10-10 月-08
SQL>SELECT SYS_CONTEXT ('USERENV', 'TERMINAL')
    FROM dual;             --获得主机名
  SYS_CONTEXT('USERENV','TERMINAL')
  --------------------------------------------
  LJY
```

（3）可以用做计算器。

```
SQL>SELECT 7*9 FROM dual;
    7*9
    --------
     63
```

4. obj

用于显示当前用户拥有的所有对象（表、视图、索引、函数、过程等）。例如：

```
SQL>CONN scott/tiger
SQL>COL object_name FORMAT a20
SQL>SELECT object_name,object_id,created FROM obj
    WHERE object_type='TABLE';
  OBJECT_NAME     OBJECT_ID   CREATED
  --------------- ---------- ----------
    BONUS         30141       12-5 月-02
    DEPT          30137       12-5 月-02
    EMP           30139       12-5 月-02
    SALGRADE      30142       12-5 月-02
    SC            30343       06-12 月-08
    WORKER        30319       04-12 月-08
    ...
```

5. user_segments

用于查询表占用的空间信息。例如：

```
SQL>SELECT bytes FROM user_segments
    WHERE segment_name='STUD';
  BYTES
-------------------
  65536
```

6. dba_tablespaces

用于查询数据库表空间信息。

```
SQL>SELECT tablespace_name FROM dba_tablespaces;
  TABLESPACE_NAME
------------------------------
  SYSTEM
  UNDOTBS1
  TEMP
  CWMLITE
  …
```

7. dba_data_files

用于查询数据库所有的数据文件信息（名称、所属表空间、大小等）。

```
SQL>COL file_name FORMAT a40
SQL>SELECT file_name,tablespace_name FROM dba_data_files;
  FILE_NAME                                   TABLESPACE_NAME
----------------------------------------  --------------------------
  E:\ORACLE\ORADATA\STUDENT\SYSTEM01.DBF      SYSTEM
  E:\ORACLE\ORADATA\STUDENT\UNDOTBS01.DBF     UNDOTBS1
  E:\ORACLE\ORADATA\STUDENT\CWMLITE01.DBF     CWMLITE
  E:\ORACLE\ORADATA\STUDENT\DRSYS01.DBF       DRSYS
  E:\ORACLE\ORADATA\STUDENT\EXAMPLE01.DBF     EXAMPLE
  E:\ORACLE\ORADATA\STUDENT\INDX01.DBF        INDX
  …
```

8. dba_users

用于查询数据库的用户信息（用户名、状态、创建时间等）。

```
SQL>SELECT username,created FROM dba_users;
  USERNAME                         CREATED
-------------------------------  ----------
  SYS                              12-5月 -02
  SYSTEM                           12-5月 -02
  DBSNMP                           12-5月 -02
  scott                            12-5月 -02
  …
```

4.6.4　动态性能视图

　　动态性能视图用于记录当前实例的活动信息，它是数据库运行过程中，Oracle 在数据字典中维护的一系列"虚"表。当启动 Oracle 数据库时，动态性能视图自动被创建，数据库关闭时自动被删除。

Oracle 的所有动态性能视图都以 v$开始，动态性能视图的所有者为 sys，只能由特权用户和 DBA 用户查询。通过查询动态性能视图，可以获取用于性能调整的数据，也可以获取与数据库存储及内存结构相关的其他信息。以下列举一些常用的动态性能视图。

1. v$database

用于显示当前数据库的相关信息（如数据库名称、运行模式、创建时间等）。

```
SQL>SELECT name,log_mode,created FROM v$database;
  NAME       LOG_MODE     CREATED
--------- ------------ ----------
 STUDENT   NOARCHIVELOG 01-07 月-08
```

2. v$controlfile

用于显示当前数据库的所有控制文件。

```
SQL>CONN / AS SYSDBA
SQL>SELECT name FROM  V$controlfile;
 NAME
 -----------------------------------------------
 E:\ORACLE\ORADATA\STUDENT\CONTROL01.CTL
 E:\ORACLE\ORADATA\STUDENT\CONTROL02.CTL
 E:\ORACLE\ORADATA\STUDENT\CONTROL03.CTL
```

3. v$datafile

用于显示当前数据库数据文件的相关信息（数据文件名称、大小等）。

```
SQL>COL name FORMAT a40
SQL>SELECT name,bytes FROM v$datafile;
 NAME                                          BYTES
 ---------------------------------------- ----------
 E:\ORACLE\ORADATA\STUDENT\SYSTEM01.DBF    419430400
 E:\ORACLE\ORADATA\STUDENT\UNDOTBS01.DBF   209715200
 E:\ORACLE\ORADATA\STUDENT\CWMLITE01.DBF    20971520
 E:\ORACLE\ORADATA\STUDENT\DRSYS01.DBF      20971520
 ...
```

4. v$log

用于显示日志组的相关信息（组号、成员个数、状态、大小等）。

```
SQL>SELECT group#,members,status,bytes FROM v$log;
 GROUP#    MEMBERS     STATUS       BYTES
 ------ ---------- ------------ ------------
    1         1        INACTIVE    104857600
    2         1        INACTIVE    104857600
    3         1        CURRENT     104857600
```

5. v$logfile

用于显示日志组成员的相关信息（日志文件名称、状态等）。

```
SQL>COL member FORMAT a40
SQL>SELECT * FROM  v$logfile;
```

```
GROUP#   STATUS   TYPE     MEMBER
-------  -------  -------  ------------------------------------
    3             ONLINE   E:\ORACLE\ORADATA\STUDENT\REDO03.LOG
    2    STALE    ONLINE   E:\ORACLE\ORADATA\STUDENT\REDO02.LOG
    1    STALE    ONLINE   E:\ORACLE\ORADATA\STUDENT\REDO01.LOG
```

6. v$instance

用于显示实例相关信息（实例名称、状态及主机名等）。

```
SQL>COL host_name FORMAT a10
SQL>SELECT instance_name,host_name,status FROM v$instance;
  INSTANCE_NAME    HOST_NAME   STATUS
  ---------------  ----------  ------------
  student          LJY         OPEN
```

7. v$tablespace

用于显示表空间相关信息。

```
SQL>SELECT name FROM v$tablespace;
  NAME
  ----------
  CWMLITE
  DRSYS
  EXAMPLE
  INDX
  ...
```

8. v$session

用于显示会话的详细信息（包括会话号、会话序列号、会话用户名等），示例如下：

```
SQL>COL machine FORMAT a30
SQL>SELECT sid,serial#,logon_time,machine FROM v$session
    WHERE  username='SCOTT'
  SID   SERIAL#    LOGON_TIME          MACHINE
  ----- ---------- ----------  -------------------------------
   10     453      11-12 月-08   WORKGROUP\LJY
```

小　　结

本章详细介绍了 Oracle 服务器的体系结构，包括物理结构、逻辑结构、内存结构和进程结构。Oracle 的物理结构包括数据文件、控制文件和重做日志文件。Oracle 的逻辑结构包括表空间、段、区和块。数据库数据（表、索引等）物理上存储在数据文件中，而逻辑上存储在表空间中。数据库逻辑上由一个或多个表空间组成，每个表空间在物理上由一个或多个数据文件组成。

Oracle 内存结构包括 SGA 区与 PGA 区。SGA 区是 Oracle 实例的主要组成部分，它与后台进程一同构成实例。SGA 区的内存结构包括数据库缓存区、重做日志缓存区、共享池、Java 池和大型池。Oracle 的进程结构包括用户进程、服务器进程和后台进程。Oracle 后台进程包括 DBWn、LGWR、CKPT、SMON、PMON、ARCn、RECO、Dnnn 等各自独立的进程，其中前 5 个后台进程是实例必需的后台进程。

同时，本章还详细介绍了数据字典与动态性能视图，要求了解数据字典的作用以及 USER_*XXX*、ALL_*XXX*、DBA_*XXX* 的区别，能熟练应用常见的数据字典视图和动态性能视图。

习　　题

选择题

1．Oracle 数据库的物理结构包括_____ 、_____和_____。

2．Oracle 数据库的逻辑结构包括_____、_____ 、_____和_____。

3．Oracle 实例必需的后台进程包括_____、_____、_____、_____和_____。

4．关于表空间和数据文件，以下哪些描述是正确的？（　　　）

    A．一个表空间属于一个数据文件

    B．一个数据文件可以属于多个表空间

    C．一个数据文件只能属于一个表空间

    D．每个表空间至少包含一个数据文件

5．下列哪个组件不是 Oracle 实例的组成部分？（　　　）

    A．系统全局区 SGA   B．PMON 后台进程

    C．控制文件   D．调度进程

6．SGA 区中，下列哪一个缓存区是以循环方式写入的？（　　　）

    A．DATABASE BUFFER   B．REDO LOG BUFFER

    C．LARGE POOL   D．SHARED POOL

7．下面哪一个不是数据库物理结构中的对象？（　　　）

    A．数据文件 B．重做日志文件   C．控制文件   D．表空间

8．在一个 Oracle 实例中最多可以启动多少个 DBWR 后台进程？（　　　）

    A．1 个   B．10 个

    C．LGWR 进程数量的两倍   D．无限制

9．下列哪一个后台进程和对应的数据库组件能够保证即使用户对数据库所做的修改没有写入数据文件，也不会发生修改丢失的情况？（　　　）

    A．DBWn 后台进程或数据库缓存 B．LGWR 后台进程与重做日志文件

    C．CKPT 后台进程与控制文件   D．ARCn 后台进程与归档重做日志文件

10．数据字典在 SGA 区的哪一个组件中进行缓存？（　　　）

    A．DATABASE　BUFFER   B．SHARED　POOL

    C．PGA   D．LARGE　POOL

11．解析后的 SQL 语句在 SGA 区的哪一个组件中进行缓存？（　　　）

    A．DATABASE BUFFER   B．DATA DICTIONARY BUFFER

    C．LIBRARY BUFFER   D．LARGE POOL

12．如果一个服务器进程意外中止，Oracle 使用下列哪一个后台进程来释放它所占用的资源？（　　）

  A．DBWn   B．LGWR   C．SMON   D．PMON

13．如果服务器进程无法在数据库缓存中找到可用的空闲缓存块，以容纳从数据文件中复制出来的数据块，将会触发以下哪一项操作？（　　）

  A．启动 CKPT 进程，开始将数据库缓存中的脏缓存块写入数据文件

  B．启动 SMON 进程，将表空间中的空闲存储碎片合并在一起

  C．启动 LGWR 进程，开始将重做日志缓存中的内容写入重做日志文件

  D．启动 DBWn 进程，开始将数据库缓存中的脏缓存块写入数据文件

14．下列哪些后台进程不是 Oracle 实例必须启动的进程？（　　）

  A．DBWn   B．LGWR   C．SMON   D．ARCn

15．以下哪个进程用以同步数据库数据文件、控制文件和重做日志？（　　）

  A．DBWn   B．LGWR   C．SMON   D．CKPT

16．以下哪些用户可以访问动态性能视图？（　　）

  A．sys   B．scott   C．system   D．usera

实　　　训

目的与要求

（1）掌握 SQL*Plus 中，利用数据字典视图和动态性能视图查询体系结构的方法。

（2）掌握使用 OEM 工具，查看 Oracle 体系结构。

（3）掌握常用的数据字典和动态性能视图。

实训项目

1．SQL*Plus 中查询数据库物理结构组成

（1）数据文件查询。

方法一：SELECT file_name,bytes FROM dba_data_files;

方法二：SELECT name FROM v$datafile;

（2）控制文件查询。

方法一：SELECT * FROM v$controlfile;

方法二：SHOW PARAMETER CONTROL_FILES

（3）重做日志文件查询。

SELECT group#, member FROM v$logfile; 查询文件名及路径

SELECT group#,bytes FROM v$log; 查询文件大小

2．SQL*Plus 中查询逻辑结构组成

（1）表空间查询：dba_tablespaces、v$tablespace。

（2）段查询：dba_segments。

（3）区查询：dba_extents。

（4）块查询：SHOW PARAMETER DB_BLOCK_SIZE。

（5）表空间与数据文件的对应关系：dba_data_files。

3. SQL*Plus 中查询内存结构

查询有关 SGA 区的参数。

```
SQL>SHOW PARAMETER SGA_MAX_SIZE
SQL>SELECT name,value FROM v$parameter WHERE name LIKE '%buffer%';
SQL>sHOW PARAMETER LOG_BUFFER
SQL>SHOW PARAMETER SHARED_POOL_SIZE
SQL>SHOW PARAMETER DB_CACHE_SIZE
SQL>SHOW PARAMETER DB_2K_CACHE_SIZE
SQL>SHOW PARAMETER DB_16K_CACHE_SIZE
SQL>SHOW PARAMETER LARGE_POOL_SIZE
SQL>SHOW PARAMETER JAVA_POOL_SIZE
SQL> SELECT name,value FROM v$parameter WHERE name LIKE '%size'
SQL>SHOW SGA    （显示 SGA 的总大小）
```

4. 在 OEM 中查询数据库的体系结构信息

5. 数据字典和动态性能视图

查询数据字典及动态性能视图，完成以下任务。

（1）以 system 用户登录后，显示 scott 用户的所有表。

（2）显示数据库名称及日志操作模式、数据块的大小。

（3）显示实例名称及其状态。

（4）显示数据库所有文件。

（5）先列出 dba_data_files 的结构，再显示 system 表空间对应的数据文件名称。

（6）比较下列 SQL 查询语句，并分析执行的结果。

```
SQL>SELECT owner,object_name,object_type FROM  dba_objects;
SQL>SELECT owner,object_name,object_type FROM  all_objects;
SQL>SELECT owner,object_name,object_type FROM  user_objects;
```

（7）先列出 dba_users 的结构，再显示数据库用户名及其创建的时间等信息。显示 scott 用户的创建时间。

第二篇

Oracle 数据库系统管理与维护

本篇从数据库管理的角度，主要讲述 Oracle 数据库的各种管理与维护技术。本篇共分 6 章，首先介绍了 Oracle 数据库启动和关闭的步骤和方法，其次介绍了 Oracle 数据库物理结构文件的管理与维护技术和方法，包括控制文件、重做日志文件及表空间与数据文件的管理与维护技术和方法，最后是 Oracle 的高级管理技术，包括安全管理、网络配置、备份与恢复的关键技术与方法。

通过本篇的学习，可以基本具备初中级 DBA 的管理维护技能，具体技能如下。

（1）启动、关闭数据库。

（2）控制文件、重做日志文件的镜像与维护。

（3）数据库归档模式的配置与维护。

（4）表空间空间的监控与维护。

（5）数据库安全控制维护。

（6）网络配置。

（7）数据库各种备份与故障恢复。

第5章

启动和关闭数据库

在使用数据库之前，数据库管理员必须首先启动数据库，关闭操作系统之前，必须先关闭数据库，再关闭操作系统，这是使用数据库的正确顺序。本章主要介绍启动与关闭 Oracle 数据库的过程和命令，理解初始化参数文件在数据库启动过程中的作用。

5.1　初始化参数文件

Oracle 数据库的初始化参数文件存储了有关实例的参数配置信息及其他一些重要信息，是进行数据库设计与性能优化的重要文件。每次启动 Oracle 数据库时，系统将从初始化参数文件中读取参数配置实例，打开数据库。

5.1.1　初始化参数文件的内容

初始化参数文件存储了有关实例的参数配置信息，决定了数据库的物理结构、内存、数据库的极限及系统大量的默认值，一般包括以下内容。

（1）实例关联的数据库名称。

（2）控制文件路径和名称。

（3）数据库块的大小。

（4）SGA 区的配置参数。

（5）归档日志文件的存放路径。

（6）撤销表空间的管理方式。

5.1.2　初始化参数文件的种类

在 Oracle9i 版本之前，使用的是传统的文本参数文件 PFILE，在 Oracle9i 中，首次引入了服务器参数文件 SPFILE 的新概念。在 Oracle9i 中，可以使用传统的文本参数文件 PFILE，也可以使用新的二进制服务器参数文件 SPFILE，两个参数文件之间可以互相转换，其默认文件名分别为 init<SID>.ora 及 spfile<SID>.ora。

1. 文本参数文件 PFILE

在安装 Oracle9i 数据库时，系统自动创建了一个传统的文本参数文件。顾名思义，文本参数文件是一个可以编辑的文本文件，但需要特别注意的是，参数修改完成后必须重新启动数据库才能生效。文本参数文件在 Windows 系统中存储路径为%ORACLE_HOME%\admin\db_name\pfile\init.ora。

在 Oracle9i 中，文本参数文件的格式如下。

（1）数据块，数据库缓存区。

```
DB_BLOCK_SIZE=8192
DB_CACHE_SIZE=25165824
DB_FILE_MULTIBLOCK_READ_COUNT=16
```

（2）光标。

```
CURSOR_SHARING=SIMILAR
OPEN_CURSORS=330
```

（3）后台进程跟踪与用户跟踪文件目录。

```
BACKGROUND_DUMP_DEST=e:\oracle\admin\student\bdump
CORE_DUMP_DEST=e:\oracle\admin\student\cdump
TIMED_STATISTICS=TRUE
USER_DUMP_DEST=e:\oracle\admin\student\udump
```

（4）控制文件配置。

```
CONTROL_FILES=("e:\oracle\oradata\student\control01.CTL",
"e:\oracle\oradata\student\control02.CTL",
"e:\oracle\oradata\student\control03.CTL")
```

（5）归档日志路径配置。

```
LOG_ARCHIVE_DEST_1='LOCATION=/Oracle/oradata/student/archive'
LOG_ARCHIVE_FORMAT=%t_%s.dbf
LOG_ARCHIVE_START=TRUE
```

（6）**ORACLE9i** 兼容性设置、数据库名。

```
COMPATIBLE=9.0.0
DB_NAME=student
```

（7）域名、口令文件配置。

```
DB_DOMAIN=syy.com
REMOTE_LOGIN_PASSWORDFILE=exclusive
```

（8）网络注册、数据库实例名。

```
INSTANCE_NAME=student
```

（9）内存池设置，Java 区、大区、共享池设置。

```
JAVA_POOL_SIZE=31457280
LARGE_POOL_SIZE=1048576
SHARED_POOL_SIZE=52428800
```

（10）进程数与会话数设置。

```
PROCESSES=150
```

（11）资源控制设置。

```
RESOURCE_MANAGEMENT_PLAN=SYSTEM_PLAN
```

（12）排序区设置。

```
SORT_AREA_SIZE=524288
```

（13）UNDO 空间设置与回退段设置。

```
UNDO_MANAGEMENT=AUTO
UNDO_TABLESPACE=undotbs
…
```

设置文本参数文件内容，应注意以下几点。

（1）Oracle9i 有 200 多个初始化参数，每一个参数都有默认值，只有需要配置的初始化参数才会在该文件中列出，其他没有列出的初始化参数均采用系统默认值。

（2）所有参数都以 keyword=value 的形式设置，且每行只能设置一个。

（3）一个参数如果有多个值时，用逗号分隔。例如：

```
CONTROL_FILES=("e:\oracle\oradata\student\control01.CTL",
"e:\oracle\oradata\student\control02.CTL",
"e:\oracle\oradata\student\control03.CTL")
```

（4）注释行以#符号开头。

（5）列出的参数不分次序。

2. 服务器参数文件 SPFILE

Oracle9i 版本之前使用传统的文本参数文件，在管理上存在许多弊端。

（1）初始化参数管理不方便。从 Oracle8i 开始，一些初始化参数成为可以在数据库运行期间可以使用 ALTER SYSTEM 和 ALTER SESSION 等语句来修改的动态参数，修改可以即刻生效，但这种修改不能保存到文本参数文件中，下次启动数据库时仍然使用文本参数文件的参数值配置实例。

（2）远程启动数据库不方便。使用文本参数文件，无论是启动本地数据库还是远程数据库，都必须读取本地的文本参数文件。也就是说，如果需要远程方式启动数据库，必须在本地的客户机上保存一份文本参数文件的副本。

因此，在 Oracle9i 中引入了新的服务器参数文件 SPFILE。此参数文件可以进行在线修改，从而实现了参数的动态修改，同时它存储在服务器端，也就是说从根本上解决了文本参数文件管理存在的不便。一般情况下，服务器参数文件的存储路径为%ORACLE_HOME%\ora92\database。

SPFILE 以二进制文件形式存在，可以使用编辑器打开，但不能修改，否则可能破坏服务器端参数文件，只能使用 ALTER SYSTEM 语句在线修改初始化参数的值，语法如下：

```
ALTER SYSTEM SET parameter=value [SCOPE=MEMORY|SPFILE|BOTH]
```

SCOPE 选项用于控制修改后的效果。

（1）当 SCOPE=SPFILE 时，表示该修改只对服务器参数文件有效，修改后产生影响如下。

如果修改动态参数，则必须等数据库重启时才生效，此参数永久有效。

如果修改静态参数，结果与动态参数相同，且静态参数只适合于 SCOPE=SPFILE 选项。

（2）当 SCOPE=MEMORY 时，表示该修改只对当前实例生效，且立即起作用，但数据库重启时失效。

（3）当 SCOPE= BOTH 时，表示既修改了当前实例的参数值，立即生效，也修改了服务器参数文件的参数值，数据库重启时将使用此次修改的参数值。

例如：

```
SQL>ALTER SYSTEM SET JOB_QUEUE_PROCESSES=50 SCOPE=MEMORY;
```

在线修改参数 JOB_QUEUE_PROCESSES=50，且修改立即有效，但是数据库重启后失效。

获取初始化参数的值，可以查询数据字典视图 v$parameter，也可以使用 SHOW PARAMETER 命令。例如

```
SQL>COL name FORMAT a30
SQL>COL value FORMAT a45
SQL>SELECT name,value FROM v$parameter
    WHERE name LIKE'%control%';
   NAME                                   VALUE
------------    ------------------------------------------
control_files               E:\oracle\oradata\student\CONTROL01.CTL, E:\o
                            racle\oradata\student\CONTROL02.CTL, E:\oracl
                            e\oradata\student\CONTROL03.CTL
control_file_record_keep_time  7

SQL>SHOW PARAMETER DB_NAME
     NAME          TYPE        VALUE
--------------  --------  --------------
    db_name       string     student
```

5.1.3　使用初始化参数文件启动实例

在 Oracle9i 中，启动数据库时，系统默认读取服务器参数文件 SPFILE，如果没有定义服务器参数文件，或服务器参数文件破坏，则自动读取文本参数文件。

例如，使用服务器参数文件 spfile<SID>.ora 启动数据库：

```
SQL>CONN / AS SYSDBA
SQL>STARTUP
```

如果要使用传统的文本参数文件 PFILE 启动数据库，则在启动数据库时必须在 STARTUP 命令后使用参数 PFILE 指出文件名及路径。

例如，使用文本文件 PFILE 启动数据库：

```
SQL>STARTUP  PFILE=
    'e:\oracle\admin\student\pfile\initstudent.ora'
```

但是，不得使用 SPFILE 参数指出服务器参数文件名及路径。例如：

```
SQL>startup SPFILE=
    'e:\oracle\ora92\database\spfilestudent.ora'
  Sp2-0714:invalid combination of STARTUP options
```

5.1.4 创建服务器参数文件

在 Oracle9i 中，两种参数文件可以相互创建，DBA 可以使用 CREATE SPFILE 从一个文本参数文件创建一个服务器参数文件，也可以从服务器参数文件创建文本参数文件。语法格式如下：

```
CREATE SPFILE [='spfile-name']  FROM PFILE [='pfile-name']
CREATE PFILE [='pfile-name']  FROM SPFILE [='spfile-name']
```

例如：

```
SQL>CREATE PFILE FROM
    SPFILE='e:\oracle\ora92\database\spfilestudent.ora';
  File created.
```

则在默认路径中创建了默认的文本参数文件，文件名为 init<SID>.ora。

也可以使用默认服务器参数文件在默认路径中创建默认文本参数文件。例如：

```
SQL>CREATE PFILE FROM SPFILE;
File created.
```

或使用 PFILE 指出要创建的文本参数文件名及路径。

在修改文本参数文件后，可以直接创建该文本参数文件所对应的服务器参数文件。创建服务器参数文件有多种方法。

1. 创建默认的服务器参数文件

```
SQL>CREATE SPFILE FROM
    PFILE='e:\oracle\admin\student\pfile\initstudent.ora';
File created.
```

执行上述命令后，则在默认路径下创建了一个系统默认的服务器参数文件，文件名为 spfile<SID>.ora。

2. 使用默认的文本参数文件在默认路径中创建默认服务器参数文件

```
SQL>CREATE SPFILE FROM PFILE;
    File created.
```

3. 使用 SPFILE 指出要创建的服务器参数文件名及路径

```
SQL>CREATE SPFILE= 'e:\oracle\ora92\database\spfilestudent.ora'
    FROM PFILE=
    'e:\oracle\admin\student\pfile\initstudent.ora';
  File created.
```

SHOW PARAMETER SPFILE 命令可检测当前数据库是否使用服务器参数文件，如果显示 VALUE 为空值，则表示该数据库当前使用文本型参数文件。例如：

```
SQL>SHOW PARAMETER SPFILE
   NAME             TYPE              VALUE
   ----------    -------------    ------------------
   spfile          string
```

如果数据库正在使用文本参数文件运行，可以按下面方法，将数据库修改为使用服务器参数文件运行。

```
SQL>CREATE SPFILE FROM PFILE;
    File created.
SQL>SHUTDOWN IMMEDIATE
SQL>STARTUP
```

检测是否是服务器参数运行方式：

```
SQL>SHOW PARAMETER SPFILE
      NAME                   TYPE              VALUE
------------------- ----------- -------------------------------
    spfile             string        %ORACLE_HOME%\DATABASE\SPFILE%
                                     ORACLE_SID%.ORA
```

5.2 启 动 数 据 库

在数据库能够被用户连接使用之前，必须先启动数据库。由于 Oracle 数据库的启动过程是分步进行的，因此数据库可以有多种启动模式，不同的启动模式之间可以切换。

在启动数据库时，需要使用特权用户连接到 Oracle，然后通过执行 STARTUP 语句来执行启动操作。在本节中将介绍如何启动数据库。

5.2.1　数据库启动工具

在 Oracle9i 中可以使用多种工具来启动数据库。

1. 使用 SQL*Plus

利用 SQL*Plus 可以通过命令行方式对数据库进行管理。特权用户连接到 Oracle 后，通过执行 STARTUP 命令来启动数据库。

2. 使用 OEM

利用 OEM 可以通过图形界面方式对数据库进行管理。无论是以独立方式启动的控制台，还是以连接到 Oracle Management Server 方式启动的控制台，都可以执行启动数据库的操作。

在本节中主要介绍使用 SQL*Plus 工具启动数据库的方法。

5.2.2　数据库启动过程

启动数据库时将在内存中创建与该数据库所对应的实例。一个实例只能访问一个数据库，而一个数据库可以被多个实例同时访问。Oracle 数据库的完整启动过程可分为如下 3 个步骤。

1. 启动实例

该过程将读取初始化参数文件，为实例启动一系列后台进程和服务器进程，在内存中创建 SGA 区等内存结构，打开 ALERT 文件和跟踪文件。因此，实例启动只会使用到初始化参数文件，数据库是否存在对实例的启动并没有影响，如果初始化参数设置有误，实例将无法启动。

2. 装载数据库

该过程将数据库与一个已启动的实例关联，定位并打开初始化参数文件中指定的控制文件，从控制文件中获得数据文件和重做日志文件的位置、名称等关于数据库物理结构的信息，为打开数据库做好准备。因此，如果控制文件损坏，实例将无法加载数据库。

3. 打开数据库

打开数据库时，实例将打开所有处于联机状态的数据文件和重做日志文件。如果在控制文件中列出的任何一个数据文件或联机重做日志文件无法正常打开，或这些文件中的任何一个与控制文件中记录的内容不一致，数据库都将返回错误信息，这时需要进行数据库恢复。

只有将数据库置为打开状态后，数据库才处于正常运行状态，这时普通用户才能够访问数据库。

5.2.3　数据库启动模式

数据库和实例的启动过程可以分为 3 个步骤进行，但 DBA 可以根据管理与维护的需要，以不同的模式启动数据库。常用的启动模式有如下 3 个层次。

1. 启动实例不加载数据库（NOMOUNT 模式）

这种启动数据库的模式只创建实例，并不加载数据库和打开数据库，Oracle 仅为实例创建各种内存结构和后台进程，不会打开任何数据库文件。在这种启动模式下任何用户都无法访问数据库，一般只有在进行创建数据库、重建控制文件等操作时才采用该模式。

进入这种启动模式需要使用带有 NOMOUNT 子句的 STARTUP 语句：

```
SQL>STARTUP  NOMOUNT
  ORACLE 例程已经启动。
  Total  System  Global  Area        118255568   bytes
  Fixed  Size                        282576      bytes
  Variable  Size                     83886080    bytes
  Database  Buffers                  33554432    bytes
  Redo  Buffers                      532480      bytes
```

2. 加载数据库（MOUNT 模式）

这种数据库启动模式将启动实例并加载数据库，但却保持数据库的关闭状态。在这种启动模式下只有 DBA 才能访问数据库，当用户执行一些特殊的管理操作，如重命名数据文件、执行数据库完全恢复或改变数据库的归档模式等，可以采用这种模式启动数据库。

进入这种启动模式需要使用带有 MOUNT 子句的 STARTUP 语句：

```
SQL>STARTUP  MOUNT
    ORACLE 例程已经启动。
    Total  System  Global  Area      118255568   bytes
    Fixed  Size                      282576      bytes
    Variable  Size                   83886080    bytes
    Database  Buffers                33554432    bytes
    Redo  Buffers                    532480      bytes
    数据库装载完毕。
```

3. 打开数据库（OPEN 模式）

这是正常启动模式，启动实例并加载数据库，然后打开数据库使其处于可用状态。即完成全部 3 个启动步骤。在这种启动模式下，任何合法的数据库用户都能够连接到数据库，并进行常规的数据访问操作。

进入这种启动模式可以使用不带任何子句的 STARTUP 语句。下面显示了在 SQL*Plus 中启动数据库进入 OPEN 模式的完整过程。

```
SQL>STARTUP
  ORACLE 例程已经启动。
  Total  System  Global  Area        118255568  bytes
  Fixed  Size                        282576     bytes
  Variable  Size                     83886080   bytes
  Database  Buffers                  33554432   bytes
  Redo  Buffers                      532480     bytes
数据库装载完毕。
数据库已经打开。
```

5.2.4 切换启动模式

在进行某些特定的管理或维护操作时，需要使用某种特定的启动模式来启动数据库。但是当这些操作完成后，需要改变数据库的启动模式。在数据库的各种启动模式之间切换需要使用 ALTER DATABASE 语句。

1. 为打开的实例加载数据库

在执行一些特殊的管理或维护操作时，需要进入 NOMOUNT 启动模式。在完成操作后，可以使用如下语句为实例加载数据库，切换到 MOUNT 启动模式。

```
SQL>ALTER  DATABASE  MOUNT;
```

2. 从数据库加载状态进入打开状态

为实例加载数据库后，数据库仍然处于关闭状态。为了使用户能够访问数据库，可以使用以下语句打开数据库，切换到 OPEN 启动模式。

```
SQL>ALTER  DATABASE  OPEN;
```

在正常启动状态下，默认打开的数据库处于读写状态，此时用户不但能够从数据库中读取数据，而且还可以创建、修改数据库对象。另外，在必要的时候，可以将数据库设置为只读状态，当数据库处于只读状态时，用户只能查询数据库，但是不能以任何方式对数据库对象进行修改。

可以使用 ALTER DATABASE 语句将数据库从加载状态切换为只读状态。

```
SQL>CONN  /  AS  SYSDBA
SQL>ALTER  DATABASE  MOUNT;
SQL>ALTER  DATABASE  OPEN  READ  ONLY;
```

如果需要重新将数据库设置为读写模式，执行如下操作：

```
SQL>SHUTDOWN
SQL>ALTER  DATABASE  MOUNT;
```

```
SQL>ALTER  DATABASE  OPEN  READ  WRITE;
    或 ALTER  DATABASE  OPEN;
```

5.2.5　强行启动数据库

当通过 SHUTDOWN 四种关闭方式都无法关闭数据库，或在数据库启动过程中出现无法恢复的错误时，可以通过强行启动数据库的方式，然后再查找和排除故障。

强行启动数据库的语句为：

```
SQL>STARTUP FORCE;
```

5.3　关 闭 数 据 库

关闭数据库也是分步骤进行的，与启动数据库的过程恰恰相反。在关闭数据库时，需要特权用户连接到 Oracle 中，然后使用 SHUTDOWN 语句执行关闭操作。

5.3.1　数据库关闭过程

与启动数据库时的 3 个步骤相对应，关闭数据库也分为三步。

1. 关闭数据库

Oracle 将重做日志缓存区中的内容写入重做日志文件，将数据库缓存区中被修改过的数据写入数据文件，然后关闭所有的数据文件和重做日志文件，用户将无法访问数据库。

2. 卸载数据库

关闭控制文件，释放实例与数据库的关联关系。

3. 终止实例

终止实例所拥有的所有后台进程和服务器进程，SGA 区被回收。

与启动数据库类似，关闭数据库也可以通过多种工具来完成，包括 SQL*Plus、OEM 等。

5.3.2　数据库关闭方式

根据不同情况的需要，可以使用如下四种关闭数据库的方式之一。

1. 正常关闭方式（NORMAL）

如果对关闭数据库的时间没有限制，通常会使用正常方式来关闭数据库。以正常方式关闭数据库使用带有 NORMAL 子句的 SHUTDOWN 语句：

```
SQL>SHUTDOWN  NORMAL
数据库已经关闭。
已经卸载数据库。
ORACLE 例程已经关闭。
```

正常方式关闭数据库时，Oracle 将执行如下操作。

（1）不允许建立新的用户连接。

（2）等待当前所有正在连接的用户主动断开连接。正在连接的用户能够继续他们当前的工作，甚至能够提交新的事务。

（3）一旦所有的用户都断开连接，立刻关闭、卸载数据库，并终止实例。

（4）下一次重启数据库时不需要进行实例恢复。

2. 立即关闭方式（IMMEDIATE）

立即方式能够在尽可能短的时间内关闭数据库。在即将发生断电、即将启动数据库备份等情况下可使用这种方式。立即方式关闭数据库使用带有 **IMMEDIATE** 子句的 **SHUTDOWN** 语句：

```
SQL>SHUTDOWN  IMMEDIATE
```

立即方式关闭数据库时，Oracle 将执行如下操作。

（1）阻止任何用户建立新的连接，同时阻止当前连接的用户开始任何新的事务。

（2）任何未提交的事务均被回退。

（3）Oracle 不再等待用户主动断开连接，直接关闭、卸载数据库，并终止实例。

3. 事务关闭方式（TRANSACTIONAL）

事务方式介于正常方式与立即方式之间，也是比较常用的关闭方式。它能够使用尽可能短的时间关闭数据库，而且 Oracle 将等待所有未提交的事务完成后再关闭数据库。

以事务方式关闭数据库使用带有 **TRANSACTIONAL** 子句的 **SHUTDOWN** 语句：

```
SQL>SHUTDOWN  TRANSACTIONAL
```

事务方式关闭数据库时，Oracle 将执行如下操作。

（1）阻止任何用户建立新的连接，同时阻止当前连接的用户开始任何新的事务。

（2）等待所有未提交的活动事务提交完毕，然后立即断开用户的连接，关闭、卸载数据库，并终止实例。

（3）在下次启动数据库时不需要进行任何恢复操作。

4. 终止关闭方式（ABORT）

如果上述三种关闭方式都无法成功关闭数据库，说明数据库发生了错误，这时只能使用终止方式来关闭数据库。终止关闭方式将丢失一部分数据信息，会对数据库的完整性造成损害，需要在下一次启动数据库时进行实例恢复，时间可能会很长，因此这是不得已才使用的关闭方式。

以终止方式关闭数据库使用带有 ABORT 子句的 SHUTDOWN 语句：

```
SQL>SHUTDOWN  ABORT
```

终止方式关闭数据库时，Oracle 将执行如下操作。

（1）阻止任何用户建立新的连接，同时阻止当前连接的用户开始任何新的事务。

（2）立即终止当前正在执行的 SQL 语句。

（3）任何未提交的事务均不被回退。

（4）立即断开所有用户的连接。

（5）下次启动数据库时需要并自动进行数据库实例恢复。

小　　结

　　启动数据库时需要读取初始化参数文件，初始化参数文件中设置了数据库名称，SGA 区大小，控制文件的路径和名称、进程限制等。初始化参数文件分为文本初始化参数文件和服务器初始化参数文件。Oracle9i 中使用服务器初始化参数文件，可以对初始化参数进行动态修改。

　　启动数据库的过程分为启动实例、装载数据库和打开数据库三个步骤，根据不同的管理和维护需要，可以使用 NOMOUNT、MOUNT 和 OPEN 三种启动模式。关闭数据库的过程恰恰是启动数据库的逆过程，数据库的关闭有 NORMAL、IMMEDIATE、TRANSACTIONAL 和 ABORT 四种方式。

习　　题

一、填空题

1．Oracle 数据库启动数据库的三个步骤是_____、_____、_____。

2．Oracle 数据库的三种启动模式是_____、_____、_____。

3．关闭 Oracle 数据库数据库的三个步骤是_____、_____、_____。

4．Oracle 关闭数据库的四种方式是_____、_____、_____和_____。

5．Oracle9i 默认使用_____初始化文件，可以对初始化参数进行动态修改。

二、选择题

1．使用以下（　　）条 SHUTDOWN 语句关闭数据库之后，在下一次打开数据库时自动进行实例恢复操作。

　　A．SHUTDOWN　NORMAL　　　　　　B．SHUTDOWN IMMEDIATE

　　C．SHUTDOWN TRANSACTIONAL　　　D．SHUTDOWN　ABORT

2．使用 STARTUP NOMOUNT 命令启动数据库后，如果打开只读状态的数据库，以下语句正确的是（　　）。

　　A．ALTER DATABASE OPEN READ ONLY;

　　B．ALTER DATABASE MOUNT;ALTER DATABASE OPEN;

　　C．ALTER DATABASE MOUNT;ALTER DATABASE OPEN READ ONLY;

　　D．ALTER SYSTEN OPEN READ ONLY;

3．在数据库启动的（　　）阶段，控制文件被打开。

　　A．在实例启动之前　　　　　　　　B．实例启动时

　　C．数据库加载时　　　　　　　　　D．数据库打开时

4．以下（　　）两种数据库关闭方式，在关闭数据库之前等待事务完成。

　　A．SHUTDOWN　NORMAL　　　　　　B．SHUTDOWN IMMEDIATE

　　C．SHUTDOWN TRANSACTIONAL　　　D．SHUTDOWN　ABORT

实　　训

目的与要求

（1）掌握初始化参数文件的概念。

（2）掌握 Oracle9i 服务器参数文件、文本参数文件的创建方法。

（3）掌握在线修改数据库参数的方法。

（4）掌握利用 SQL*Plus 和 OEM 启动和关闭数据库的方法。

（5）掌握数据库三种启动模式及模式转换。

（6）掌握关闭数据库的过程及关闭选项。

实训项目

1. 初始化参数文件操作

（1）查看默认路径下 initSID.ora 和 spfileSID.ora 初始化参数文件。

（2）将默认路径下的 SPFILE 服务器参数文件改名。

（3）以 sys 用户连接数据库，关闭数据库。

（4）重启数据库，创建默认路径下的 SPFILE。

（5）关闭数据库，重启数据库，通过 SHOW 命令显示 SPFILE 参数的值。

（6）在非默认路径下创建一个新的文本参数文件。

（7）使用第（6）步创建的文本参数文件启动数据库。

2. OEM 启动和关闭数据库

启动 OEM 工具，练习数据库启动、关闭的操作，查看初始化参数文件的各参数值。

3. SQL*Plus 启动和关闭数据库

（1）以 sys 用户连接数据库，并关闭数据库。

（2）把数据库启动到 NOMOUNT，并切换到 MOUNT、OPEN 状态。

（3）以 scott 用户连接，看是否有关闭数据库的权限，出现什么错误，分析原因。

（4）启动两个会话 A、B。在会话 A 中以正常方式关闭数据库，同时在会话 B 中以新用户连接，是否可以连接？

（5）启动三个会话 A、B、C。在会话 A 中以立即方式关闭数据库，同时在会话 B 中以新用户连接，是否可以连接？同时在会话 C 中，开始一个新的查询或创建表的操作，有什么提示？分析原因。

（6）启动两个会话 A、B。在会话 B 中创建一个表，并往表中插入数据，不提交事务，在会话 A 中以事务方式关闭数据库，观察关闭的时间有什么异常？分析原因。会话 B 提交事务，观察会话 A 是否等待一会儿后关闭，分析原因。

（7）仿照以上的过程，自己验证数据库终止关闭方式的数据库关闭操作。

（8）关闭数据库，以只读状态打开数据库，创建表 T1，看出现什么错误，分析原因。

（9）将数据库改成可读写状态，创建表 T1，是否出现错误，分析原因。

第 6 章

控制文件与重做日志文件管理

Oracle 数据库如要正常可靠地运行，DBA 就需要维护好数据库所包含的三类物理结构文件：控制文件、重做日志文件以及数据文件，本章与下一章将分别介绍这些文件相关的管理维护操作。

6.1　控　制　文　件　管　理

6.1.1　控制文件作用

控制文件是小型的二进制格式的操作系统文件，它是 Oracle 数据库的重要组成部分，每个数据库必须至少拥有一个控制文件。

因为控制文件中记录了关于数据库物理结构的基本信息，如数据库的名称、所有数据文件和重做日志文件的名称和位置、当前的日志序列号等，所以控制文件对于数据库的成功启动和正常运行是至关重要的。在启动数据库的过程中，需要先加载控制文件，然后根据控制文件的内容去定位并打开数据文件和联机重做日志文件，一旦找不到一个可用的控制文件，数据库将无法加载，更无法打开数据库。另外，在数据库运行过程中，Oracle 会不断地更新控制文件中的内容，对数据库的任何物理结构修改都会引起控制文件的修改，如果由于某种原因导致控制文件突然不可用，数据库将会崩溃。

值得注意的是，控制文件中的内容是由 Oracle 本身自动更新的，任何 DBA 或者数据库用户都不可能对其进行编辑。

6.1.2　控制文件采用镜像策略

一个数据库至少应该包括一个控制文件。但是为了提高数据库的可靠性，应至少为数据库建立两个控制文件（最多可以包括 8 个控制文件），并且分别保存在不同的硬盘中，这是一个非常必要的管理策略。这样，如果其中某个控制文件发生了损坏，就可以直接从另一个硬盘中保存的控制文件复制一份，使得恢复极其容易。

Oracle 提供了镜像控制文件的功能来自动实现这一策略，即在系统中不同的位置上同时维护多个控制文件的副本。在 Oracle9i 数据库的默认安装中，包括了一个控制文件的三个镜像副本，并且它们存储在相同的物理位置，但这并不是一种理想的情况，建议在安装过程完成之后，将它们分布在不同的驱动器上。

6.1.3　查询控制文件使用信息

通过查询 v$controlfile 动态性能视图可以了解当前数据库使用的控制文件信息，即：

```
SQL>SELECT name FROM v$controlfile;
  NAME
  ---------------------------------------------
  E:\ORACLE\ORADATA\STUDENT\CONTROL01.CTL
  E:\ORACLE\ORADATA\STUDENT\CONTROL02.CTL
  E:\ORACLE\ORADATA\STUDENT\CONTROL03.CTL
```

结果显示，当前数据库使用了控制文件的 3 个镜像副本。也可以使用如下命令找到控制文件的位置：

```
SQL>SHOW PARAMETER CONTROL_FILES
```

6.1.4　镜像控制文件

如果需要增加控制文件的副本，则需要：首先更改初始化参数 CONTROL_FILES 的设置，使它指向包含新增在内的所有控制文件，然后正常关闭数据库，接下来根据新增副本的位置与名称要求，复制已有的控制文件到相应的新存储位置并且重新命名，最后启动数据库即可。

例如，在上述已有三个副本的基础上，再增加一个 CONTROL04.CTL，使其位于另一磁盘位置 D:\student ，即数据库拥有的控制文件由三个增加到四个，镜像的步骤如下。

（1）启动 SQL*Plus，以 SYSDBA 身份连接到数据库。

（2）在 SQL*Plus 中运行如下语句，以更改初始化参数 CONTROL_FILES 的设置：

```
SQL>ALTER SYSTEM SET
    CONTROL_FILES='E:\ORACLE\ORADATA\STUDENT\CONTROL01.CTL',
                  'E:\ORACLE\ORADATA\STUDENT\CONTROL02.CTL',
                  'E:\ORACLE\ORADATA\STUDENT\CONTROL03.CTL',
                  'D:\STUDENT\CONTROL04.CTL'
    SCOPE=SPFILE;
```

其中'D:\STUDENT\CONTROL04.CTL'，正是用户要增加的新控制文件。

（3）使用 SHUTDOWN 命令正常关闭数据库。

（4）因为实际上用户在上述 SQL 语句中要增加的控制文件副本 D:\STUDENT\ CONTROL 04.CTL 并不存在，所以用户要使用操作系统命令将某个控制文件复制为 D:\STUDENT\ CONTROL04.CTL。

（5）使用 STARTUP 命令启动数据库。当再次查询 v$controlfile 动态性能视图后，发现镜像操作成功：

```
SQL>SELECT name FROM v$controlfile;
NAME
-------------------------------------------------------------
E:\ORACLE\ORADATA\STUDENT\CONTROL01.CTL
E:\ORACLE\ORADATA\STUDENT\CONTROL02.CTL
E:\ORACLE\ORADATA\STUDENT\CONTROL03.CTL
D:\STUDENT\CONTROL04.CTL
```

镜像控制文件后，Oracle 将自动同时维护所有的控制文件，但是只会读取 CONTROL_FILES 参数所指定的第一个控制文件。

如果由于某种原因某个控制文件被损坏，可以利用上面的方法重建该控制文件。如果理解了镜像控制文件的过程，那么删除控制文件的过程也是类似的。可以按照如下的步骤删除一个控制文件。

（1）更改 CONTROL_FILES 初始化参数设置，使其不再包含要删除的控制文件的名称。

（2）正常关闭数据库。

（3）在操作系统中删除该控制文件。

（4）启动数据库。

6.2　联机重做日志文件管理

联机重做日志文件中记录的是每个用户对数据库所做的更改。Oracle 将这些更改首先记录到重做日志缓存区中，然后由后台进程 LGWR 周期性地将其从重做日志缓存区写入联机重做日志文件中。

6.2.1　联机重做日志文件的作用

实际上，在重做日志文件（无论是联机重做日志文件还是归档重做日志文件）中，记录了所有曾经在数据库中发生过的数据更改的信息。当数据库出现故障时，只要某项操作的重做信息没有丢失，就可以通过这些重做信息来重现该操作，即数据库的故障可以通过重做信息得到恢复，也就是说，重做信息是进行数据库故障恢复的主要依据。

6.2.2　联机重做日志文件的结构

每一个数据库至少有两个重做日志文件组。LGWR 进程以循环方式使用日志组，一个时刻只使用一个日志组，称为当前组。例如，如果有 3 个联机重做日志文件组，LGWR 进程首先写第一个日志组；当第一个日志组写满时，LGWR 开始写第二个日志组；当第二个日志组又写满时，LGWR 开始写第三个日志组；当第三个日志组也写满时，LGWR 又开始写第一个日志组（覆盖第一个日志组的内容）。

当 LGWR 停止写当前日志组并开始写另一个日志组时，就发生了日志切换。当日志切换发生的时候，在写入下一日志组前 Oracle 先给下一日志组分配一个唯一的序列号，称为日志序列号，并且序列号是依次增大的。该日志序列号被存储在控制文件和每一个数据文件的头部。

每个日志组可以包含一个或多个文件，称为重做日志文件成员。由于重做日志对于数据库的正常运行和维护来说是至关重要的，因此建议通过镜像重做日志文件来提高重做日志的可靠性。一个日志组的每一个成员具有相同的日志序列号、相同的尺寸大小和相同的文件内容，即 LGWR 进程将同步地写入位于同一个重做日志组中的每个日志成员文件，因此即使某个单独的日志成员文件破坏或丢失，数据库的运行和恢复都不会受到任何影响。一般要将互为镜像的重做日志成员文件存储于不同的驱动器上。

6.2.3 查询联机日志组与日志文件

动态性能视图 v$log 与 v$logfile ，可以反映联机日志组及日志文件成员的详细信息。

1. 查询日志组

例如，需要了解日志组的数量、各日志组包含的成员数量、日志组大小、哪个是当前日志组等相关信息，可使用如下命令：

```
SQL>SELECT group#  "组号",
           sequence#  "日志序列号",
           bytes  "字节数",
           members  "成员数",
           archived  "归档否",
           status  "日志组状态"
     FROM v$log;
```

从如下的显示结果得知，当前数据库使用了 3 个日志组，每个日志组都只有 1 个日志成员，成员文件的大小为 104857600B，3 号日志组为当前组，未归档。

组号	日志序列号	字节数	成员数	归档	日志组状态
1	47	104857600	1	YES	INACTIVE
2	48	104857600	1	YES	INACTIVE
3	49	104857600	1	NO	CURRENT

其中，日志组状态 STATUS 有 6 种可能的取值。

（1）UNUSED：表示从未对该联机重做日志组进行写入，这是刚添加的日志组的状态。

（2）CURRENT：表示当前正在写入的联机重做日志组，这意味着该日志组是活动的。

（3）ACTIVE：表示该日志组是活动的，但不是当前的日志组。该日志组可能已经归档，也可能还没有归档。实例恢复时需要用到该日志组。

（4）INACTIVE：表示该日志组是非活动的。它可能已经归档，也可能还没有归档。在实例恢复时不需要该日志组。

（5）CLEARING：表示该日志组正在被重建。重建后内容为空，日志组状态变为 UNUSED，使用 ALTER DATABASE CLEAR LOGFILE 可以进行重建操作。

（6）CLEARING_CURRENT：表示正在被一个关闭的线程清除。如果日志切换时发生某些故障，如写入新日志时发生了输入/输出（I/O）错误，则日志可能处于此状态。

2. 查询日志成员

若要获取每个日志组所包含的日志文件成员的名称及存储位置，则可查询 v$logfile 视图。例如：

```
SQL>SELECT * FROM v$logfile;
 GROUP#    STATUS   TYPE                     MEMBER
--------- ------ ------- ------------------------------------
     3              ONLINE   E:\ORACLE\ORADATA\STUDENT\REDO03.LOG
     2     STALE    ONLINE   E:\ORACLE\ORADATA\STUDENT\REDO02.LOG
     1     STALE    ONLINE   E:\ORACLE\ORADATA\STUDENT\REDO01.LOG
```

其中，GROUP# 表示日志组号，TYPE 表示日志文件成员类型，MEMBER 为日志文件成员的名称及路径，STATUS 为日志成员的状态。

STATUS 列的值可以为下列之一。

（1）INVALID：表明该日志文件不可访问。

（2）STALE：表示该日志文件内容不完全。

（3）DELETED：表明该日志文件已不再使用。

（4）空白表明该日志文件正在使用中。

6.2.4　控制日志切换和检查点

1. 日志切换

LGWR 进程按顺序向联机重做日志文件写入重做信息。一旦当前联机重做日志文件组被写满，LGWR 就开始写入下一个组，这称为日志切换。

当最后一个可用联机重做日志文件已满时，LGWR 将返回第一个联机重做日志文件组并开始重新写入。

当发生日志切换时，检查点事件将被触发。

2. 检查点

检查点是一个用于同步所有数据文件、控制文件以及联机重做日志文件的数据库事件。

当用户对数据的更改进行提交时，系统为该提交的事务分配一个相应的系统更改号 SCN （由系统维护的依次增大的一组整数值），之后 LGWR 进程将该更改的重做信息及 SCN 由重做日志缓存区写入联机重做日志文件中，但是更改了的数据一般不会马上写入数据文件。

当发生检查点时，后台进程 CKPT 会修改控制文件和数据文件头部，并将当前 SCN 信息写入到这两种文件中，同时通知 DBWR 后台进程将数据库缓存区中的脏数据写入到数据文件，从而使得数据文件、控制文件和联机重做日志文件处于一致状态。

在发生数据库崩溃后，检查点位置就是开始恢复的数据库位置。通常情况下，检查点会发生在以下情形下。

（1）每当发生日志切换时。

（2）当正常关闭数据库时。

（3）当设置了初始化参数 FAST_START_MTTR_TARGET，数据库将根据这一参数值来控制或调整检查点发生。

（4）数据库管理员通过手动方式请求时，即发命令 ALTER SYSTEM CHECKPOINT。

3. 强制日志切换和检查点发生

日志切换和检查点操作是在数据库运行中的某些特定点自动执行的，但 DBA 可以强制执行日志切换或检查点操作。

强制日志切换的命令如下：

```
SQL>ALTER SYSTEM SWITCH LOGFILE;
```

假如需要，可以手工发命令强制地产生一个检查点，强制产生检查点可以保证数据库缓存区中的所有修改都被写到磁盘的数据文件中。手工产生检查点的命令如下：

```
SQL>ALTER  SYSTEM  CHECKPOINT;
```

6.2.5　联机重做日志文件的管理

1. 配置

（1）设置合适的联机日志组的个数。在确定一个合理的重做日志组数目时，往往需要经过反复的实验和测试。在某些情况下，数据库可能只需要两个日志组，在其他情况下，数据库可能需要更多的组以保证各个组始终可供 LGWR 使用。例如，如果 LGWR 跟踪文件或警报文件中有消息 Checkpoint not complete 或 Redo log group not archived 时，表明 LGWR 经常不得不因为检查点操作尚未完成或者组尚未归档而等待，此时就需要添加日志组。

（2）调整联机重做日志文件的大小。联机重做日志文件最小为 50KB，最大文件大小视操作系统而定。不同组的成员可以有不同的大小；但是，大小不同的组不会带来任何好处。在规划 Oracle 数据库系统时，必须设置合理的重做日志文件的尺寸。因为如果日志文件太小（如 100KB），那么可能会导致频繁的日志切换，这样间接地增加了检查点次数，从而降低了系统性能；相反，如果日志文件太大（如 100MB），那么当数据库崩溃时则需要很长的时间才能完成恢复。实际中，应该进行反复测试，确定合适的日志文件大小。

（3）确定联机重做日志文件的位置。联机重做日志文件应该进行镜像，并且将组内的成员放置在不同磁盘上，这样，即使一个成员不可用而其他成员可用，就不会导致实例关闭。只是 Oracle 会将不可用的成员日志文件标记为 INVALID，然后在 LGWR 进程的警告文件和数据库警告文件中记录下它的日志组的编号和成员编号，以供 DBA 确定故障所在并排除故障。

应当考虑将归档日志文件与联机重做日志文件分放在不同磁盘上，以减少 ARCn 和 LGWR 后台进程之间的 I/O 竞争。

另外，数据文件和联机重做日志文件也应当放置在不同的磁盘上，以减少 LGWR 和 DBWn 的争用，并降低在发生介质故障时同时丢失数据文件和联机重做日志文件的风险。

2. 日志组的管理

（1）增加日志组。例如，添加日志组，包含 2 个日志成员，分别在不同磁盘，组号为 4，大小为 3MB：

```
SQL>ALTER  DATABASE  ADD  LOGFILE GROUP 4
    ('c:\student\REDO401.LOG','d:\student\REDO402.LOG')
    SIZE  3M ;
```

再如，添加日志组，包含 1 个日志成员，组号由系统自动生成，大小为 3MB：

```
SQL>ALTER  DATABASE  ADD  LOGFILE
    ('c:\student\REDO501.LOG')  SIZE  3M;
```

使用 ALTER　DATABASE 命令也可以一次增加多个重做日志文件组，只需要在多个组之间用逗号分隔。例如：

```
SQL>ALTER  DATABASE  ADD  LOGFILE
    GROUP  6  ('C:\student\REDO601.LOG',
                'D:\student\REDO602.LOG')  SIZE 3M,
    GROUP  7  ('C:\student\REDO701.LOG',
                'D:\student\REDO702.LOG')  SIZE 3M;
```

（2）删除日志组。若要增大或者减小联机重做日志文件组的大小，通常是添加具有新的尺寸大小的联机重做日志文件组，然后再删除旧组。

例如，删除第 4 日志组：

```
SQL>ALTER  DATABASE  DROP  LOGFILE GROUP 4;
```

有时候是在不知道组号的情况下删除，此时需在命令中指出所包含的重做日志文件成员，例如：

```
SQL>ALTER  DATABASE  DROP  LOGFILE
    ('C:\student\REDO401.LOG','D:\student\REDO402.LOG');
```

利用 **ALTER DATABASE DROP LOGFILE** 命令删除一个联机重做日志文件组，意味着将该组及其所有成员进行了逻辑删除，或者说只是数据库的控制文件被更新，磁盘操作系统文件并没有被删除，因此确认删除操作成功完成后，往往还需要使用相应的操作系统命令去删除这些已经在逻辑上被删除的联机重做日志文件。

事实上，删除一个重做日志文件组之前，必须要考虑到如下两项限制。

（1）由于一个数据库至少需要两个日志组，因此当只有两个日志组时，将无法实施删除某个日志组的操作。

（2）无法删除当前组（**CURRENT**）或者活动组（**ACTIVE**），也就是说只能删除一个不活动（**INACTIVE**）的日志文件组。

3. 日志文件成员的管理

（1）增加日志文件成员。有些情况下，可能不需要增加整个日志组，而是仅需要增加重做日志文件成员，以提高数据库的可靠性能。

例如，默认情况安装的数据库拥有 3 个日志组，但每个日志组仅拥有一个日志成员文件，如下命令可以为每个组增加一个成员：

```
SQL>ALTER  DATABASE  ADD  LOGFILE  MEMBER
    'D:\student\REDO102.LOG' TO GROUP  1,
    'D:\student\REDO202.LOG' TO GROUP  2,
    'D:\student\REDO302.LOG' TO GROUP  3;
```

值得注意的是，当增加新的日志成员时，不必指定文件的尺寸，因为一个日志组内的所有成员拥有相同的尺寸。

如果不知道要增加成员的组号，可以指定组内的其他成员的名字而替代组号。此时，应该在括号内指定组内所有已经存在的成员。例如：

```
SQL>ALTER  DATABASE  ADD  LOGFILE  MEMBER
    'E:\student\REDO403.LOG' TO
    ('C:\student\REDO401.LOG','D:\student\REDO402.LOG') ;
```

（2）重命名或改变日志成员的存储位置。数据库维护时，有可能需要将日志成员文件从一个磁盘移动到另一个磁盘，或者希望将日志成员文件重新命名成一个更有意义的名字。

下面以日志成员文件 REDO401.LOG 的移动为例，列出具体操作步骤。

①正常关闭数据库。

```
SQL>SHUTDOWN IMMEDIATE
```

②使用操作系统命令移动文件 REDO401.LOG 到新的位置，或重命名该文件。

③启动实例并装载数据库。

```
SQL>STARTUP MOUNT
```

④执行 ALTER DATABASE RENAME FILE 命令，将此更改通知控制文件。

```
SQL>ALTER DATABASE RENAME FILE
    'C:\student\REDO401.LOG' TO 'D:\student\REDO401.LOG';
```

上述命令中，'C:\student\REDO401.LOG'为旧位置旧名称，'D:\student\REDO401.LOG'为新位置新名称。

⑤打开数据库。

```
SQL>ALTER DATABASE OPEN;
```

进行此操作时有两点建议。

一是，第②步之前建议进行一次完全备份，这样即使移动操作失败，还可以使用备份来将数据库恢复到初始状态；

二是，移动成功之后，建议备份控制文件，因为控制文件的内容被更改了。

（3）删除日志文件成员。如果联机重做日志文件成员无效（INVALID），则最好删除它。例如，要删除日志成员 E:\student\REDO403.LOG ，相应的删除命令为：

```
SQL>ALTER DATABASE DROP LOGFILE MEMBER
    'E:\student\REDO403.LOG';
```

这里的删除同样只是更新控制文件，并不会删除磁盘上的操作系统文件。删除日志成员文件之前，也需要考虑到几项限制，这些限制包括如下。

①无法删除组内的最后一个有效成员。

②无法删除当前组内的成员。

③无法删除运行于 ARCHIVELOG 模式下并且还未归档的日志文件组成员。

6.3 管理数据库归档模式

Oracle 能够将已经写满的联机重做日志文件在被覆盖之前保存到指定的位置上，被保存的重做日志文件的集合称为"归档重做日志"，这个操作过程称为"归档"。根据是否进行归档操作，数据库可以运行在归档模式（ARCHIVELOG）或非归档模式（NOARCHIVELOG）。

　　ARCHIVELOG 模式下，在覆盖联机重做日志文件之前将必须归档，也就是说，归档模式能够阻止 LGWR 覆盖未归档的联机重做日志文件。这是生产数据库通常采用的运行模式，它有如下两点好处。

（1）在出现介质故障的时候，可以恢复数据库而不会丢失任何数据。

（2）可以执行热备份，允许用户在备份过程中访问数据库。

归档操作可以由 ARCn 后台进程自动完成，也可以由 DBA 手工完成。

6.3.1　更改数据库归档模式

　　DBA 必须做出的一个重要决策是：将数据库配置为在 ARCHIVELOG 模式下还是在 NOARCHIVELOG 模式下运行。

创建数据库时，可以指定数据库为归档模式，默认将设置为非归档模式。

1. 查看当前运行模式

使用如下命令可以知道当前数据库运行的模式：

```
SQL>SELECT name,log_mode FROM v$database;
   NAME        LOG_MODE
--------- ------------
 STUDENT    NOARCHIVELOG
```

其中，LOG_MODE 反映运行模式，取值为 NOARCHIVELOG 或 ARCHIVELOG。

另外，执行 ARCHIVE LOG LIST 命令也可以查得运行模式，如图 6-1 所示，数据库日志模式显示了"非存档模式"值。

图 6-1　执行 ARCHIVE LOG LIST 命令所显示的结果

　　图 6-1 还显示出，数据库未启用自动归档功能，归档重做日志存放位置为 e:\oracle\ora92/RDBMS 目录，最旧的联机日志的序列号为 21，当前日志序列号为 25。

2. 更改当前运行模式为归档模式

按照默认情况创建的数据库运行在非归档模式下，如果需要更改为归档运行模式，可以遵循如下步骤进行更改。

（1）如果数据库处于打开状态，需要首先关闭。

```
SQL>SHUTDOWN
```

（2）启动数据库至 MOUNT 状态。

```
SQL>STARTUP MOUNT
```

（3）更改数据库为归档模式。

SQL>ALTER DATABASE ARCHIVELOG;

（4）将数据库打开。

SQL>ALTER DATABASE OPEN;

整个过程如图 6-2 所示，数据库日志模式显示了"存档模式"值。

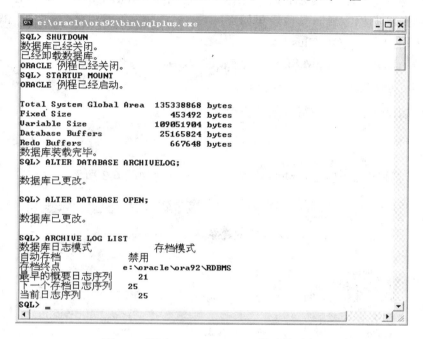

图 6-2 更改 ARCHIVELOG 模式的过程

注意，将数据库模式从 NOARCHIVELOG 模式更改为 ARCHIVELOG 模式之后：

（1）必须立即进行完全备份（即备份所有数据文件和控制文件）。因为上一次的备份是在数据库处于 NOARCHIVELOG 模式时备份的，它对于以后的数据库恢复将不再有用。

（2）将数据库设置为 ARCHIVELOG 模式并不启用归档进程 ARCn。

如果需要将数据库从归档模式更改为非归档模式，则更改的步骤与上述相同，只是第（3）步中将 ARCHIVELOG 改为 NOARCHIVELOG 即可。

6.3.2 更改数据库归档方式

归档模式下运行的数据库，每当联机重做日志文件被写满时，就要对其进行归档，只有归档完成之后，该联机重做日志文件才会被覆盖。归档操作可以自动完成，称为自动归档方式，这种情况下 Oracle 将启动后台进程 ARCn，由它来自动对已经写满的重做日志组进行归档操作。归档操作也可以采用手工归档方式，由 DBA 执行手工归档操作。值得一提的是，在自动归档方式下，DBA 仍然可以执行手工归档操作。

一个数据库究竟采用了哪种归档方式，一是通过查看 LOG_ARCHIVE_START 参数可以得知，如果该参数值为 TRUE 意为自动归档方式，为 FALSE（默认设置）意为手工归档方式。二是如图 6-1 所示，从 ARCHIVE LOG LIST 命令的执行结果也能得知，"自动存档"项反映了归档方式，值为"禁用"或是"启用"。建议采用自动归档方式。

DBA 可以选择在实例启动时或实例启动后启用自动归档功能。

1. 启动实例时就启用自动归档方式

更改参数文件中 LOG_ARCHIVE_START 参数的值为 TRUE，可以确保在每次启动实例时都能启用自动归档方式。具体步骤如下：

（1）特权用户登录 SQL*Plus。

（2）发布 ALTER SYSTEM SET 命令更改参数值。

```
SQL>ALTER SYSTEM SET LOG_ARCHIVE_START=true SCOPE=SPFILE;
```

（3）重新启动数据库，使得参数的更改生效。

```
SQL>SHUTDOWN
SQL>STARTUP
```

可以验证，确实已经启用自动归档方式。整个过程如图 6-3 所示。

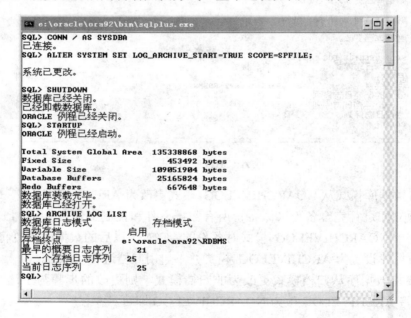

图 6-3　启动自动归档方式

2. 实例已经启动时启用自动归档方式

如果已经启动了实例或数据库，可以通过如下命令立即启用自动归档功能。

```
SQL>ALTER SYSTEM ARCHIVE LOG START;
```

然而实例在下一次启动时，如果初始化参数 LOG_ARCHIVE_START 仍然设置为 FALSE，实例依旧不会启用自动归档功能。

同样地，如下命令将立即停止自动归档功能。

```
SQL>ALTER  SYSTEM  ARCHIVE  LOG  STOP;
```

3. 手工进行归档

如果数据库处于 **ARCHIVELOG** 模式，且未启用自动归档，则 DBA 必须手动归档联机重做日志文件，否则数据库将被挂起。此外，也可在启用自动归档的情况下使用手动归档。

手工归档命令有多种选项类型，例如：

（1）归档当前重做日志文件组。

```
SQL>ALTER SYSTEM ARCHIVE LOG CURRENT;
```

（2）将已满但尚未归档的所有联机重做日志文件组进行归档。

```
SQL>ALTER SYSTEM ARCHIVE LOG ALL;
```

（3）归档由日志序列号标识的联机重做日志文件组。

```
SQL>ALTER SYSTEM ARCHIVE LOG SEQUENCE 052;
```

（4）归档联机重做日志文件组 3。

```
SQL>ALTER SYSTEM ARCHIVE LOG GROUP 3;
```

（5）归档包含有指定成员文件的重做日志文件组。

```
SQL>ALTER SYSTEM ARCHIVE LOG LOGFILE 'I:\redo0501.rdo';
```

6.3.3　归档相关参数配置

与归档相关的参数有很多，包括使用多少个归档进程、归档日志文件的存储位置、归档日志文件的副本数量以及归档日志文件的文件名的格式等。

1. 归档进程数目参数

动态参数 **LOG_ARCHIVE_MAX_PROCESSES** 指定实例所能拥有的最大归档进程数目（这同时也是实例启动时创建的归档进程数目），默认值为 2，最大为 10（即最多可以启动 10 个归档进程 ARC0～ARC9）。

以下查询显示出只有 2 个归档进程启动（STATUS 值为 ACTIVE）。只有 STATE 这一列的值是 BUSY 时，LOG_SEQUENCE 列才会有值。

```
SQL>SELECT  *  FROM  v$archive_processes;
   PROCESS   STATUS    LOG_SEQUENCE    STAT
   --------  --------- ------------    ----
       0     ACTIVE         0          IDLE
       1     ACTIVE         0          IDLE
       2     STOPPED        0          IDLE
       3     STOPPED        0          IDLE
       4     STOPPED        0          IDLE
       5     STOPPED        0          IDLE
       6     STOPPED        0          IDLE
       7     STOPPED        0          IDLE
       8     STOPPED        0          IDLE
       9     STOPPED        0          IDLE
```

LOG_ARCHIVE_MAX_PROCESSES 参数可以根据生产业务繁忙与否，动态地进行调整：在事务处理负载较重或活动较多的时期，可临时启动更多归档进程以避免归档瓶颈。而当事务处理活动恢复到正常水平后，可停止部分 ARCn 进程。

例如，在一周中的每周一，业务活动量总是最多，那么在周一时就可以启动更多进程：

```
SQL>ALTER SYSTEM SET LOG_ARCHIVE_MAX_PROCESSES=4;
```

这一天过后，则可发出下面的 SQL 命令来停止附加的归档进程，保持使用 2 个归档进程：

```
SQL>ALTER SYSTEM SET LOG_ARCHIVE_MAX_PROCESSES=2;
```

2. 归档日志目标位置参数

如果没有指定过目标位置，则默认归档至 RDBMS 的文件夹中。但是，考虑到归档日志对于数据库成功恢复的重要性，往往会设置多个目标位置，为一个满的日志组归档产生多个归档日志副本。

利用 LOG_ARCHIVE_DEST_n 参数（$n=$1、2、3、4、5…10）最多可定义 10 个归档日志目标。这些位置可以在本地机器上，也可以在后备数据库所在的远程机器上。例如：

```
LOG_ARCHIVE_DEST_1 = "LOCATION=e:\Oracle\arc"
LOG_ARCHIVE_DEST_2 = "LOCATION=d:\Oracle\arc"
LOG_ARCHIVE_DEST_3 = "SERVICE=standby_db1"
```

这里，包含了 3 个目标位置，LOCATION 关键字引用的是本机位置，并且所指定的目录必须是存在的，SERVICE 关键字引用了另一台计算机上的一个远程位置（此处不再细述）。

数据库运行过程中，也可以动态更改某个目标位置，如：

```
SQL>ALTER SYSTEM SET
    LOG_ARCHIVE_DEST_2 = "LOCATION=d:\Oracle\myarc";
```

值得注意的是，Oracle 仍然保留了低版本的一组参数 LOG_ARCHIVE_DEST 和 LOG_ARCHIVE_DUPLEX_DEST，它们最多指定两个位置，且不支持远程位置。设置时注意两组参数是互斥的，不能同时使用。

3. 目标位置可用性参数

假设数据库尝试归档时，遇到某个目标位置不可用，那么在数据库操作可以继续之前，是需要制作填满的重做日志文件的所有副本，还是只需制作一个或两个副本呢？

这可以使用 LOG_ARCHIVE_MIN_SUCCEED_DEST 参数，指定在覆盖文件之前，必须对重做日志文件执行"本地"归档副本的数量。此外，还可以通过包括 MANDATORY 关键字，确切指定哪个或哪些目标位置的归档是必须要成功的。

例如，假如有如下的归档目标设置值：

```
LOG_ARCHIVE_DEST_1 = "LOCATION=e:\Oracle\arc"  MANDATORY
LOG_ARCHIVE_DEST_2 = "LOCATION=d:\Oracle\arc"  OPTIONAL
LOG_ARCHIVE_DEST_3 = "SERVICE=standby_db1"
LOG_ARCHIVE_MIN_SUCCEED_DEST=2
```

则必须成功归档的目的地最少为 2 个，虽然只有一个位置指定为 MANDATORY，但是为 LOG_ARCHIVE_MIN_SUCCEED_DEST 参数指定的值 2 要求在覆盖联机重做日志文件之前，两个本地目标都应该归档成功。换句话说，如果 LOG_ARCHIVE_MIN_SUCCEED_DEST 的值大于指定为 MANDATORY 的本地目标数量，那么这个值将忽视任何 OPTIONAL 关键字，直到所需的目标数量都接收到了归档文件的副本为止。在使用 LOG_ARCHIVE_DEST 和 LOG_ARCHIVE_DUPLEX_DEST 参数指定位置时，第一个参数所指定的位置是必需的（在默认情况下就是 MANDATORY），而第二个位置是可选的。

4. 归档日志文件名格式参数

文件名的格式是使用 LOG_ARCHIVE_FORMAT 初始化参数指定的。可以提供一个文本字符串和任何一个或多个预定义的变量。预定义的变量如下：

%s：日志序列号。

%S：日志序列号，前面填充 0。

%t：线程号（THREAD NUMBER）。

%T：线程号，前面填充 0。

例如，指定 LOG_ARCHIVE_FORMAT='arc_%t_%S.arc'，将会生成名字如 arc_1_00001.arc、arc_1_00002.arc、…、arc_1_00100.arc 等归档日志文件。其中，1 是线程号，1、2、100 是日志序列号。假如指定格式为'arc_%s.arc'，则将生成的归档日志文件的名字如 arc_1.arc、arc_2.arc、…、arc_100.arc 等。在日志序列号前面填充的 0 的个数依赖于操作系统。

小　　结

控制文件与重做日志文件是数据库重要的物理组成部分。控制文件在数据库启动与数据库正常运行过程中起着至关重要的作用，因此通常会通过镜像的方法来提高它们的可靠性。本章中详细介绍了控制文件的镜像步骤。

重做日志文件按日志组以循环的方式使用，一个数据库至少要包含 2 个日志组，可以根据需要添加更多的日志组。同样，镜像重做日志文件是很好的维护方案。通过本章的学习，应该具备添加、删除重做日志组，添加、删除、重命名重做日志文件成员的技能。

多数情况下，数据库应该配置在归档模式下，并且启用自动归档功能。本章不仅对此进行了详细的介绍，同时还介绍了一些与归档相关的参数。

习　　题

选择题

1. 你正在添加重做日志到 Oracle 数据库。建立一个新重做日志将添加信息到下列哪个 Oracle 资源？（　　）

    A. 共享池　　　　　　　　　　　B. 控制文件

    C. SGA　　　　　　　　　　　　 D. PGA

2. 以下哪种情况不会引起控制文件的更改？（　　　）

　　A. 创建一个表　　　　　　　　　　B. 创建一个表空间

　　C. 删除一个数据文件　　　　　　　D. 增加日志组

3. 将控制文件放到不同的磁盘上的最大优点是（　　　）。

　　A. 数据库性能　　　　　　　　　　B. 防止单点错误

　　C. 加快归档　　　　　　　　　　　D. 加快控制文件的写操作

4. 下列哪项信息不是在控制文件中记录的？（　　　）

　　A. 数据文件的位置及大小　　　　　B. 数据库的创建时间

　　C. Oracle 参数文件信息　　　　　　D. 日志序列号

5. 镜像控制文件时，应该在（　　　）制作控制文件副本？

　　A. 数据库关闭或装载时　　　　　　B. 数据库装载或打开时

　　C. 数据库关闭或未装载时　　　　　D. 与数据库所处状态无关，任何时刻

6. 以循环方式写入的是（　　　）。

　　A. 数据文件　　　B. 控制文件　　　C. init 文件　　　D. 重做日志文件

7. 查看所有重做日志成员文件的名称与路径信息，可以查询（　　　）。

　　A. v$controlfile　　B. v$datafile　　C. v$logfile　　　D. v$log

8. 一个数据库至少要包含（　　　）个日志组。

　　A. 1　　　　　　　B. 2　　　　　　　C. 3　　　　　　　D. 8

9. 在归档模式下，如何才能删除处于当前状态（Current）下的重做日志组的成员文件？（　　　）

　　A. 执行 ALTER DATABASE DROP LOGFILE 语句

　　B. 在下一次日志切换之前执行 ALTER DATABASE DROP LOGFILE MEMBER 语句

　　C. 在该重做日志组被归档之前执行 ALTER DATABASE DROP LOGFILE MEMBER 语句

　　D. 首先执行 ALTER SYSTEM SWITCH LOGFILE 语句，然后再执行 ALTER DATABASE DROP LOGFILE MEMBER 语句

10. 假设某个数据库拥有 3 个重做日志组，每个重做日志组中包含 4 个重做日志成员，那么 Oracle 将推荐使用（　　　）硬盘用于存储重做日志文件。

　　A. 1 个　　　　　B. 3 个　　　　　C. 4 个　　　　　D. 12 个

11. 初始化参数 LOG_ARCHIVE_START 的作用是（　　　）。

　　A. 设置数据库启动时使用的重做日志组的数量

　　B. 设置数据库启动时是否启用自动归档功能

　　C. 设置归档重做日志文件的目标

　　D. 设置数据库启动时是否是否处于归档模式

12. 如果想查看当前数据库是否处于自动归档方式，应当使用下列（　　　）命令。

　　A. ARCHIVE　LOG　LIST　　　　B. ARCHIVE　LOG　ALL

　　C. ARCHIVE　LOG　NEXT　　　　D. ARCHIVE　LOG　SHOW　ALL

13. 如果某个数据库的 LGWR 进程经常会因为检查点未完成而进入等待状态，DBA 应当采取（   ）措施来解决这个问题。

      A．增加新的重做日志组

      B．为所有的重做日志组增加新的日志成员

      C．手工清除当前的重做日志组内容

      D．将数据库置为 NOARCHIVELOG 模式

14. 将数据库更改为 NOARCHIVELOG 模式时，数据库必须处于（   ）状态。

      A．已运行   B．已分配   C．已装载   D．已打开

15. LOG_ARCHIVE_DEST_N 参数最多可以指定（   ）个位置。

      A．25   B．10   C．5   D．2

16. 必须为 LOG_ARCHIVE_START 参数指定（   ）值来指定需要手工归档。

      A．ENBLE   B．TRUE   C．DISABLE   D．FALSE

17. 下面（   ）命令可以用来归档填满的重做日志文件。

      A．ALTER DATABASE ARCHIVEFILES

      B．ALTER DATABASE ARCHIVE

      C．ALTER SYSTEM ARCHIVE ALL LOGS

      D．ALTER SYSTEM ARCHIVE LOG ALL

18. 在默认情况下，归档的重做日志文件存储在（   ）目录中。

      A．\Oracle   B．\Oracle\ora92

      C．\Oracle\ora92\database   D．\Oracle\ora92\rdbms

19. 下面（   ）命令可以用来显示归档文件的目标位置。

      A．ARCHIVE LOG ALL

      B．SHOW LOG LIST

      C．SHOW LOGGING PARAMETER

      D．SHOW PARAMETER

20. 在 LOG_ARCHIVE_DEST_*N* 参数中，下面（   ）关键字用来表示一个远程位置。

      A．LOCATION   B．REMOVE   C．SERVICE   D．GOTO

21. （   ）参数表示在可以用来覆盖联机重做日志文件之前，必须成功到达的归档目标的数量。

      A．LOG_ARCHIVE_DEST_*N*

      B．LOG_ARCHIVE_MIN_SUCCEED_DEST

      C．LOG_ARCHIVE_SUCCEED_MIN

      D．LOG_ARCHIVE_MIN_SUCCEED

22. 要想表示在可以覆盖联机重做日志之前，必须到达一个特定的归档目标，那么应该在为 LOG_ARCHIVE_DEST_*N* 参数指定的值中包括单词（   ）。

      A．MANDATORY   B．OPTIONAL

      C．DEFAULT   D．SUCCEED

23. 下面（　　）格式选项在归档日志文件的文件名中包括了日志序列号。

    A．%T　　　　　　B．%S　　　　　　C．%t　　　　　　D．%L

24. 即使指定的归档日志目标没有成功归档，下面（　　）选项也允许数据库继续运行而不必挂起。

    A．MANDATORY　　　　　　　B．DEFAULT

    C．OPTIONAL　　　　　　　　D．NOSUCCEED

实　　　训

目的与要求

（1）掌握控制文件的查询、镜像方法。

（2）掌握重做日志文件组与日志成员的查询、增删操作。

（3）掌握归档模式的查看及更改步骤。

（4）了解归档相关参数及其设置。

实训项目

（1）查询数据库控制文件的路径及名称（请使用多种方法完成）。

（2）为数据库增加控制文件的镜像副本。然后使用 SELECT　name　FROM v$controlfile 进行验证。

（3）列出现有重做日志文件的名称。

（4）显示数据库所拥有的重做日志文件组及成员的数量，并记录当前日志组的组号。

（5）显示当前日志组的重做日志文件名称。

（6）查看数据库是在哪种数据库模式下配置的？是否启用了归档？

（7）增加一个重做日志文件组，组内日志文件只有一个，不带镜像。

（8）为（7）步中新建的重做日志文件组添加一个新成员。

（9）将（7）、（8）步中新建的日志文件组的两个成员的路径改变（即重新定位），注意操作步骤。

（10）将以上所建的日志文件组删除。注意检查是否是活动的日志文件组，如是，执行 ALTER SYSTEM SWITCH LOGFILE 进行日志切换。

（11）将数据库的两种归档状态进行切换，即由 ARCHIVELOG 模式改为 NOARCHIVELOG 模式，或由 NOARCHIVELOG 模式改为 ARCHIVELOG 模式。

（12）当数据库处于 ARCHIVELOG 模式时，启动/禁用自动归档功能。

（13）对所有未归档的日志文件组进行手工归档。

（14）以下给出了更改为归档模式并同时启用自动归档功能的步骤，请熟练掌握。

```
SQL>ALTER SYSTEM SET  LOG_ARCHIVE_START=true SCOPE=SPFILE;
SQL>SHUT IMMEDIATE
SQL>STARTUP MOUNT
SQL>ALTER DATABASE ARCHIVELOG;
SQL>ALTER DATABASE OPEN;
```

（15）查看默认的归档目标是什么位置？并观察目前产生了多少个归档日志文件。

（16）查看是否启用了自动归档进程，如果没有，以 scott 用户登录，模拟一些事务操作，然后手工方式进行归档，查看归档日志文件的产生情况。

（17）请启动自动归档进程。

（18）强制进行多次日志切换，查看归档日志文件的产生情况。

（19）查看如下参数的值：

```
LOG_ARCHIVE_DEST_1
LOG_ARCHIVE_DEST_2
LOG_ARCHIVE_FORMAT
LOG_ARCHIVE_MAX_PROCESSES
LOG_ARCHIVE_MIN_SUCCEED_DEST
```

（20）修改相应参数，使设置有 4 个归档目标，并将 LOG_ARCHIVE_MIN_SUCCEED_DEST 参数设置为 3。并观察归档日志文件的产生结果。

第 7 章

表空间与数据文件管理

一个 Oracle 数据库是大量数据的集合，这些数据物理上存储于一个个数据文件中，而逻辑上却存储于一个个的表空间中。由此可见，表空间与数据文件之间有着非常紧密的联系，有着明确的对应关系，两者只是从不同角度看到的但却是同一个数据库的不同的组成部分。表空间是 Oracle 数据库的逻辑构成，数据文件则是 Oracle 数据库的物理组成。

作为 DBA，在需要的时候应该创建出更多的表空间，以分离不同类型的数据，比如，如果将表数据与索引数据存储在不同的表空间将有利于性能的提高。另外，随着数据的不断增长，表空间的空闲空间会慢慢变少，这将要求 DBA 要对表空间的空间使用情况进行经常性监控，发现空间不足时及时进行扩展。

本章将详细介绍表空间或数据文件的各种维护管理操作，这些都是数据库维护中极其重要的内容之一。

7.1 表　空　间

Oracle 数据库通过表空间来组织数据库数据。一个数据库逻辑上由一个或多个表空间组成，一个表空间由一或多个段组成，一个段由一或多个区组成，一个区由多个连续的数据库块组成。

而表空间物理上是由一个或多个数据文件组成的，并且一个数据文件只能属于一个表空间。表空间的空间大小是所有从属于它的数据文件大小的总和。如果一个表空间的空间不够用，可以通过添加数据文件的办法来增加表空间的大小。一旦数据文件加入到某个表空间之后，就不能从该表空间中删除该数据文件了。

数据库中的对象如表、索引及其数据必须存储于表空间中。而且表空间上数据的可用性是可以控制的。如果允许用户或应用程序访问，那么该表空间必须要处于联机状态（ONLINE），脱机（OFFLINE）状态下的表空间，其数据是不可用的。SYSTEM 表空间必须联机。

Oracle 根据区的管理方式，将表空间分为字典管理（DICTIONARY）和本地管理（LOCAL）的表空间两种。如果将表空间中区的使用与空闲信息记录在数据字典中，就称为字典管理的表空间。如果区的使用与空闲信息是记录在了表空间对应的每个数据文件内的位图中，则称为本地管理的表空间。

但是从 Oracle9i R2 开始，字典管理方式已经废弃。因为与字典管理方式相比，本地管理的表空间具有明显优点：一方面，由于本地管理表空间的"自由空间"信息没有被记录到数据字典，所以分配和释放区避免了访问数据字典，从而降低了在数据字典上的冲突；另外，本地管理表空间会自动跟踪并合并相邻空闲空间，而字典管理表空间则可能需要手工合并空间碎片。

7.2 创 建 表 空 间

当建立数据库时会自动建立 SYSTEM 表空间，该表空间用于存放数据字典对象。尽管 SYSTEM 表空间也可以存放用户数据，但 Oracle 建议用户数据应存放在另外的表空间中。因此，建立数据库之后，DBA 应该建立其他表空间，以存放不同类型的数据。

1. 命令常用选项

建立表空间的用户需具有 CREATE TABLESPACE 系统权限，使用 CREATE TABLESPACE 命令建立。该命令的常用格式如下：

```
CREATE TABLESPACE tablespace_name
    DATAFILE '[path]<file_name>' SIZE n[k|M]
            [,'[path]<file_name>' SIZE n[k|M],…]
    [ONLINE|OFFLINE]
    [EXTENT MANAGEMENT  DICTIONARY |
    LOCAL [AUTOALLOCATE| UNIFORM [SIZE n[K|M] ] ] ]
```

其中

（1）tablespace_name：为表空间定义唯一的名字。

（2）DATAFILE：必须指定，列出表空间对应的每一个物理文件的信息，包括文件名称、路径以及大小。

（3）ONLINE：联机，表示表空间创建后立即可以使用；OFFLINE 脱机，表空间创建后不能使用。默认值为 ONLINE。

（4）EXTENT MANAGEMENT：指定表空间是字典管理的还是本地管理的，从 Oracle9i 开始，默认为本地管理。如果是本地管理的表空间，则还可以继续指定区的大小情况：AUTOALLOCATE 表示由系统管理，用户无法指定区大小，这是默认设置；UNIFORM 表示区使用统一大小，大小由 SIZE 指定，默认 SIZE 则大小为 1MB。

2. 创建表空间示例

以下举例说明各种表空间的创建方法与命令。

【例 7-1】 建立本地管理表空间 test，文件位于 D 磁盘当前目录下，名字为 test01.dbf，200MB 大小。

```
SQL>CREATE TABLESPACE test
    DATAFILE 'D:test01.dbf' SIZE 200M
    EXTENT MANAGEMENT LOCAL;
```

最后一行的 EXTENT MANAGEMENT LOCAL 也可以省略，因为默认就是本地管理的。

【例 7-2】　建立本地管理表空间 edu，其大小为 1.5GB。假设使用 2 个数据文件 edu01.dbf 与 edu02.dbf，分别位于 D、E 磁盘的子目录 xxw 下，区尺寸由 Oracle 自动分配。

```
SQL>CREATE TABLESPACE edu
    DATAFILE 'D:\xxw\edu01.dbf' SIZE 1000M,
             'E:\xxw\edu02.dbf' SIZE 500M
    EXTENT MANAGEMENT LOCAL AUTOALLOCATE;
```

【例 7-3】　建立本地管理表空间 index_tbs，用于存放索引数据。其包含 1 个数据文件 index01.dbf，区尺寸指定为统一大小 128KB。

```
SQL>CREATE TABLESPACE index_tbs
    DATAFILE 'index01.dbf' SIZE 100M
    EXTENT MANAGEMENT LOCAL UNIFORM SIZE 128K;
```

【例 7-4】　建立临时表空间 tmp_tbs。临时表空间主要用来提高排序操作。

```
SQL>CREATE TEMPORARY TABLESPACE tmp_tbs
    TEMPFILE 'tmp.dbf' SIZE 300M;
```

使用如下的命令可以改变数据库的默认临时表空间：

```
SQL>ALTER DATABASE DEFAULT TEMPORARY TABLESPACE tmp_tbs;
```

【例 7-5】　建立 UNDO 表空间 undo01。撤销表空间必须是本地管理的且不能指定区大小，区由系统管理。

```
SQL>CREATE UNDO TABLESPACE undo01
    DATAFILE 'E:\Oracle\oradata\student\undo01.dbf' SIZE 50M
    EXTENT MANAGEMENT LOCAL AUTOALLOCATE;
```

撤销表空间用于存放 UNDO 数据（也称为回退数据），它用于确保数据的一致性。当执行 DML 操作（INSERT、UPDATE、DELETE 等）时，事务操作前的数据被称为 UNDO 记录，被存放于 UNDO 表空间中。当该事务结束时，UNDO 数据才被删除。

一个 Oracle 数据库可以包含多个 UNDO 表空间，但同一时刻一个实例只能使用一个 UNDO 表空间。初始化参数 UNDO_TABLESPACE 用于指定实例所要使用的 UNDO 表空间，使用如下的命令可以启用新的 UNDO 表空间：

```
SQL>ALTER SYSTEM SET UNDO_TABLESPACE=undo01;
```

【例 7-6】　创建字典管理表空间 userdata，仅包含一个数据文件，大小 100MB。因为从 Oracle9i 开始，默认会创建本地管理表空间，因此在创建命令中必须用 EXTENT MANAGEMENT DICTIONARY 指明是字典管理的。

```
SQL>CREATE TABLESPACE userdata
    DATAFILE 'E:\Oracle\oradata\userdata01.dbf' SIZE 100M
    EXTENT MANAGEMENT DICTIONARY;
```

注意，创建字典管理表空间命令只能在 Oracle 9.0.1.1.1 或更低版本中执行。

3. 查看表空间与数据文件信息

（1）使用如下命令可以获得所有表空间的名字列表。

```
SQL>SELECT tablespace_name FROM dba_tablespaces;
```

或

```
SQL>SELECT name FROM v$tablespace;
```

（2）如果需要查询表空间 edu 对应的数据文件，应该使用 dba_data_files 数据字典。

```
SQL>SELECT file_name FROM dba_data_files
    WHERE tablespace_name='EDU';
```

dba_data_files 返回结果将不包括临时表空间的数据文件，临时文件信息只能从 dba_temp_files 中查询得到，如下所示：

```
SQL>SELECT file_name FROM dba_temp_files;
```

（3）查看各表空间的区管理方式是本地管理还是字典管理。

```
SQL>SELECT tablespace_name,extent_management
    FROM dba_tablespaces;
```

（4）查看本地管理的表空间的区分配类型。SYSTEM 表示由系统管理，UNIFORM 表示指定区为统一大小。

```
SQL>SELECT tablespace_name, allocation_type
    FROM dba_tablespaces
    WHERE extent_management= 'LOCAL';
```

7.3 表空间维护

在数据库使用过程中，有时候需要对表空间进行一些修改。比如出现了某种故障需要使表空间脱机，表空间存放的是一些历史数据禁止对其更改，表空间所在的磁盘损坏需要改变其物理位置，表空间的可用空间太少等，这些情况出现时，管理人员就需要进行相应的维护工作。

7.3.1 改变表空间状态

1. 使表空间联机或脱机

当建立表空间时，其默认状态为 ONLINE。如果要对表空间执行恢复操作，往往需要将其改为 OFFLINE 脱机状态。

```
SQL>ALTER TABLESPACE edu OFFLINE;
```

恢复完成后再将其联机：

```
SQL>ALTER TABLESPACE edu ONLINE;
```

由于表空间物理上由一个或多个数据文件组成，所以在将表空间脱机后，该表空间的所有数据文件也会自动脱机。而将数据文件联机后，其所属的表空间并不会自动联机。

也可以使某个数据文件脱机，不可用，命令为：

```
SQL>ALTER DATABASE DATAFILE 'D:\xxw\edu01.dbf' OFFLINE;
```

如下命令将一个数据文件进行联机：

```
SQL>ALTER DATABASE DATAFILE 'D:\xxw\edu01.dbf' ONLINE;
```

2. 使表空间只读或可读写

按默认选项新建的表空间是处于联机状态的，此时用户不仅可以做 **SELECT** 查询操作，也可以对该表空间进行更改操作。但是根据维护的需要，有时会限制用户对某个表空间的访问，比如只允许查询，禁止修改。这样就涉及到表空间的只读或可读写状态的改变。

```
SQL>ALTER TABLESPACE edu READ ONLY;
SQL>ALTER TABLESPACE edu READ WRITE;
```

3. 查看表空间状态

通过如下命令可以了解每个表空间及其状态信息。status 值可能为 **READ ONLY**（联机但只读）、**ONLINE**（联机且可读写）、**OFFLINE**（脱机）。

```
SQL>SELECT tablespace_name,status FROM dba_tablespaces;
```

7.3.2　监控表空间使用

为了掌握表空间的空间使用情况，便于在空间不够的情况下及时扩展，作为 DBA 必须随时监控表空间，尤其是数据量增长比较迅速的表空间。

表空间大小是其所包含的每一个数据文件大小的和。通过如下命令从 dba_data_files 数据字典中可以计算出每个表空间的总的大小：

```
SQL>SELECT tablespace_name ,sum(bytes)/1024/1024 total_MB
    FROM dba_data_files
    GROUP BY tablespace_name;
```

以上命令中，**sum(bytes)/1024/1024** 表达式用于将空间大小换算成以 **MB** 为单位。

而数据字典 dba_free_space 可以反映每个表空间的空闲情况，如下命令所示：

```
SQL>SELECT tablespace_name ,sum(bytes)/1024/1024 free_MB
    FROM dba_free_space
    GROUP BY tablespace_name;
```

事实上，**DBA** 更习惯于直接看到每个表空间的空闲百分比，此时需要结合 dba_data_files 与 dba_free_space 作连接查询，命令如下：

```
SQL>SELECT  b.tablespace_name "tablespace",
          sum(b.bytes)/1024/1024 "total_MB",
          sum(a.bytes)/1024/1024 "free_MB",
          round(sum(a.bytes)/sum(b.bytes)*100,1) "free/total %"
    FROM  dba_free_space a,dba_data_files b
    WHERE a.file_id=b.file_id
    GROUP BY  b.tablespace_name;
```

执行结果如图 7-1 所示。

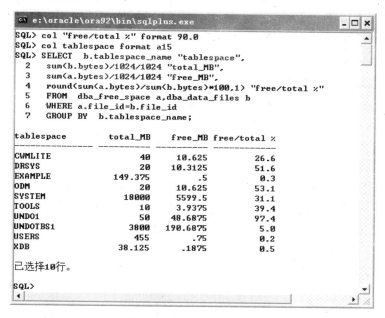

图 7-1　监控表空间使用

7.3.3　改变表空间大小

从图 7-1 看到，USERS 表空间数据已满，仅空闲了 0.2%。导致用户插入数据时总是出现错误，但是可以查询该表数据。解决的办法是扩展该表空间的尺寸。

通常可以采用两种办法予以扩展。

（1）更改现有数据文件的大小，无论是自动还是手动。

（2）向表空间内添加数据文件。

1．更改现有数据文件的大小

（1）现有数据文件允许自动扩展。DBA 可以为每个数据文件设置是否允许自动扩展。如果允许自动扩展，则当数据库数据占满了数据文件的所有空间，并且该数据文件不能容纳新数据时，系统会自动扩展该数据文件。

查询 dba_data_files 数据字典可以了解某个数据文件的自动扩展选项是否允许：

```
SQL>SELECT file_name,autoextensible
    FROM dba_data_files
    WHERE tablespace_name='USERS';
```

显示结果中，autoextensible 列的值如果为 YES，表示允许自动扩展，为 NO 表示禁止自动扩展。使用 ALTER DATABASE DATAFILE 命令，可以随时更改一个文件的自动扩展设置。例如：

```
SQL>ALTER DATABASE
    DATAFILE 'E:\Oracle\oradata\student\users01.dbf'
    AUTOEXTEND ON NEXT 10M MAXSIZE 500M;
```

命令中通过 AUTOEXTEND ON　允许 users01.dbf 文件自动扩展，NEXT 指定扩展尺寸，MAXSIZE 指定数据文件的最大长度，若没有最大限制则设置为 UNLIMITED。如果文件现有大小为 455MB，允许自动扩展之后则系统会根据需要来自动增大文件大小，一次增加 10MB，文件最大不超过 500MB。以后任何时候可以在 ALTER DATABASE DATAFILE 命令中用 AUTOEXTEND OFF 选项关闭自动扩展功能。

实际上，在创建表空间时就可以对数据文件指定自动扩展，例如：

```
SQL>CREATE TABLESPACE userdata02
    DATAFILE 'userdata02.dbf' SIZE 5M AUTOEXTEND ON NEXT 2M;
```

（2）现有数据文件手工重置大小。尽管指定自动扩展选项，可以使得数据文件在数据充满的情况下自动扩展，但这会导致系统性能的下降。如果需要扩展的空间大小能大致估计出来，也可以重新指定文件的大小。例如，users01.dbf 文件现在大小 455MB，现在需要增加一大批数据，这批数据大致需要 200MB 空间，那么可以直接指定该文件大小为 700MB。

```
SQL>ALTER DATABASE
    DATAFILE 'E:\Oracle\oradata\student\users01.dbf'
    RESIZE 700M;
```

将文件一次性扩充，然后再增加数据。值得注意的是，使用 RESIZE 子句也可以缩减数据文件尺寸，但是，缩减后的大小应能容纳已有的数据库对象，否则会出错。

2. 添加新数据文件

通过向表空间内添加新的数据文件，同样可以增加表空间。例如，USERS 表空间需要扩充 200MB 的空间，但是原有数据文件所在的磁盘 E 所剩空间已经不足 200MB，这时无论是打开自动扩展功能还是手工增大，都无法扩充，只能用增加数据文件的方法，从其他磁盘来分配空间。添加命令如下：

```
SQL>ALTER TABLESPACE users
    ADD DATAFILE 'F:\student\users02.dbf'  SIZE 200M;
```

如果，担心 200MB 空间可能也不是很充裕，此时在添加时，也可以同时启用自动扩展选项，如：

```
SQL>ALTER TABLESPACE users
    ADD DATAFILE 'F:\student\users02.dbf'  SIZE 200M
    AUTOEXTEND ON NEXT 10M;
```

添加数据文件的方法不仅可以扩展表空间的大小，而且也可以分布表空间上数据对象（表、索引等）的数据，平衡 I/O，提高系统性能。

7.3.4　移动数据文件

随着数据量的增加，可能需要新增磁盘，此时需要将部分数据文件迁移到新增的硬盘上。或者某个磁盘被损坏，该磁盘上的数据文件必须迁移到其他位置。

如果要迁移的是非 SYSTEM 表空间的数据文件，遵照尽可能少地影响用户的原则，那么就可以在数据库打开的情况下进行迁移。但是如果要迁移 SYSTEM 表空间的数据文件，由于该表空间不可能脱机，因此只能关闭数据库进行移动。

1. 对非 SYSTEM 表空间的数据文件进行移动

移动时必须先将表空间脱机，然后使用操作系统命令把与表空间相应的数据文件复制到新位置，此时也可以对文件重命名，在将表空间联机之前必须将位置更改的信息通知给控制文件。

以 users01.dbf 为例，移动的具体步骤如下。

（1）使表空间脱机。

```
SQL>ALTER TABLESPACE users  OFFLINE;
```

（2）使用操作系统命令以移动或者复制文件。

```
SQL>HOST COPY  E:\Oracle\oradata\student\users01.dbf
    F:\student\users01.dbf;
```

（3）执行 ALTER TABLESPACE RENAME DATAFILE 命令，通知控制文件。

```
SQL>ALTER TABLESPACE users RENAME DATAFILE
    'E:\Oracle\oradata\student\users01.dbf'
    TO  'F:\student\users01.dbf';
```

（4）使表空间联机。

```
SQL>ALTER TABLESPACE users  ONLINE;
```

（5）必要时使用操作系统命令删除原文件。

通过以上步骤，实现了将文件 users01.dbf 从磁盘 E 到磁盘 F 的位置移动。

2. 对 SYSTEM 表空间的数据文件进行移动

因为 SYSTEM 表空间无法脱机，因此 SYSTEM 表空间内的数据文件，必须使用如下方法进行移动。但是这种方法其实可以用来移动任何类型的数据文件以及联机日志文件。

移动无法脱机的表空间内的文件，如 system01.dbf，具体步骤如下。

（1）关闭数据库。

```
SQL>SHUTDOWN IMMEDIATE
```

（2）使用操作系统命令移动文件。

```
SQL>HOST COPY  E:\Oracle\oradata\student\system01.dbf
    F:\student\system01.dbf;
```

（3）装载（MOUNT）数据库。

```
SQL>STARTUP MOUNT
```

（4）执行 ALTER DATABASE RENAME FILE 命令，通知控制文件。

```
SQL>ALTER DATABASE RENAME FILE
    'E:\Oracle\oradata\student\system01.dbf'
    TO  'F:\student\system01.dbf';
```

（5）打开数据库。

```
SQL>ALTER DATABASE OPEN;
```

7.4　删　除　表　空　间

当表空间损坏无法被恢复时，或者当表空间不再需要时，就可以删除该表空间了。删除表空间通常由 DBA 或者具有系统权限 DROP TABLESPACE 的用户来完成。

删除表空间的命令语法如下：

```
DROP TABLESPACE tablespace_name
    [ INCLUDING CONTENTS [AND DATAFILES] [CASCADE CONSTRAINTS]]
```

其中

（1）INCLUDING CONTENTS：如果表空间包含有数据库对象则必须带有该选项。

（2）AND DATAFILES：删除表空间通常只是从控制文件中逻辑删除了表空间信息，而其数据文件还需要使用操作系统命令手工删除。若带上该选项，则同时删除表空间对应的操作系统文件。

（3）CASCADE CONSTRAINTS：删除参照完整性约束。如果两个表空间之间存在完整性约束关系则必须带有该选项。

例如，如下命令将删除表空间 tt，但是由于表空间内存有数据，因此提示了错误信息：

```
SQL>DROP TABLESPACE tt;
   DROP TABLESPACE tt
   *
   ERROR 位于第 1 行：
   ORA-01549：表空间非空，请使用 INCLUDING CONTENTS 选项
```

使用如下命令，不仅能删除表空间 tt，同时也删除了该表空间相关联的操作系统文件：

```
SQL>DROP TABLESPACE tt INCLUDING CONTENTS AND DATAFILES;
```

小　　结

表空间与数据文件是数据库数据的存储结构，DBA 确保表空间的正常访问和使用是其日常维护工作的重中之重。表空间相关的维护工作包括创建表空间、查看表空间基本信息、监控表空间使用情况，空间不足时及时进行扩展，有时还需要对数据文件进行移动操作。

习　　题

选择题

1. 查看数据文件的名称与路径信息，可以查询（　　）。

　　A．v$controlfile　　　　　　　　　　B．v$datafile

　　C．v$logfile　　　　　　　　　　　　D．v$tablespace

2. 要获得表空间及对应的数据文件信息，应该查询（　　）数据字典视图。

    A．dba_data_files   B．dba_tablespaces

    C．v$tablespace   D．dba_free_space

3. 关于表空间与数据文件的关系，下列描述正确的是（　　）。

    A．每个表空间至少包含一个数据文件

    B．一个表空间属于一个数据文件

    C．一个数据文件可以属于多个表空间

    D．一个数据文件只可属于一个表空间

4. 当数据库创建时，将会自动生成（　　）。

    A．user 表空间   B．tool_tbs 表空间

    C．temp_tbs 表空间   D．system 表空间

5. 以下（　　）表空间是不可以脱机的。

    A．users   B．system   C．index   D．exam

6. 下面（　　）命令用来重命名装载状态数据库的一个数据文件。

    A．RENAME DATA FILE   B．ALTER TABLESPACE

    C．NEW NAME   D．ALTER DATABASE

7. 下列（　　）继承的组成关系正确表示了 Oracle 数据库的逻辑存储结构。

    A．块 => 段 => 区 => 表空间 => 数据库

    B．块 => 区 => 段 => 表空间 =>数据库

    C．块 => 区 => 表空间 => 段=> 数据库

    D．块 => 表空间 => 区 => 段 => 数据库

8. 下列（　　）语句可用来删除包含外键关系中父表的表空间。

    A．ALTER DATABASE DATAFILE OFFLINE DROP

    B．ALTER TABLESPACE OFFLINE IMMEDIATE

    C．DROP TABLESPACE CASCADE CONSTRAINTS

    D．DROP TABLESPACE INCLUDING CONTENTS

9. （　　）视图可以确定一个表空间中的剩余可用空间。

    A．dba_tablespaces   B．dba_free_space

    C．v$tablespace   D．dba_extents

实　　训

目的与要求

（1）掌握表空间与数据文件信息的查询。

（2）掌握表空间的创建、更改、删除、移动。

（3）掌握表空间的监控和扩充。

实训项目

（1）列出本地管理的表空间的名称。

（2）列出表空间 users 对应的所有数据文件名称。

（3）将表空间 exam 从脱机状态改为联机状态。

（4）查询表空间 exam 的空间大小。

（5）显示 users 表空间数据文件名、自动扩展选项及状态。

（6）创建本地管理表空间 studentdata1，大小为 4MB，区的尺寸由 Oracle 自动分配。

（7）创建本地管理表空间 studentdata2，大小为 100MB，区的尺寸指定为统一大小 10MB。

（8）将 studentdata1 表空间的大小重置为 6MB。并进行验证。

（9）向 studentdata1 表空间添加新的数据文件，大小 2MB，名称、位置自定。然后列出该表空间的数据文件名称及每个文件大小。

（10）将 studentdata2 表空间的数据文件移动到其他位置，并验证。

（11）将 studentdata1 表空间脱机，看在该表空间上创建表时会发生什么错误？

（12）列出至少包含了 3 个数据文件的表空间。

（13）删除表空间 studentdata1、studentdata2。注意包含的物理文件也一并删除。

（14）创建 UNDO 表空间 tbs1，并切换数据库的 UNDO 表空间为 tbs1。

第 8 章

安 全 管 理

数据库的安全性是指保护数据库以防止不合法的使用所造成的数据泄露、更改或破坏。Oracle 作为一种大型的数据库系统，其安全问题更为突出。为此，Oracle 数据库一方面要检查用户的合法性，只有合法的用户才能登录到数据库系统；另一方面数据库系统的各个用户有着不同的管理和操作权限，登录后只能在自己所拥有权限范围内执行相应的操作。

本章将从数据库用户管理、权限管理及资源限制管理几个方面介绍 Oracle 数据库的安全性策略。

8.1 用 户 管 理

用户是定义在数据库中的一个名称，它是 Oracle 数据库的基本访问控制机制。当用户要连接到 Oracle 数据库以进行数据访问时，必须要提供合法的用户名及其口令，如 CONNECT scott/tiger。

Oracle 数据库是可以为多个用户共享使用的，一个数据库中通常会包含多个用户。数据库在新建后通常会自动建好一些用户，其中最重要的有 sys 和 system 两个管理员用户及 scott 等一些普通用户。

数据库每个用户都可以拥有自己的对象，一个用户所拥有对象的集合称为一个模式，用户与模式具有一一对应的关系，并且两者名称相同。不同模式中可以具有相同的数据库对象名，即不同用户下的对象名称可以相同。对象的访问格式为[模式名.]对象名，只有访问自己模式对象时，模式名才可以省略。

例如，用户 user1 和用户 user2 都建立有名称为 t 的表。用户 user1 的表 t 属于 user1 模式，user2 的表 t 属于 user2 模式。用户 user1 如果要访问自己模式的表 t，访问格式 t 或 user1.t 都是可以的，但是如果访问 user2 模式对象 t，则必须使用 user2.t 格式。

数据库管理员可以定义和创建新的数据库用户，可以为用户更改口令，可以锁定某用户禁止其登录数据库，总之，用户管理工作是数据库管理员的职责之一。

8.1.1 创建用户

创建用户必须具有 CREATE USER 系统权限。通常情况下只有数据库管理员或安全管理员才拥有 CREATE USER 权限。

创建用户时除了指定用户名外，还要指出验证方式、默认使用表空间、空间使用限额、用户是否被锁定、用于资源限制的概要文件等选项。验证方式包括数据库口令验证、操作系统验证。数据库口令验证要求用户登录时必须要提供口令。

例如，创建新用户 jwcuser：

```
SQL>CREATE USER jwcuser
    IDENTIFIED BY welcome135
    DEFAULT TABLESPACE edu
    TEMPORARY TABLESPACE temp
    QUOTA 10M ON edu
    QUOTA 2M ON users
    PASSWORD EXPIRE;
```

该命令创建的用户为 jwcuser，采用数据库口令验证，口令为 welcome135；存储对象默认使用 edu 表空间，临时表空间为 temp；QUOTA 选项指定该用户在某个表空间的最大使用空间（默认情况下，用户在任何表空间上都没有限额），此处意即在 edu 表空间上最多可使用 10MB 空间、在 users 表空间上使用限额为 2MB；PASSWORD EXPIRE 选项指示口令过期，这要求用户第一次登录时就要更改口令。

又如，创建用户 rscuser：

```
SQL>CREATE USER rscuser
    IDENTIFIED EXTERNALLY
    DEFAULT TABLESPACE users
    TEMPORARY TABLESPACE temp
    QUOTA UNLIMITED ON users;
```

创建的用户 rscuser 采用操作系统验证，存储对象默认使用 users 表空间，且在该表空间上所能使用的存储空间不受限制，临时表空间为 temp。

下面命令所创建的用户为 testuser，口令以数字开头（此时需要双引号），所建用户处于锁定状态被禁止登录数据库。

```
SQL>CREATE USER testuser
    IDENTIFIED BY "123456"
    ACCOUNT LOCK;
```

由于没有指明默认表空间，因此将采用 SYSTEM 作为用户默认的表空间，考虑到系统性能问题，建议指明一个非系统表空间。

8.1.2　特权用户

特权用户是指具有特殊权限（SYSDBA 或 SYSOPER）的数据库用户，这类用户主要用于执行数据库的维护操作，例如，启动和关闭数据库、建立数据库、备份和恢复等任务。

从 Oracle9i 开始，当建立实例服务时会建立名称为 sys 的特权用户。另外，当将初始化参数 REMOTE_LOGIN_PASSWORDFILE 设置为 EXCLUSIVE 时，还可以将 SYSDBA 和 SYSOPER 特权授予其他用户。

需要注意的是，从 Oracle9i 开始，sys 用户或其他欲以特权身份登录的用户登录必须带有 AS SYSDBA 或 AS SYSOPER 子句，而且特权用户都对应 sys 用户，图 8-1 验证了这一点。

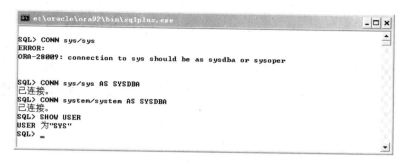

图 8-1　特权用户登录

以 SYSDBA 和 SYSOPER 登录都可以执行启动和关闭数据库的操作，但是 SYSDBA 的权限更高，不仅具有 SYSOPER 的所有权限，并且还具有建立数据库以及执行不完全恢复等权限。表 8-1 给出了 SYSDBA 和 SYSOPER 权限示例。

表 8-1　　　　　　　　　　　　　　**SYSDBA 和 SYSOPER 权限**

类　　别	示　　例
SYSOPER	STARTUP
	SHUTDOWN
	ALTER DATABASE OPEN | MOUNT
	ALTER DATABASE BACKUP CONTROLFILE
	RECOVER DATABASE
	ALTER DATABASE ARCHIVELOG
	RESTRICTED SESSION
SYSDBA	SYSOPER PRIVILEGES WITH ADMIN OPTION
	CREATE DATABASE
	ALTER TABLESPACE BEGIN / END BACKUP
	RECOVER DATABASE UNTIL

8.1.3　修改用户

使用 ALTER USER 命令可以修改用户的信息，但是需要由 DBA 或者具有 ALTER USER 系统权限的用户来完成。

1. 更改口令

用户经常更改登录口令是一个不错的习惯。每个用户都可以使用如下命令修改其自身的口令：

```
SQL>ALTER USER testuser IDENTIFIED BY ertghj;
```

当用户遗忘了口令无法登录时，可以由 DBA 使用上述命令为其重设一个新口令。

2. 更改某个表空间的使用配额

用户在某个表空间的使用配额可能会根据实际情况有所调整。

例如，当用户在一个表上执行 INSERT、UPDATE 操作时总是出现错误（ORA-01536: space quota exceeded for tablespace 'edu'），但 SELECT 和 DELETE 操作却没有问题。此时

可能是由于用户在该表所在的表空间上已经占满了空间配额所致，DBA 需要修改以增大表空间配额，使用命令为：

```
SQL>ALTER USER jwcuser QUOTA 15M ON edu;
```

有时候不希望用户再使用某表空间，可以将其在该表空间上的空间配额改成 0：

```
SQL>ALTER USER jwcuser QUOTA 0 ON users;
```

需要注意的是，如果用户 jwcuser 在 users 表空间上拥有表 t，则该对象仍然保留，只是不会再为该表分配新的空间。

3. 更改用户的状态

不希望某用户使用数据库数据时，可以将此用户进行锁定：

```
SQL>ALTER USER testuser ACCOUNT LOCK;
```

而解除对 testuser 用户账户的锁定，使用如下命令：

```
SQL>ALTER USER testuser ACCOUNT UNLOCK;
```

8.1.4　删除用户

删除用户之后，Oracle 会从数据字典中删除用户及该用户拥有对象的信息。

例如：

```
SQL>DROP USER testuser;
```

以上命令会删除用户 testuser，但是，如果该用户拥有数据库对象，则删除时必须带有 CASCADE 选项，否则会显示如下错误信息：

```
ORA-01922:CASCADE must be specified to drop 'TESTUSER'
```

应该使用如下格式删除命令：

```
SQL>DROP USER testuser CASCADE;
```

需要注意的是，当前正在连接的用户是不能删除的。

8.1.5　查看用户

通过数据字典 dba_users、dba_ts_quotas、user_users、user_ts_quotas 等可以查询出用户相关信息。

例如，查询 jwcuser 用户的默认表空间、临时表空间、账号状态信息。

```
SQL>SELECT default_tablespace,
           temporary_tablespace,
           account_status
    FROM dba_users
    WHERE username='JWCUSER';
```

又如，jwcuser 用户想了解自己能使用的表空间、已使用空间及能使用的最大空间情况，可执行如下 SQL 语句：

```
SQL>SELECT tablespace_name  "表空间",
           blocks "已占用块总数",
           max_blocks "可占用的最大块数"
     FROM user_ts_quotas;
           表空间              已占用块总数        可占用的最大块数
    ---------------------- ------------ ----------------
          SYSTEM               224              0
          USERS                344              0
          TT                    40             -1
```

其中，max_blocks 表示用户数据对象可占用的最大块数，–1 表示无限制。

特权用户具有启动、关闭数据库等特权，通过查询动态性能视图 v$pwfile_users，可以确定有哪些特权用户及他们有哪些特权。如图 8-2 所示，查询结果显示有 sys 和 system 两个特权用户，sys 具有 SYSDBA、SYSOPER 两种特权，system 只具有 SYSDBA 特权。

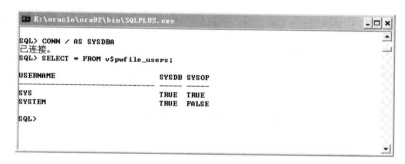

图 8-2   查询特权用户及相应特权

8.2 权 限 管 理

权限用于限制用户可执行的操作，即限制用户在数据库中或对象上可以做什么，不可以做什么。新建立用户没有任何权限，不能执行任何操作，只有给用户授予了特定权限或角色之后，该用户才能连接到数据库，进而执行相应的 SQL 语句或进行对象访问操作。

8.2.1 权限种类

Oracle 中权限分为系统权限和对象权限两种类型。

1. 系统权限

系统权限是在数据库中执行某种操作，或者针对某一类的对象执行某种操作的权力。系统权限并不针对某一个特定的对象，而是针对整个数据库范围。比如，在数据库中创建表空间的权力（对应的系统权限名称为 CREATE TABLESPACE），或者为其他模式创建表的权力（对应的系统权限名称为 CREATE ANY TABLE）。

Oracle 数据库大约包含 100 多种系统权限，表 8-2 列出了一些系统权限。

表 8-2 系统权限举例

系 统 权 限	含 义	注 意
CREATE SESSION	连接数据库	没有 CREATE INDEX 系统权限：当用户具有 CREATE TABLE 系统权限时，自动在相应表上具有 CREATE INDEX 系统权限
CREATE TABLESPACE	创建表空间	
CREATE USER	创建用户	
CREATE TABLE	创建表	
CREATE PROCEDURE	创建存储过程、函数和包	
CREATE TRIGGER	创建触发器	当用户具有 CREATE TABLE、CREATE PROCEDURE 等系统权限时，自动具有修改和删除其模式对象的权力
CREATE ANY TABLE	任何模式下创建表	
SELECT ANY TABLE	检索任何模式下表	
UPDATE ANY TABLE	更新任何模式下表数据	
CREATE DATABASE LINK	创建数据库链接	
CREATE PUBLIC DATABASE LINK	创建公共数据库链接	
CREATE SYNONYM	创建同义词	
CREATE PUBLIC SYNONYM	创建公共同义词	

查询数据字典 system_privilege_map 可以得到 Oracle 所有的系统权限。

2. 对象权限

对象权限是一种对于特定的表、视图、序列、过程、函数或程序包执行特定操作的一种权限或权利。表 8-3 列出了 Oracle 所提供的对象权限。

表 8-3 Oracle 所提供的对象权限

对 象 权 限	表	视 图	序 列	过 程
ALTER	√	√	√	
DELETE	√	√		
EXECUTE				√
INDEX	√	√		
INSERT	√	√		
REFERENCES	√			
SELECT	√	√	√	
UPDATE	√	√		

注意，UPDATE 与 INSERT 权限可以具体限制到某些列上，而 SELECT 权限只能限制在整个表。

8.2.2 授予权限

授予权限是通过 GRANT 命令实现的，但是根据授予的是系统权限还是对象权限 GRANT 命令语法是有区别的。

1. 授予系统权限

CREATE SESSION 是一个用户访问数据库必须至少具有的系统权限，下面的命令将该系统权限授予用户 jwcuser:

```
SQL>GRANT CREATE SESSION TO jwcuser;
```

又如，将 **CREATE SESSION** 与 **CREATE TABLE** 两种系统权限同时授予 testuser 用户：

```
SQL>GRANT CREATE SESSION, CREATE TABLE TO testuser;
```

再如，将 **CREATE SESSION** 系统权限授予所有用户：

```
SQL>GRANT CREATE SESSION TO PUBLIC;
```

这里的 PUBLIC 实际上是 Oracle 自动创建的用户组，每个数据库用户都会自动成为 PUBLIC 组中的成员。利用 PUBLIC 用户组可以方便地为数据库中所有的用户授予某些必需的对象权限和系统权限。默认情况下，作为 PUBLIC 组中的成员，用户可以查询所有以 USER_ 和 ALL_ 开头的数据字典视图。

系统权限授权工作通常由 DBA 完成，但是授权时可以带有 **WITH ADMIN OPTION** 选项，使得被授予者可以进一步将此权限授予其他用户。图 8-3 操作中，首先由 DBA 用户将 CREATE SESSION 与 CREATE VIEW 系统权限授予省级管理员用户 gly_hebei，再由省级管理员授予 2 个地市级管理员 gly_sjz、gly_bd：

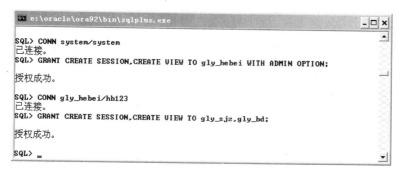

图 8-3　系统权限的传递

2. 授予对象权限

一个对象的拥有者具有该对象的所有权限，他可以将该对象上的权限授予数据库的其他用户。如果他允许被授予者可以再转授此权限给另外的用户，授权时需要带有 **WITH GRANT OPTION** 选项。

例如，jwcuser 将自己表 stud 上的查询权限授予用户 testuser：

```
SQL>GRANT SELECT ON stud TO testuser;
```

jwcuser 将自己表 stud 上的插入数据权限、结构更改权限授予用户 testuser：

```
SQL>GRANT INSERT,ALTER ON stud TO testuser;
```

jwcuser 将自己表 course 上的所有权限授予用户 user1 与 user2：

```
SQL>GRANT ALL ON course TO user1,user2;
```

将表 temp 的列 col1 和列 col2 上的更新、插入权限授予用户 user1：

```
SQL>GRANT UPDATE(col1,col2),INSERT(col1,col2) ON temp TO user1;
```

再如，将包 DBMS_OUTPUT 上的执行权限授予用户 user1，user1 还可以转授此权限给其他用户：

```
SQL>CONN / AS SYSDBA
SQL>GRANT EXECUTE ON DBMS_OUTPUT TO user1 WITH GRANT OPTION;
```

这里属于对象权限的传递，用 **WITH GRANT OPTION** 选项表示。

8.2.3　回收权限

回收权限的命令是 **REVOKE**，执行回收权限操作的用户同时必须具有授予相同权限的能力。与 **GRANT** 命令相类似，回收权限时也会根据是系统权限还是对象权限，语法会有些不同。

1. 系统权限

例如，将 **CREATE TABLE** 系统权限从 testuser 用户收回：

```
SQL>REVOKE CREATE TABLE FROM testuser;
```

又如，将 **CREATE VIEW** 系统权限从省级管理员用户 gly_hebei 中收回：

```
SQL>REVOKE CREATE VIEW FROM gly_hebei;
```

在图 8-3 所示的例子中，system 用户授予了 gly_hebei 用户 **CREATE VIEW** 系统权限及 **WITH ADMIN OPTION** 选项，并且 gly_hebei 用户又将 **CREATE VIEW** 系统权限授予了 gly_sjz 用户，那么当回收了 gly_hebei 用户的 **CREATE VIEW** 系统权限之后，gly_sjz 用户的 **CREATE VIEW** 系统权限不会被回收，即系统权限不会级联收回。图 8-4 示意性地给出了授权与回收过程。

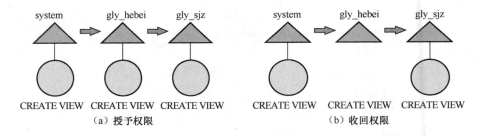

图 8-4　系统权限不级联回收

2. 对象权限

收回对象权限也是通过 **REVOKE** 命令完成的。例如，jwcuser 要收回另一用户 testuser 对自己对象 stud 表上的结构更改权限，可以使用如下命令：

```
SQL>REVOKE ALTER ON stud FROM testuser;
```

但不像收回系统权限，收回对象权限时会被级联收回。假如 DBA 将表 test 上的 **UPDATE** 权限授给了 gly_hebei，并且带有 **WITH GRANT OPTION** 选项，而后 gly_hebei 又将此权限转授给 gly_sjz，如图 8-5（a）所示。而当 DBA 将表 test 上的 **UPDATE** 权限从 gly_hebei 用户收回时，同时也会收回 gly_sjz 用户在 test 表上的 **UPDATE** 权限，如图

8-5（b）所示。

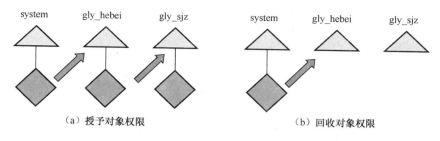

（a）授予对象权限　　　　　　　（b）回收对象权限

图 8-5　对象权限的级联回收

8.2.4　查看权限

1. 显示用户所具有的系统权限

DBA 通过查询数据字典 **dba_sys_privs**，可以了解指定用户所具有的系统权限以及 **WITH ADMIN OPTION** 选项，如下所示：

```
SQL>SELECT * FROM dba_sys_privs WHERE grantee='TESTUSER';
  GRANTEE          PRIVILEGE              ADM
----------     ----------------       -------
  TESTUSER       CREATE SESSION          YES
  TESTUSER       CREATE TABLE            YES
  TESTUSER       CREATE VIEW             NO
```

此例查询的仅是用户 testuser 所具有的系统权限情况，GRANTEE 表示权限拥有者，PRIVILEGE 表示系统权限名，ADMIN_OPTION 表示转授系统权限选项，其中 YES 意指可以转授，而 NO 表示不能转授。

有时用户也需要了解自己拥有哪些权限，此时查询 user_sys_privs 数据字典即可。

2. 显示用户所具有的对象权限

通过查询 dba_tab_privs、user_tab_privs 两个数据字典视图，可以获得用户在哪个对象上具有哪些对象权限信息。

例如，**DBA** 需要了解 testuser 用户所拥有权限的具体信息，比如在哪些表上有哪些权限，这些表属于哪个用户，被哪个用户授予，这些权限能否转授等信息，相应的命令为：

```
SQL>SELECT table_name,privilege,owner,grantor,grantable
    FROM  dba_tab_privs
    WHERE grantee='TESTUSER';
```

如果想了解更详细的信息，例如，哪些列上具有 UPDATE 权限或 SELECT 权限，则可以使用如图 8-6 所示的命令，查询 dba_col_privs 获得。

结果显示：testuser 用户所拥有的 UPDATE 权限是在 stud 表的 sno 列和 sname 列上。类似地，数据字典 user_col_privs 供用户查询自己在哪个对象的哪个列上有怎样的对象权限。

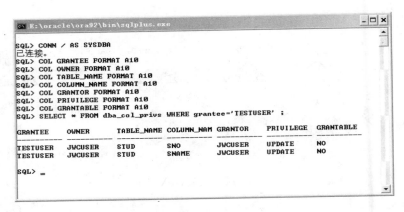

图 8-6　对象权限信息

8.3　角　色　管　理

角色就是一组权限的集合。角色可以被授予用户或其他的角色，把角色分配给用户，就是把角色所拥有的权限分配给了用户。

使用角色可以更容易地进行权限管理，主要体现在如下三个方面。

（1）减少了授权工作：用户可以先将权限授予一个角色，然后再将角色授予每一个用户，而不是将一组相同的权限授予多个用户。

（2）动态权限管理：当一组权限需要改变时，只需要更改角色的权限，则所有被授予了此角色的用户自动地立即获得了修改后的权限。

（3）方便地控制角色的可用性：角色可以临时禁用和启用，从而使权限变得可用和不可用。

8.3.1　创建与使用角色

1. 创建角色

角色不属于任何用户，也不在任何模式下。但是创建角色的用户需要有 CREATE ROLE 系统权限。

例如，创建角色 fdy，命令如下：

```
SQL>CREATE ROLE fdy;
```

角色建立之后，它不具有任何权限，为了使角色发挥作用，要给它授予相应权限，权限可以是系统权限也可以是对象权限。给角色授权与给用户授权的方法完全相同。下面的语句给角色 fdy 授予连接到数据库、建立视图、查询表 stud 的权限：

```
SQL>GRANT CREATE SESSION,CREATE VIEW TO FDY;
SQL>GRANT SELECT ON stud TO fdy;
```

同样地，也可以将权限从角色收回，如下语句是将建立视图的系统权限从角色 fdy 中收回：

```
SQL>REVOKE CREATE VIEW FROM fdy;
```

又如，创建安全性更高的带有口令验证的角色 bzr，命令为：

```
SQL>CREATE ROLE bzr IDENTIFIED BY teachers;
```

2. 分配角色

分配角色就是指将角色分配给某用户。在建立了角色并为其授予了权限之后，只有将该角色分配给用户，该角色才能起作用。分配角色与授予系统权限的命令完全相同。示例如下：

```
SQL>GRANT fdy TO testuser;
SQL>GRANT fdy TO jwcuser;
```

同样地，回收角色采用 **REVOKE** 命令，示例如下：

```
SQL>REVOKE fdy FROM testuser;
```

3. 控制角色的可用性

默认情况下，用户登录时自动启用分配给该用户的所有角色。但是，有时可能需要临时关闭一些权限，或者希望登录时只自动启用一部分角色，要灵活地控制一个用户在一个时刻所拥有的权限，则可以使用默认角色、禁用角色、启用角色等相关操作。

（1）默认角色。默认角色是用户登录时自动启用的角色的子集。使用 ALTER USER 命令给用户指定默认角色。

例如，将 fdy 与 bzr 两个角色作为用户 testuser 的默认角色：

```
SQL>ALTER USER testuser DEFAULT ROLE fdy,bzr;
```

又如，指定除了 fdy 角色以外的所有角色都成为 testuser 用户的默认角色：

```
SQL>ALTER USER testuser DEFAULT ROLE ALL EXCEPT fdy;
```

再如，testuser 用户没有任何默认角色：

```
SQL>ALTER USER testuser DEFAULT ROLE none;
```

需要注意的是，只有授予给用户的角色才能被指定为用户的默认角色，即必须先将此角色授予用户，此角色才能成为用户的默认角色。

（2）禁用和启用角色。禁用角色会使用户不能使用与该角色相关的权限，相反，启用角色用户则会具有该角色的权限。**SET ROLE** 命令用于角色的禁用和启用。

例如，启用没有口令验证的角色 fdy：

```
SQL>SET ROLE fdy;
```

而要启用带口令验证的角色 bzr：

```
SQL>SET ROLE bzr IDENTIFIED BY teachers;
```

又如，使除了 fdy 以外的所有不带口令的角色变得可用：

```
SQL>SET ROLE ALL EXCEPT fdy;
```

再如，禁用所有角色：

```
SQL>SET ROLE NONE;
```

4. 删除角色

使用 DROP ROLE 命令可以删除角色。即使一个角色已经被授予一个用户或其他角色，Oracle 也允许用户删除该角色。当一个角色被删除时，立即从用户的角色列表中去掉该角色。

例如，删除 fdy 角色，可以使用 DROP ROLE 命令：

```
SQL>DROP ROLE fdy;
```

8.3.2 使用预定义的角色

当建立数据库时，Oracle 自动定义了多个角色。系统预定义的角色包括如下几个。

（1）CONNECT、RESOURCE、DBA：提供这些角色的目的是为了向后与 Oracle 服务器的早期版本兼容。

（2）EXP_FULL_DATABASE、IMP_FULL_DATABASE：导出、导入数据库的权限。

（3）DELETE_CATALOG_ROLE：对于数据字典表的 DELETE 权限。

（4）EXECUTE_CATALOG_ROLE：对于数据字典程序包的 EXECUTE 权限。

（5）SELECT_CATALOG_ROLE：对于数据字典表的 SELECT 权限。

8.3.3 查看角色

许多数据字典视图包含了授予用户和角色的权限信息，查询这些视图可以了解当前数据库中已经建立的角色，以及这些角色所拥有的系统权限和对象权限。

例如，查询 dba_roles 视图可以了解当前数据库的所有角色，其中 password_required 列指出了该角色是否需要口令：

```
SQL>SELECT role, password_required FROM dba_roles;
```

如下命令可以查得用户 jwcuser 所具有的角色信息：

```
SQL>SELECT granted_role FROM dba_role_privs
    WHERE grantee='JWCUSER';
```

又如，查询 fdy 角色所拥有的系统权限、对象权限，分别使用如下两个命令：

```
SQL>SELECT * FROM role_sys_privs WHERE role='FDY';
SQL>SELECT * FROM role_tab_privs WHERE role='FDY';
```

再如，查询 session_roles 视图以获得当前会话启用的角色：

```
SQL>SELECT * FROM session_roles;
```

8.4 PROFILE 管理

8.4.1 PROFILE 作用

PROFILE 也称配置文件或概要文件，是口令限制和资源限制的命名集合。例如，使用 PROFILE 可以指定口令有效期、进行口令复杂性校验、指定用户连接时间以及最大空闲时间等。数据库每个用户都会对应一个配置文件，PROFILE 具有以下一些作用。

（1）限制用户执行某些需要消耗大量资源的 SQL 操作。

（2）确保在用户会话空闲一段时间后，将用户从数据库注销。

（3）在大而复杂的多用户数据库系统中合理分配资源。

（4）控制用户口令的使用。

当建立数据库时，系统会自动建立 DEFAULT 配置文件，该文件的所有口令及资源限制选项初始值均为 UNLIMITED，即未进行任何口令和资源限制。当建立用户时，如果不指定 PROFILE 子句，则 Oracle 会将 DEFAULT 分配给该用户。根据用户所承担任务的不同，DBA 应该建立不同的 PROFILE，并将 PROFILE 分配给相应的用户。

8.4.2 使用 PROFILE

使用 PROFILE 可以管理口令和进行资源限制。

管理口令有锁定账户、终止口令、口令历史以及口令校验等四种安全保护方式，共包含了 7 个口令管理选项，如果仅指定某个或某几个选项，那么其他选项将自动使用 DEFAULT 的相应选项值。

在大而复杂的多用户数据库管理环境中，用户众多，不仅需要管理这些用户的口令，还要对每个用户或会话使用的 CPU、内存等系统资源予以限制，以有效地利用系统资源确保系统性能。使用 PROFILE 进行资源限制，既可以限制整个会话的资源占用，也可以限制调用级（SQL 语句）的资源占用。

表 8-4 列出了 PROFILE 中可以指定的管理与限制选项。

表 8-4　　　　　　　　　　　　　**PROFILE 中的管理选项**

类　型		选　　项	作　　用
口令管理	账户锁定	FAILED_LOGIN_ATTEMPTS	锁定账户前登录失败的次数
		PASSWORD_LOCK_TIME	达到指定的登录失败次数后，要锁定账户的天数
	终止口令	PASSWORD_LIFE_TIME	口令在失效前的生存期，单位是天
		PASSWORD_GRACE_TIME	口令失效后从第一次成功登录算起的更改口令的宽限期，单位是天
	口令历史	PASSWORD_REUSE_TIME	可以重新使用口令前的天数
		PASSWORD_REUSE_MAX	可以重新使用口令的最多次数
	口令校验	PASSWORD_VERIFY_FUNCTION	PL/SQL 函数，可在分配口令前检查口令的复杂性
限制资源	限制会话资源	CPU_PER_SESSION	每个会话可占用的 CPU 时间（单位：0.01s）
		SESSIONS_PER_USER	每个用户的最大并发会话个数
		CONNECT_TIME	会话的最大连接时间（单位：min）
		IDLE_TIME	会话的最大空闲时间（单位：min）
		LOGICAL_READS_PER_SESSION	会话可读取的最大数据块个数
		PRIVATE_SGA	会话可占用的 SGA 私有空间（只适用于 Multi-Thread Server）
		COMPOSITE_LIMIT	会话的总计资源消耗
	限制调用资源	CPU_PER_CALL	每条 SQL 语句可占用的最大 CPU 时间（单位：0.01s）
		LOGICAL_READS_PER_CALL	每条 SQL 语句最多可访问的缓冲区数

需要注意的是，与管理口令不同，如果使用 PROFILE 管理资源，则必须要激活资源限制，即需要将初始化参数 RESOURCE_LIMIT 设置为 TRUE。

例如，为了加强用户 jwcuser 的口令安全，要求其登录失败次数限制为 3 次，如果其连续失败 3 次，则其账户自动锁定， 锁定 7 天后解除锁定，而且要求其每 10 天更改一次口令，一个口令再次使用必须间隔 300 天；最多允许 5 名人员同时以 jwcuser 用户登录，每个会话连接时间不能超过 60min，会话空闲时间不能超过 5min。

第一步，需要根据要求建立一个 PROFILE，命令如下：

```
SQL>CREATE PROFILE profile_jwcuser LIMIT
    FAILED_LOGIN_ATTEMPTS 3
    PASSWORD_LOCK_TIME 7
    PASSWORD_LIFE_TIME 10
    PASSWORD_REUSE_TIME 300
    SESSIONS_PER_USER 5
    CONNECT_TIME 60
    IDLE_TIME 5;
```

第二步，因为有资源限制选项，需要设置资源限制参数，命令为：

```
SQL>ALTER SYSTEM SET RESOURCE_LIMIT=true;
```

第三步，将新建立的配置文件 profile_jwcuser 分配给用户 jwcuser。为用户分配 PROFILE 既可以在建立用户时使用 PROFILE 子句，也可以在建立用户之后使用 ALTER USER 语句修改：

```
SQL>ALTER USER jwcuser PROFILE profile_jwcuser;
```

8.4.3　修改与删除 PROFILE

当口令和资源限制无法满足目前的实际需求时，就需要修改口令及资源限制。修改口令及资源限制由 ALTER PROFILE 命令完成，使用该命令要求用户必须具有 ALTER PROFILE 系统权限。修改 PROFILE 的示例如下：

```
SQL>ALTER PROFILE profile_jwcuser LIMIT
    SESSIONS_PER_USER 3
    FAILED_LOGIN_ATTEMPTS 5;
```

删除 PROFILE 使用 DROP PROFILE 命令完成，只是如果 PROFILE 已经被分配给某个用户，那么删除 PROFILE 时还必须带有 CASCADE 选项。

例如，要求删除 profile_jwcuser，由于该 PROFILE 已经分配给了用户 jwcuser，可使用如下命令删除：

```
SQL>DROP PROFILE profile_jwcuser CASCADE;
```

删除 PROFILE 后系统会自动将 DEFAULT 分配给该用户。

以上对 PROFILE 的修改、删除只对新会话起作用，对已经存在的会话不会产生影响。

8.4.4 查看 PROFILE

1. 查看用户的 PROFILE

通过查询数据字典 dba_users，可以获得用户的详细信息，包括用户名称、PROFILE 等。

```
SQL>SELECT profile FROM dba_users WHERE username='JWCUSER';
```

2. 查看 PROFILE 的口令和资源限制选项

当建立或修改 PROFILE 时，Oracle 会将 PROFILE 选项及值存放到数据字典 dba_profiles 中。在确定了用户的 PROFILE 之后，通过查询数据字典可以获得用户的口令限制及资源限制信息，如下所示：

```
SQL>SELECT resource_name,limit FROM dba_profiles
    WHERE profile='PROFILE_JWCUSER' AND resource_type='KERNEL';
```

数据字典 dba_profiles 包含如下 4 个列。

（1）profile：PROFILE 名称。

（2）resource_name：PROFILE 选项名。

（3）resource_type：PASSWORD 表示口令管理选项，而 KERNAL 则表示资源限制选项。

（4）limit：PROFILE 选项值。

小　　结

本章主要讨论了数据库的安全管理内容，包括如何创建用户与更改用户属性、如何管理权限、角色的概念及如何通过角色管理权限，并简要介绍 Oracle 使用 PROFILE 管理口令和限制资源使用的方法和内容。

习　　题

选择题

1. PROFILE 资源文件不能用于限制（　　　）。

    A. 使用的 CPU 时间　　　　　　　　B. 连接到数据库的总时间

    C. 一个会话处于不活动的最长时间　　D. 读块的时间

2. 当建立一个新用户并且没有指定一个 PROFILE 时，（　　　）。

    A. Oracle 提示用户指定一个资源文件

    B. 没有给用户分配资源文件

    C. 给用户分配了 DEFAULT 资源文件

    D. Oracle 提示用户指定多个资源文件

3. （　　　）数据字典视图显示了一个用户口令的到期日期。

    A. dba_profiles　　　B. dba_users　　　C. dba_passwords　　　D. v$session

4. 当用户具有哪种权限或角色时可以建立数据库？（　　　）

    A. SYSDBA   B. SYSOPER   C. DBA   D. CONNECT

5. 在以下哪些对象权限上可以授予列权限？（　　　）

    A. SELECT   B. UPDATE   C. DELETE   D. INSERT

6. 建立用户时没有指定 QUOTA 选项，则用户在其默认表空间上可占用的空间（　　　）。

    A. 无限制   B. 为 0   C. 不超过 10MB D. 不超过 100MB

实　　　训

目的与要求

（1）掌握数据库用户的创建。

（2）掌握用户的权限管理。

（3）了解 PROFILE 的作用和用法。

实训项目

（1）创建用户 USER01，口令为 USER01，默认表空间 USERS，临时表空间为 TEMP，在 USERS 表空间的使用限额为 15MB，并设置口令过期。

（2）授予 USER01 用户必要的权限，然后 USER01 查询另一个用户 scott 的表 emp 数据。

（3）将 USER01 用户在表空间 USERS 上的空间配额改成无限制。

（4）将系统预定义角色 CONNECT 授予 USER01 用户。

（5）由 DBA 显示用户 USER01 所具有的所有权限。

（6）收回 USER01 所具有的角色 CONNECT。

（7）创建角色 SALES，并指定角色需要口令验证。给角色 SALES 授予对 emp 表的 SELECT、UPDATE 权限。最后将该角色授予 USER01 用户。

（8）USER01 用户登录，查看自己所有的权限。

（9）显示 DEFAULT 的资源限制选项。

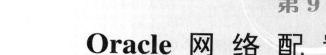

第9章

Oracle 网络配置

Oracle 已经广泛应用于许多大中型企业中，这些企业可能拥有一台或多台数据库服务器，服务器中存有企业所辖各分机构的业务数据，各分机构可以在客户端通过网络存取服务器端的数据。如果企业拥有多台数据库服务器，则其中一台数据库服务器也可以作为客户端访问另一台数据库服务器。正确的网络配置是客户机与服务器之间、服务器与服务器之间进行连接并通信的重要前提，因此网络配置是 DBA 的又一项重要职责。

本章将从服务器端与客户端两个方面介绍 Oracle 数据库网络配置的相关内容。

9.1 Oracle 网络配置基础

9.1.1 网络连接原理

数据库服务器与客户机可能运行在不同的操作系统平台上，例如，服务器运行在 AIX 或 Linux 上，客户机运行在 Windows XP 上，但是这些计算机之间只要执行相同的网络协议，就可以使用 Oracle 的网络组件 Oracle NET 互相连接，实现数据传输，如图 9-1 所示。

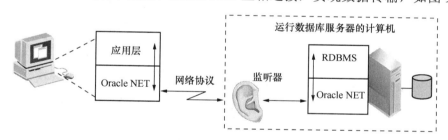

图 9-1　Oracle 网络连接示意图

Oracle NET 是一组用来在客户机与 Oracle 服务器之间或者两台 Oracle 服务器之间创建连接的软件。该软件必须位于客户机和服务器机器上才能建立一个连接，事实上无论是安装服务器还是安装客户端软件，在安装时都会将 Oracle NET 组件自动进行安装。

Oracle NET 可支持 TCP/IP、具有 SSL（Secure Socket Layer）的 TCP/IP 、IPC 协议、命名管道等多种网络协议，其中 TCP/IP 协议最为常用。

客户机要想与 Oracle 数据库成功建立连接，在数据库服务器上就必须启动监听器程序，如图 9-1 所示。该监听器程序是一种操作系统进程，就像是安在服务器上的一只耳朵，负责监听客户端发来的初始连接请求。

监听器监听到初始的连接请求后，会根据数据库服务器类型（数据库服务器类型可以通过 DBCA 工具进行设置或修改）来选择合适的服务处理器。

（1）如果监听器监听的数据库服务器属于专用服务器类型（即每个客户机进程要连接到一个专门的服务器进程），则监听器为该客户机请求启动一个新的专用服务器进程，然后将客户机连接信息交给这个新的服务器进程。

（2）如果监听的数据库服务器属于共享服务器类型（此时与客户机连接的是调度器，一个调度器进程可以与多个客户机同时建立连接），则监听器将该客户机请求交给负荷最小的调度器进行处理。

选择的服务处理器不管是专用服务器进程还是调度器，一旦客户机与服务器的连接已经建立，客户机和服务器即可直接通信，不再需要监听器的参与，此时监听器可以继续监听其他客户的连接请求。

如果客户的连接请求量比较大，可能就有监听器响应慢、客户需要等待的现象出现，这种情况下，DBA 就要通过增加监听器或对监听器配置进行优化等方法来保证连接的畅通。

综上可以看出，监听器的启动与停止、监听器的增加或优化是 Oracle 网络配置的主要内容。此外，客户机也需要进行简单的配置工作，需要配置网络服务名，定义将访问数据库的相关信息，之后才能向该数据库发出连接请求。图 9-2 显示了 Oracle 的一个具体网络配置方案。

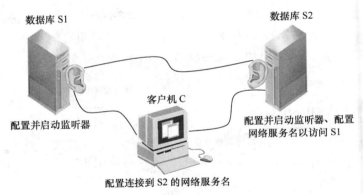

图 9-2　Oracle 网络配置方案示例

从图 9-2 中看到，网络中有两台数据库服务器 S1、S2，以及一台客户机 C。由于服务器 S1 上启动了监听器，因此可以接受来自其他机器 S2 或 C 的访问请求；而 S2 上不仅有监听器而且还配置了到 S1 的网络服务名，所以 S2 既可以作为服务器允许 S1 或 C 访问，也可以作为客户端访问 S1 数据库；　C 只是客户机不是数据库服务器，不需要配监听器，可以配置网络服务名访问 S1 以及 S2，图中显示 C 仅配置了到 S2 的网络服务名，因此 C 只可以访问 S2，无法访问 S1。实际上，一个客户机是可以访问多个数据库的，但是需要配置连接到每一个数据库的网络服务名并进行保存。

9.1.2　连接概念与术语

在网络配置与网络连接时会遇到一些概念或术语，下面进行简要介绍。

1. 数据库服务名

对于客户机而言，Oracle 数据库表现为一种服务，它要代表客户机执行任务。

一个数据库可以同时具有一个或多个服务，每个服务用数据库服务名（Database Service Name）标识。数据库所有的服务名的定义都通过 SERVICE_NAMES 参数进行设置。

服务名是作为全局数据库名称的字符串，通常由数据库名加上域名构成。即：

```
SERVICE_NAMES=DB_NAME.DB_DOMAIN
```

例如，一个数据库中 **DB_NAME** 参数值为 student，**DB_DOMAIN** 参数值为 syy.com，则 SERVICE_NAMES 的值默认为 student.syy.com。也可以指定多个服务名，以区别不同的用途：

```
SERVICE_NAMES=student.syy.com,job.syy.com
```

2. 网络服务名

连接时可以通过网络服务名（Net Service Name）指出要访问的数据库（服务）。如 **CONNECT jwcuser/user123@studdb**，其中的 studdb 就是网络服务名。它需要在客户机的 tnsnames.ora 文件中进行定义，下面是定义的代码，具体定义方法参见本章第 3 节内容。

```
studdb =
  (DESCRIPTION =
    (ADDRESS_LIST =
      (ADDRESS = (PROTOCOL = TCP)(HOST = 127.0.0.1)(PORT = 1521))
    )
    (CONNECT_DATA =
      (SERVICE_NAME = student.syy.com)
    )
  )
```

3. 服务注册

服务注册（Service Registration）就是将要监听的数据库服务的相关信息通知监听器程序，通知的信息包括如下。

（1）数据库服务的名称。

（2）与数据库服务所对应的数据库实例的名称。

（3）该数据库实例所拥有的服务处理器（调度器或专用服务器进程）的信息，包括类型、协议地址以及当前负荷与最大负荷等。

从 Oracle9i 开始，不仅仍支持静态数据库服务注册，而且还增加了监听器的动态服务注册功能，即事先设置好必要的初始化参数，然后由后台进程 PMON 在数据库启动时将该数据库服务的相关信息通知监听器。服务注册的具体配置步骤请详见本章的第 2 节内容。

无论采用静态服务注册还是动态服务注册，总之只有在完成了服务注册之后，监听器才能够正确处理来自客户端的连接请求。换句话说，监听程序将拒绝建立与未注册服务进行的任何连接。

9.2　Oracle 服务器端网络配置

数据库服务器端的网络配置其实主要就是对监听器进行配置。

一台数据库服务器至少要配置一个监听器，以监听客户的服务请求。但是如果有多个客户尝试同时访问数据库，那么一个监听器可能会导致监听器的响应时间延迟，因为一个监听器一个时刻只能处理一个客户请求，处理完一个请求后才能继续处理其他客户请求，因此，有时需要配置多个监听器，以便提高处理能力。另外，只要数据库位于与监听器相同的服务器上，一个监听器就可以处理对多个数据库的请求。

一台服务器上所有的监听器信息都存储于一个名为 listener.ora 的监听配置文件中，该文件通常位于%ORACLE_HOME%/network/admin 子目录中。

配置监听器既可以使用图形化工具 Oracle Net Manager（Oracle Net 管理员）或 Oracle Net Configuration Assistant（Oracle 网络配置助手），也可以直接手工编辑 listener.ora 文件。

9.2.1　配置监听器

1. 监听器配置包含的内容

对监听器的配置包含如下几项内容。

（1）监听器名称。安装 Oracle 时会自动建立一个名为 LISTENER 的监听器，如果需要同时配置多个监听器，则需要指定不同的监听器名字，如 listener1。

（2）监听协议地址。监听协议地址包括协议、监听主机、监听器使用的端口等信息。例如：

```
(ADDRESS = (PROTOCOL = TCP)(HOST = csl)(PORT = 1521))
```

这里协议是常用的 TCP/IP 协议，HOST 为监听器所在的主机名或 IP 地址，此处为主机名 csl，监听端口是默认的 1521。端口可看作是一扇门，从客户端请求服务时，必须将该请求发送到一个监听器所监听的端口，即客户必须敲正确的门。如果要为一个服务器配置多个监听器，那么每个监听器应该使用不同的端口。

一个监听器可以监听多个协议地址，例如：

```
LISTENER =
  (DESCRIPTION_LIST =
   (DESCRIPTION =
    (ADDRESS = (PROTOCOL = TCP)(HOST = csl)(PORT = 1521))
   )
   (DESCRIPTION =
    (ADDRESS = (PROTOCOL = IPC)(KEY = EXTPROC0))
   )
   (DESCRIPTION =
    (ADDRESS = (PROTOCOL = TCPS)(HOST = csl)(PORT = 4440))
   )
  )
```

上述代码配置的监听器 LISTENER 共监听 3 个协议地址。

（3）所要监听的数据库服务信息。如果该监听器是静态服务注册的，则需要指明 SID_LIST_ <listener_name>部分。否则为动态服务注册。

以下是一个 listener.ora 文件的内容示例，其中仅有一个默认监听器 LISTENER，以静态服务注册的方式指明监听的是 student 数据库。

```
LISTENER =
  (DESCRIPTION_LIST =
   (DESCRIPTION =
    (ADDRESS_LIST =
     (ADDRESS = (PROTOCOL = TCP)(HOST = csl)(PORT = 1521))
    )
)
)
SID_LIST_LISTENER =
  (SID_LIST =
   (SID_DESC =
    (GLOBAL_DBNAME = student.syy.com)
    (ORACLE_HOME = E:\Oracle\ora92)
    (SID_NAME = student)
)
)
```

2. 静态服务注册的配置

为了使监听器能够处理针对 Oracle8i 或更早版本的数据库实例的连接请求，或者想使用 OEM（Oracle Enterprise Manager）工具，就必须采用静态服务注册方式配置。

配置这种方式的监听器实际就是除了要定义所需要的监听器的名称、监听协议地址信息之外，还必须要有 SID_LIST_<listener_name>部分，用于指明要监听的数据库服务。

例如，要增加一个监听器 LISTENER2，要求其监听协议为 TCP/IP、监听端口为 1522，监听两个数据库 student 与 orcl，则应该在 listener.ora 文件中增加如下内容：

```
LISTENER2 =
  (DESCRIPTION_LIST =
   (DESCRIPTION =
    (ADDRESS = (PROTOCOL = TCP)(HOST = csl)(PORT = 1522))
    ) )
SID_LIST_LISTENER2 =
  (SID_LIST =
   (SID_DESC =
    (GLOBAL_DBNAME = student.syy.com)
    (ORACLE_HOME = E:\Oracle\ora92)
    (SID_NAME = student)
   )
   (SID_DESC =
    (GLOBAL_DBNAME = orcl)
    (ORACLE_HOME = E:\Oracle\ora92)
    (SID_NAME = orcl)
   )
  )
```

其中，GLOBAL_DBNAME 为全局数据库名，即 DB_NAME.DB_DOMAIN。另外，因为已经存在一个自动配置的监听器 LISTENER，它监听 1521 端口，因此新配的 LISTENER2 不要再监听 1521 端口。服务器 csl 上有两个监听器监听客户对 student 数据库的连接请求，但是监听端口分别是 1521 和 1522，这样当客户连接量较多时可以通过不同的端口请求，从而平衡负载，保证响应速度。

3. 动态服务注册的配置

动态服务注册的监听器配置时，只需要在配置文件 listener.ora 中定义监听器的名称与监听协议地址即可。但前提是要注册的数据库中配置了必要的初始化参数，因为这样才能实现由 PMON 向监听器提供数据库服务名、实例名以及服务处理器和负荷信息的动态注册过程。

为了确保动态服务注册可以自动完成，必须要正确设置下面的两个初始化参数。

（1）SERVICE_NAMES：用于设置数据库的服务名，默认值为 DB_NAME.DB_DOMAIN。

（2）INSTANCE_NAME：用于设置数据库的实例名，在单实例数据库系统中往往与数据库名 DB_NAME 相同。

如果以上两个参数的设置正确，那么默认情况下，后台进程 PMON 会自动地将服务信息注册到采用默认名称为 LISTENER、协议为 TCP/IP、端口为 1521 的本地监听器上。

如果要动态注册的监听器不是上述的默认配置，即名称不是 LISTENER，或者协议不是 TCP/IP，或者端口不是 1521，这种情况下就必须做进一步的配置。

例如，将 student 服务信息动态注册至 LIST3。由于 LIST3 不是默认监听器名称，因此除了设置好 SERVICE_NAMES、INSTANCE_NAME 两个参数以外，还要按如下步骤继续配置。

（1）修改服务器的初始化参数文件内容，目的是告诉 PMON 要注册到的是哪个监听器。

如果属于专用服务器类型，则必须增加 LOCAL_LISTENER 参数，例如：

```
LOCAL_LISTENER= LIST3
```

如果是共享服务器类型，则设置初始化参数 DISPATCHERS 中的 LISTENER 选项值，而不再设置 LOCAL_LISTENER 参数，例如：

```
DISPATCHERS="… (LISTENER= LIST3)"
```

（2）在 listener.ora 文件中增加如下内容来定义监听器 LIST3。

```
LIST3 =
  (DESCRIPTION_LIST =
   (DESCRIPTION =
    (ADDRESS = (PROTOCOL = TCP)(HOST = csl)(PORT = 1530))
   )
  )
```

（3）将上述的"LIST3=…"部分复制到与 listener.ora 文件位置相同的另一个文件 tnsnames.ora 中。用于将 LIST3 这个名称解析成监听器的协议地址，否则无法启动该监听器。

9.2.2　监听器管理程序 lsnrctl

　　监听器在配置完成之后，接下来就要将它启动，因为只有启动的监听器才能接受客户请求。

　　Oracle 自动安装有一个命令行方式的管理监听器的实用工具 lsnrctl，通过它可以启动、停止监听器，或者查看监听器的运行状态。要启动该工具，只需在操作系统下命令提示符状态输入 lsnrctl 即可，如图 9-3 所示。

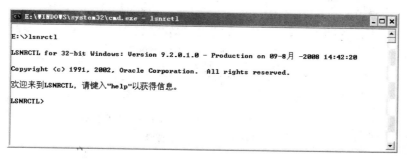

图 9-3　进入 lsnrctl 命令行环境

　　此时，可以输入各种命令来进行管理。使用 HELP 命令可以列出所有的管理命令：

```
LSNRCTL>HELP
以下操作可用
星号（*）表示修改符或扩展命令：
start                   stop                    status
services                version                 reload
save_config             trace                   change_password
quit                    exit                    set*
show*
```

使用 QUIT 或 EXIT 命令可以退出该工具环境。

1. 启动监听器

```
LSNRCTL>START [listener_name]
```

　　listener_name 为可选项，表示要启动的监听器名，缺省则启动默认的监听器 LISTENER。启动过程中会显示监听器的基本配置信息，包括监听器名称、版本、监听地址、注册的数据库服务名、数据库服务处理器信息等，如图 9-4 所示。而要启动 LISTENER2，则应使用命令 START LISTENER2。

2. 查看监听器的当前运行状态

```
LSNRCTL>STATUS [listener_name]
```

　　该命令的运行结果与运行 START 命令时返回的信息类似，如图 9-5 所示。

　　结果显示的信息包含了监听器自身的信息，以及注册的数据库服务名。可以看出，注册了 2 个数据库服务（student.syy.com 与 studentXDB.syy.com），其中 student.syy.com 服务又包含了以下 2 个实例。

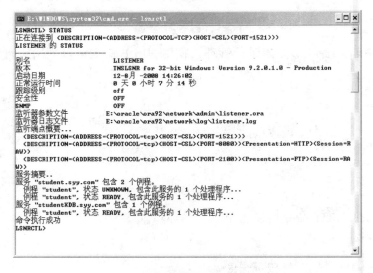

图 9-4　启动监听器过程

图 9-5　查看监听器状态

（1）状态 READY 表示该实例是动态方式注册的。

（2）状态 UNKNOWN 表示该实例是静态方式注册的。

如果要进一步查看关于注册的数据库服务以及服务处理器的运行状态等更详细的信息，需要使用命令 SERVICE（S）。

3. 查看更详细的服务摘要

LSNRCTL>SERVICE[S] [listener_name]

图 9-6 显示了默认监听器 LISTENER 所能监听的服务及服务处理器的详细信息。其中，DEDICATED 表示专用服务器进程处理，Dnnn 形式表示调度器处理，nnn 是从 0 开始顺序产生的三位整数。同时还详细列出了该服务处理器的已建立连接数、已被拒绝连接数、

当前负荷、最大连接数以及状态信息，状态为 ready 表示能够接收连接请求，为 blocked 表示无法接收连接请求。

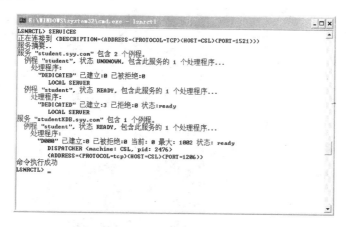

图 9-6　SERVICES 返回更详细的服务摘要

4. 停止监听器

```
LSNRCTL>STOP [listener_name]
```

9.2.3　监听器图形化配置工具

在本章第 1 节中介绍了直接编辑文件来配置监听器的方法，这需要对监听器的配置代码与格式较为熟悉，容易出现错误。而使用图形化工具可以很容易地配置监听器。Oracle Net Configuration Assistant 通常配置动态注册监听器，Oracle Net Manager 则较为灵活，可以配置各种要求的监听器。本节将重点介绍后者的使用过程。

例如，创建监听器 LISTENER3，要求该监听器监听两种协议：TCP/IP 与带有 SSL 的 TCP/IP，并且监听两个数据库：orcl 与 student。通过 Net Manager 配置的步骤如下：

（1）启动 Net Manager，如图 9-7 所示。

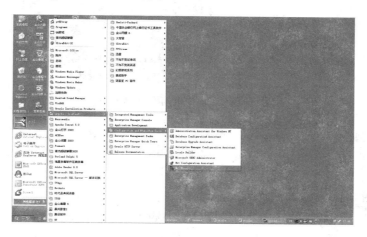

图 9-7　Windows 下启动 Net Manager

（2）在图 9-8 中，选中"本地"的"监听程序"，然后单击左侧绿色的"＋"（加号）按钮后，如图 9-9 所示。

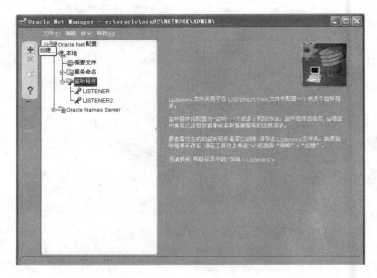

图 9-8　Net Manager 界面

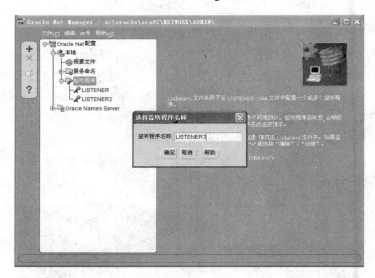

图 9-9　输入新监听器名称

（3）在"选择监听器名称"对话框中输入要新建的监听器名称，此处输入 LISTENER3。单击"确定"按钮后，LISTENER3 就出现在左侧的"监听程序"列表中，如图 9-10 所示。

（4）在如图 9-10 中，单击"添加地址"按钮，此时会出现一个"地址 1"选项卡。从"协议"下拉列表选中 TCP/IP，在"主机"框中输入要监听的数据库服务器的主机名或 IP 地址，在"端口"框输入监听端口 1529，如图 9-11 所示。

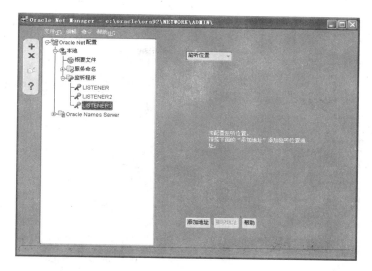

图 9-10　显示出新监听器名称

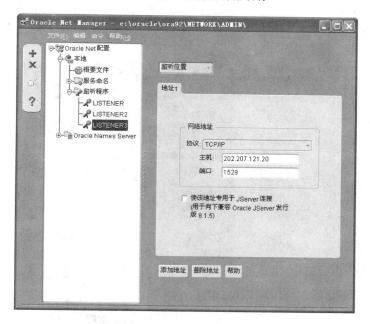

图 9-11　配置第一个监听地址

　　（5）按要求，需要再单击"添加地址"按钮，添加第二个监听地址，结果如图 9-12 所示。

　　如果要配置的是动态注册的监听器，步骤至此即可，但需要跳至执行第（8）步进行保存。而这里要配置的是静态注册的，因此需要继续下面的步骤。

　　（6）在图 9-12 的右上方的"监听位置"处的下拉列表中选择"数据库服务"，然后单击"添加数据库"按钮。在出现的"数据库 1"选项卡中，输入数据库的全局数据库名、Oracle 主目录位置及数据库实例名，如图 9-13 所示。

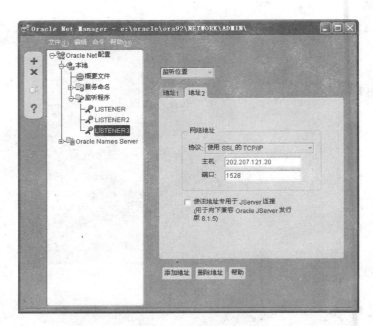

图 9-12　配置第二个监听地址

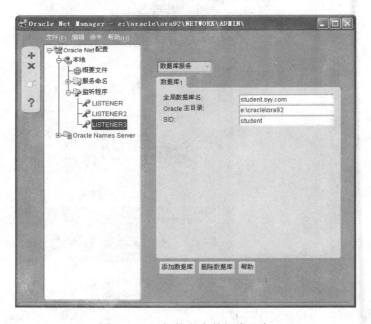

图 9-13　添加第一个数据库服务

（7）继续单击"添加数据库"按钮，添加第二个要监听的数据库服务，结果如图 9-14 所示。

（8）完成配置之后，选择菜单栏"文件"的"保存网络配置"，将配置信息保存至 listener.ora 文件中。

在完成上述的步骤之后，发现在 listener.ora 文件中增加了如图 9-15 所示的几行内容。

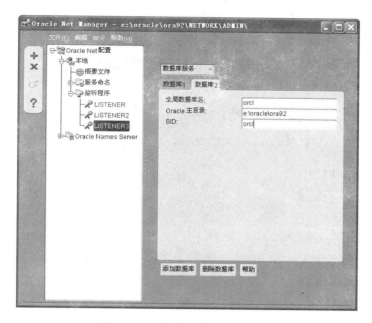

图 9-14　添加第二个数据库服务

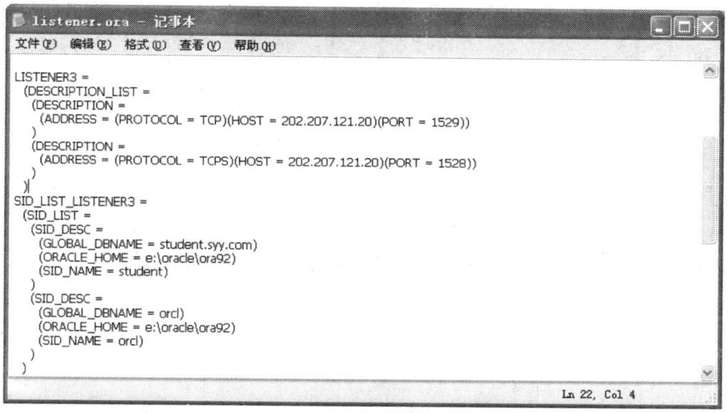

图 9-15　LISTENER3 的内容

9.3　Oracle 客户端网络配置

当客户端使用命令 CONNECT user/password 时，只可以访问本地数据库（即客户端与数据库服务器物理上是一台机器），这将无法满足实际使用需要。事实上，无论是 DBA 还是应用程序，经常是在一台普通的客户机上访问网络中的某个数据库服务器，通常称为远程数据库。因此，一般客户端也需要实施网络配置。

对客户端进行网络配置，主要就是配置指向欲访问数据库的一个网络服务名。一个客户机可以同时配置多个网络服务名，用于代表一个或多个数据库。

网络服务名的相关定义信息保存在客户端的 tnsnames.ora 文件中，该文件通常位于

%ORACLE_HOME%\network\admin 目录中。

1. 手工配置

在 tnsnames.ora 文件中增加如下配置代码（定义了一个 mystudent 的网络服务名）：

```
mystudent =
  (DESCRIPTION =
    (ADDRESS_LIST =
      (ADDRESS = (PROTOCOL = TCP)(HOST =csl)(PORT = 1521))
    )
    (CONNECT_DATA =
      (SERVER = DEDICATED)
      (SERVICE_NAME = student.syy.com)
    )
  )
```

则当该客户机要访问主机名为 csl 上的数据库服务 student.syy.com 时，可以使用如下的命令进行数据库连接请求：

```
CONNECT jwcuser/welcome135@mystudent
```

上述连接请求将需要数据库服务器上监听端口为 1521 的监听器 LISTENER。该监听器如果已经启动并能监听此数据库服务，那么此请求将成功处理。如果将上述代码 PORT 值设置为了 1522，则需要 1522 端口的监听器 LISTENER2，如果 LISTENER2 没有启动，发出此请求后会得到"没有监听器"的错误信息，具体错误信息如下：

```
SQL>CONNECT jwcuser/welcome135@mystudent
    ERROR:
    ORA-12541: TNS: 没有监听器
```

如果想通过 1529 端口访问数据库，则应使用如下配置代码：

```
mystudent =
  (DESCRIPTION =
    (ADDRESS_LIST =
      (ADDRESS = (PROTOCOL = TCP)(HOST =202.207.121.20)(PORT = 1529))
    )
    (CONNECT_DATA =
      (SERVER = DEDICATED)
      (SERVICE_NAME = student.syy.com)
    )
  )
```

注意，PROTOCOL、HOST、PORT 应与相应的监听器的配置一致起来。

2. 连接类型

配置网络服务名时，可以指定连接所使用的服务处理器的类型。

（1）SERVER = DEDICATED：指定客户端将使用一个专用服务处理器进程。

（2）SERVER = SHARED：指定客户端将使用调度器连接到一个共享服务处理进程。

如果设置不当，连接时就会返回下列错误信息：

ERROR:

ORA-12520: TNS: 监听程序无法找到需要的服务器类型的可用句柄。

3. 使用图形化工具配置

使用 Oracle Net Configuration Assistant 或 Oracle NET MANAGER 工具都可以来配置网络服务名。这里仅简要说明使用 Oracle Net Configuration Assistant 工具配置网络服务名的过程。

（1）启动图形化工具，如图 9-16 所示。

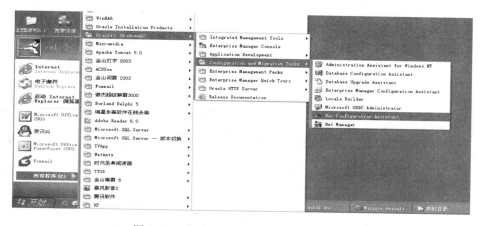

图 9-16　启动 Net Configuration Assistant

（2）在图 9-17 中，选择"本地 Net 服务名配置"。然后可以添加、删除一个网络服务名，也可以修改已有网络服务名的名称或具体配置，甚至还可以对某个网络服务名测试它的可用性，根据需要选择，这里选择"添加"单选框。

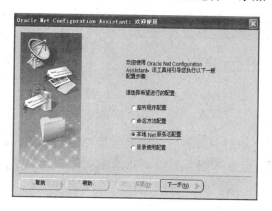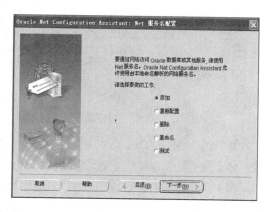

图 9-17　添加网络服务名

（3）在选择了要访问的数据库服务器的版本之后，在如图 9-18 所示的界面中输入要访问的数据库的服务名（SERVICE_NAMES）或全局数据库名（DB_NAME.DB_DOMAIN）。

（4）在接下来的几个界面中分别选择或输入协议、主机名（或 IP 地址）、端口号。当出现如图 9-19 所示的界面时，输入要命名的网络服务名，如 mystudent。然后单击多次"下一步"按钮之后，单击"完成"按钮保存退出。

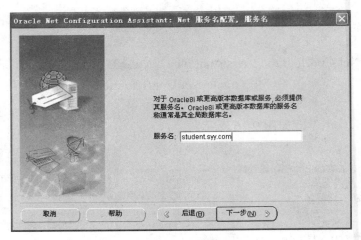

图 9-18　输入数据库服务名

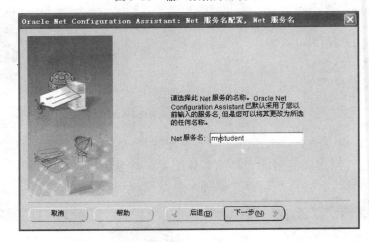

图 9-19　输入网络服务名

小　　结

　　本章简要介绍了 Oracle 网络连接的基本原理和概念，然后分别从数据库服务器端、客户端对应该配置的内容与配置步骤进行了介绍。数据库服务器以监听器配置与管理为重点内容，客户端以网络服务名的配置与使用为重点，同时介绍了图形化工具配置过程。初学者或一般开发人员，可以通过图形化工具进行配置，而 Oracle DBA 或是运行维护人员，需要更多地了解手工网络配置的内容与方法。

习　　题

选择题

1. Oracle 数据库服务器端启动监听器时，需要使用哪一个网络配置文件？（　　　）

A．listener.ora   B．lsnrctl.ora

C．password.ora   D．tnsnames.ora

2．一个数据库服务端能够同时使用多少个 listener.ora 文件？（   ）

A．1 个   B．2 个   C．4 个   D．8 个   E．无限制

3．下面关于监听器的说法中正确的（   ）。

A．一个监听器可以同时为多个数据库服务

B．多个监听器可以同时为一个数据库服务

C．监听器只能监听 TCP/IP 网络协议

D．listener.ora 文件中定义的监听器的名称必须唯一

4．如果要使数据库能够动态注册到本地的默认监听器，需要设置哪些数据库初始化参数？（   ）

A．service_names   B．instance_name

C．local_listener   D．dispatchers

5．客户端网络配置通常会更改哪一个文件？（   ）

A．listener.ora   B．lsnrctl.ora

C．password.ora   D．tnsnames.ora

6．产生下面错误信息的原因是（   ）。

```
SQL>CONN hr/hr@mydb
ERROR：
ORA-12541：TNS：没有监听器
```

A．在连接描述符中设置了错误的 SERVICE_NAMES 参数

B．监听器没有启动

C．数据库实例没有启动

D．监听器默认的名称为 LISTENER

E．网络故障

实   训

目的与要求

（1）掌握监听器的配置。

（2）掌握监听器的启动与停止。

（3）熟悉 lsnrctl 的常用命令。

（4）掌握网络服务名的配置。

实训项目

（1）查找监听器配置文件 listener.ora，查看配置了几个监听器，记住各个监听器的详细信息，包括监听器名称、监听协议、监听端口、监听地址。

（2）启动工具 lsnrctl，使用 SERVICE 查看当前的服务，使用 STATUS 查看状态信息。

（3）查看监听器服务信息，关闭监听器，再查看监听器服务信息。

（4）配置静态注册监听器，名称为 listener01，监听端口为 1522，监听数据库 student。

（5）配置一个动态注册的非默认的监听器 listener *XXXX*。*XXXX* 是每个学生的班级与学号，如对于小型机 4 班 3 号学生，创建的监听器则应取 listener0403，名字互不相同，监听端口为 1421。

（6）使用手工方法，配置一个网络服务名，名称为自己姓名的拼音组合（如 zhangsan），用于访问本机上的数据库，且必须通过第（4）步配置的监听器 listener01 访问。

（7）使用图形工具方法，配置一个网络服务名，名称为自己姓名的拼音组合+'2'，用于访问其他某台机器上的数据库。

（8）将监听器 listener01 停止，再使用如下命令访问本机上的数据库，结果如何？

```
CONN scott/tiger@zhangsan
```

（9）想通过 listener *XXXX* 监听器来连接本地数据库，则第（6）步的网络服务名的配置需要调整吗？如果需要应如何调整？

（10）小明要为其公司建立一个网站，其中要用到 Oracle 服务器，但是平时他需要经常在办公室做数据库的日常维护工作。你认为小明需要做哪些网络配置，才能完成平时的维护要求？

第 10 章

备 份 与 恢 复

DBA 的主要职责之一就是要确保数据库的可用性，而数据库永远不出现故障基本是不可能的，数据库一旦出现故障，DBA 就必须在尽可能短的时间内将数据库恢复到可以使用的状态，并且尽可能的要减少数据损失。

数据库恢复要基于数据库备份，也就是说，考虑到数据库可能会出现故障，在数据库正常运行时就应对数据库的数据实施有效备份，以保证恢复可以成功实施。

数据库的备份与恢复是数据库管理中一项复杂而重要的工作，本章将介绍数据库备份、恢复的概念与种类，数据库故障的种类，数据库备份与恢复的方法与实施。

10.1 备 份 与 恢 复 概 述

10.1.1 备份

Oracle 数据库支持多种备份类型，通常包括物理备份与逻辑备份两种类型。

物理备份是对于数据库的物理结构文件，包括数据文件、控制文件和日志文件的操作系统备份。物理备份又有完全数据库备份及部分数据库备份之分。

完全数据库备份至少要包括全部的数据文件和控制文件的一个操作系统备份，一般还会包括联机重做日志文件的备份。部分数据库备份可以是一个表空间相关联的全部或部分数据文件备份，或是控制文件备份或是归档日志文件备份。

数据库的物理备份可以在数据库关闭时进行，也可以在数据库打开、正常运行情况下进行，分别称为冷备份与热备份。冷备份前要求正常关闭数据库，使得构成数据库的三类文件处于同步、一致状态。实际中常采用的是做冷的完全数据库备份，称为一致性备份（这种备份在复制回备份的文件后，不需要进行数据库的恢复）。热备份适合数据库需要每周 7 天、每天 24 小时（7×24）都可用的场合，热备份通常备份一部分文件，这些文件与数据库其他文件之间不同步，热备份通常属于非一致性备份。热备份用于故障恢复时需要用到归档日志文件，因此热备份必须在归档模式下才能完成。

物理备份与恢复操作可以在 SQL*PLUS 环境中由用户发布命令进行，称为基于用户管理的备份与恢复，也可以在 Oracle 提供的恢复管理器 RMAN (Recovery Manager)环境完成，称为基于 RMAN 的备份与恢复。

逻辑备份、恢复也称为导入、导出，它主要用于在 Oracle 数据库之间传送数据，即使这些数据库可能位于不同软硬件配置的平台上。逻辑备份就是由 Oracle 提供的 exp 工具把指定的数据从数据库导出（备份）为一个文件，然后在需要逻辑恢复时再利用 imp 工具导入，也可以直接导入至另外一个数据库。由于导入时无法应用重做日志，这必然导致导出操作之后所做的数据更改丢失，因此逻辑备份通常只是作为物理备份的一种补充，或者用于数据不常修改的场合。

本章后续内容如果没有特别指出，备份均是指物理备份。

10.1.2　恢复

恢复是指故障发生后，数据库中的数据从错误状态恢复到某种逻辑一致的状态。例如，数据库某个数据文件意外丢失，可以恢复该数据文件至数据库当前最新时刻，数据不会有任何损失；但是如果一位用户不小心将大量数据加载到了一个错误的表中，并且没有什么简单的方法来识别和删除数据，那么就需要 DBA 将数据库恢复到以前的某个时刻（这个时刻的数据还是正确的），结果为了回到这个需要的状态而丢掉了这个时刻之后的那些事务数据。

正如以上所述，无论是数据文件意外丢失还是用户发生了错误的操作，解决这些故障都需要对数据库实施恢复。这里的恢复实际上包含了两个层次（阶段）：数据库还原（RESTORE）与数据库恢复（RECOVER）。数据库还原是指用备份副本替换丢失的或损坏的文件的过程，数据库恢复则是指将重做日志文件中记录的更改应用到所还原的文件、重新得到丢失的数据的过程。

并不是所有的故障在恢复时都需要还原与恢复两个阶段，数据库的恢复方法与步骤会随故障的不同而不同。

1. 故障类型

在 Oracle 数据库环境中可能会出现不同类型的故障，包括以下几种。

（1）语句故障。

（2）进程故障。

（3）用户错误。

（4）实例故障。

（5）介质故障。

其中大多数故障都是可以由 Oracle 后台进程自动恢复的，而介质故障和用户错误则需要 DBA 确定必要的恢复方案。

当用来与 Oracle 服务器交互的应用程序生成了一个内部程序错误，或者用户强行关闭了 SQL*Plus 窗口时，就会发生进程故障。在这种情况下，PMON 后台进程会检测到并正确终止该进程。

当电源突然断电，或者运行 Oracle 服务器的计算机出现了 CPU 故障或内存损坏，或者某个必须运行的后台进程（DBWn、LGWR、PMON、SMON 或 CKPT）出现故障，或者发出 SHUTDOWN ABORT 命令关闭了数据库，导致在没有更新并关闭数据库文件的情况下关闭实例的时候，就会发生实例故障。这种故障的恢复是自动的，不需要用户参与，恢复将在下一次的实例启动中由 SMON 后台进程自动完成。

当 Oracle 进行处理的 SQL 或 PL/SQL 语句中存在语法错误、或试图向表中输入无效数据的时候，就会发生语句故障。此时只需要程序开发人员修改并重新发送语句就可以解决语句故障。当错误地更改了数据或表的时候，就会发生用户错误。用户错误通常需要数据库管理员的介入才能解决问题。

介质故障通常是指包含某一数据库文件的磁盘驱动器的磁头损坏，或者某一文件丢失或破坏的情况。介质故障是最严重的故障类型，因为在很长的一段时间内，所有用户都将无法访问数据库，DBA 需要执行恢复操作才能使数据库再次变得正常可用。

2. 恢复类型

本章主要是针对介质故障和用户错误，介绍所需的恢复方案和过程。

非归档模式下的数据库，其恢复过程就是将最近一次的完全数据库备份进行还原，使数据库恢复到进行备份的那个时刻，由于无归档日志，所以备份时刻之后的所有数据修改都将丢失。

归档模式下的数据库可以执行两种类型的恢复：完全恢复和不完全恢复。

完全恢复就是能够恢复全部数据，使数据库到最新时刻。如图 10-1 所示，假定在 t_1 时刻对数据库做了物理备份，然后数据库运行到 t_2 时刻，此时如果发生了故障——某数据文件被意外删除，因为存有 t_1 时刻的备份及 t_1 时刻之后的全部日志文件（即 3 个归档日志 051、052、053 与联机重做日志），因此可以从这些日志文件中读出那些发生在被删文件上的 redo 重做条目进行重做，最后将删除的数据文件从备份的 t_1 时刻恢复到最新的 t_2 时刻，达到了数据库的同步，数据没有丝毫丢失，这就是完全恢复。完全恢复应用备份之后的所有日志文件。

图 10-1　完全恢复

但是，如果无法实施完全恢复或必须恢复数据库到以前的某个状态时就需要进行不完全恢复，这将导致恢复点之后的数据更改丢失。如图 10-2 所示，如果归档日志 053 丢失，导致应用完 052 后却无法应用 053 及其以后的所有日志，此时只能将数据库恢复到故障前的时刻 t_3，t_3 至 t_2 期间的数据全部丢失。这种不完全恢复一定是在完全恢复不可能进行（如丢失了恢复需要的某归档日志 053）或有特殊要求（如由于提交了错误修改而希望系统恢复到错误之前的状态）时不得已才进行的，这种恢复只应用备份之后的部分日志。

图 10-2　不完全恢复

10.1.3 备份和恢复策略考虑因素

DBA 在为数据库定义备份和恢复策略的时候，必须考虑许多问题。以下是影响数据库备份策略的一些因素。

（1）所在公司是否拥有执行某些类型的备份所需要的资源？例如，维护人员擅长用户管理的还是 RMAN 的操作方式？有足够的费用和硬件来创建一个完全相同的系统，还是只是将数据库文件简单地复制到一个存储介质上？

（2）数据库是 7×24 的运行模式吗？决定执行冷备份还是热备份。

（3）数据的价值与特定备份策略相关联的成本相比是否值得？

（4）多长时间测试一次备份，以确保它们在必须进行恢复时是有效而可用的？

（5）数据库的备份副本是否可以免于自然灾害或其他人的恶意攻击，并且可以在需要时仍然可以及时进行访问？

以下是 DBA 在确定恢复策略时需要考虑的因素。

（1）发生了何种类型的故障？

（2）必须以多快的速度恢复数据库？

（3）需要完全数据库的恢复还是只恢复某些数据？

（4）所需要的备份是可用而有效的吗？

10.2 物 理 备 份

10.2.1 冷备份

只有没有打开的数据库才能执行冷备份（也称脱机备份），这意味着在对数据库执行备份时，用户将无法访问数据库。对 ARCHIVELOG 及 NOARCHIVELOG 模式的数据库都可以执行冷备份，但 NOARCHIVELOG 模式中运行的数据库却只能进行冷备份。

冷备份时通常要备份整个数据库文件，包括所有数据文件、控制文件和联机重做日志文件（尽管联机日志文件不是必需的）。这种完全数据库备份需要较多的存储空间，备份前应准备好备份的存储位置。

下面的步骤将完成对数据库的完全冷备份。

（1）获得要备份的最新文件列表。完全冷备份需要完整地备份数据库的 3 类文件，为了不漏掉某一个文件，在执行冷备份之前，必须查询以获得最新的文件列表，命令如下：

```
SQL>SELECT name FROM v$datafile
    UNION
    SELECT name FROM v$controlfile
    UNION
    SELECT member FROM v$logfile;
```

（2）正常关闭数据库。要想执行冷备份，就需要正常关闭数据库。不能使用 ABORT 选项关闭数据库，否则得到的将是无效的备份，无法用于数据库恢复。

（3）使用操作系统命令复制指定的文件。除了要复制第（1）步列出的所有文件以外，还可以复制参数文件、口令文件，归档模式下可能还需要复制归档日志文件。

（4）启动数据库。

10.2.2　热备份

由于在冷备份期间数据库会关闭，用户的使用会受到影响，所以对于数据库必须处于连续可用（如 7×24 运行模式）状态的那些应用，更适合采用热备份的方式。

热备份（也称为联机备份）是在数据库处于打开状态时执行的备份，备份期间事务处理照常进行，用户的使用不受影响。热备份要求数据库运行于归档模式。

数据库热备份通常以表空间为单位进行，可以备份某一特定表空间的所有数据文件，也可以只备份某个表空间的一部分数据文件。由于在备份过程中，数据库仍然是打开的，因此要求正在复制的各个数据文件相关联的表空间必须处于备份模式，备份完成后再脱离备份模式。

可按照如下步骤备份表空间 users：

（1）查询表空间 users 对应的数据文件的详细信息。可使用以下两种命令之一，获得要备份的数据文件名称与所在位置：

```
SQL>SELECT file_name FROM dba_data_files
    WHERE tablespace_name='USERS';
```

或

```
SQL>SELECT v$datafile.name
    FROM v$tablespace ,v$datafile
    WHERE v$tablespace.ts#= v$datafile.ts# AND
        v$tablespace.name='USERS';
```

（2）将表空间设置为备份模式。

```
SQL>ALTER TABLESPACE users BEGIN BACKUP;
```

设置为备份模式后，该表空间的数据文件将被冻结、不再更改。但是该表空间上的事务仍可正常进行，只是更改后的数据块写入重做日志。等结束备份模式之后，系统才会根据重做日志的内容对该表空间做相应的更新。

查看 v$backup 视图可以确定哪些数据文件处于备份模式，例如：

```
SQL>SELECT * FROM v$backup;
   FILE#          STATUS          CHANGE#       TIME
 --------- ------------------ ---------- ----------
     1           NOT ACTIVE         0
     2           NOT ACTIVE         0
     3           NOT ACTIVE         0
     4           NOT ACTIVE         0
     5           NOT ACTIVE         0
     6           NOT ACTIVE         0
     7           NOT ACTIVE         0
     8           NOT ACTIVE         0
     9           ACTIVE          3563070       14-8 月-08
    10           NOT ACTIVE         0
    11           NOT ACTIVE         0
```

其中 STATUS 列值为 ACTIVE 的文件处于备份模式。

（3）使用操作系统命令备份表空间的数据文件。根据需要可以复制表空间的所有或部分数据文件。生成的备份与数据库是不同步的，需要通过恢复才能使数据库进入一致状态。

（4）将表空间设置为正常模式。

```
SQL>ALTER TABLESPACE users END BACKUP;
```

使处在备份模式中的数据文件脱离该模式。同时 v$backup 视图的"状态"（STATUS）值将更改为 NOT ACTIVE。

应该使 ALTER TABLESPACE BEGIN BACKUP 和 ALTER TABLESPACE END BACKUP 命令间的间隔尽量短，因为热备份期间会产生比平时多的重做信息，因此建议一次备份一个表空间，而不是将所有表空间都置于备份模式，然后一起复制数据文件。

10.2.3　控制文件备份　　

在控制文件中存储了数据库的物理结构信息，如果控制文件由于介质故障而丢失或被破坏，那么就无法打开数据库。因此，一个数据库总是拥有控制文件的多个副本。

尽管如此，DBA 还是应该把备份控制文件列为一项重要的工作。有三种备份控制文件的方法。

（1）冷备份时，与其他数据文件、重做日志文件一起复制控制文件。

（2）为控制文件创建一个二进制副本。如果最初的控制文件已无法使用或没有可以使用的镜像副本，那么就可以使用二进制副本来代替最初的控制文件。命令为：

```
SQL>ALTER DATABASE BACKUP CONTROLFILE TO 'control1.bkp';
```

（3）创建一个文本格式的副本。副本包含了重新创建控制文件所需的脚本命令，文本副本位于由初始化参数 USER_DUMP_DEST 指定的目录下。创建文本副本的命令为：

```
SQL>ALTER DATABASE BACKUP CONTROLFILE TO TRACE;
```

图 10-3 显示了文本副本文件的部分内容，指出创建新的控制文件所需要的命令和步骤，#（磅字符）开始的内容为注释。

当数据库的物理结构发生了改变，即在数据库中执行了如下任意命令时，都应该对控制文件立即备份。

（1）ALTER DATABASE [ADD | DROP] LOGFILE

（2）ALTER DATABASE [ADD | DROP] LOGFILE MEMBER

（3）ALTER DATABASE [ADD | DROP] LOGFILE GROUP

（4）ALTER DATABASE [NOARCHIVELOG | ARCHIVELOG]

（5）ALTER DATABASE RENAME FILE

（6）CREATE TABLESPACE

（7）ALTER TABLESPACE [ADD | RENAME] DATAFILE

（8）ALTER TABLESPACE [READ WRITE | READ ONLY]

（9）DROP TABLESPACE

图 10-3　重新创建控制文件的脚本

10.3　物　理　恢　复

数据库可能会出现多种类型的故障，但是介质故障和人为错误故障的恢复是最为复杂的，需要 DBA 的参与。本节重点将讨论归档模式下完全恢复和不完全恢复的方法与步骤。

10.3.1　非归档模式下的数据库恢复

假如一个企业的 Oracle 数据库是非归档的，周一至周五数据增长量比较少，周六业务数据较多，数据库在每周日凌晨 1:00 执行冷备份。周四那一天在启动数据库、准备工作时却出现了如图 10-4 所示的故障：

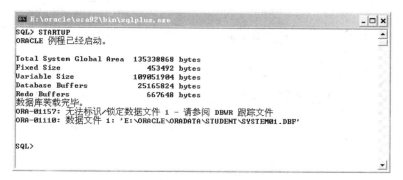

图 10-4　NOARCHIVELOG 数据库启动错误

错误信息 ORA-01157、ORA-01110 表示启动时需要的 system01.dbf 数据文件在指定位置没有找到，发生了介质故障。

解决非归档模式下介质故障的方法是：将最近一次（这里即上周日）的冷备份所包含的所有 3 类文件的副本还原回来即可将数据库打开。

但是数据库已经回到了上周日 1:00 备份的那个时刻，从备份时刻之后周日至周三曾做过的数据更改都将丢失，这几天的数据可能需要手工重新录入。

需要特别注意的是，在 NOARCHIVELOG 模式下，即使只有一个数据文件被损坏或丢失，也必须还原所有的 Oracle 数据库文件。如果只还原一部分数据文件，则这些数据文件与数据库不同步，又没有归档日志应用，将无法同步数据库，最终数据库无法打开。

10.3.2　归档模式下的数据库完全恢复

生产数据库如果运行在 NOARCHIVELOG 模式，则实施介质故障恢复操作之后，会造成部分已提交数据的丢失，将数据库配置为 ARCHIVELOG 模式运行，就可以避免数据丢失。

当处于 ARCHIVELOG 模式的数据库发生介质故障时，可以将数据库完全恢复到发生故障前的那一刻。但是需要有：

（1）数据库设置为 ARCHIVELOG 模式后进行的有效备份（其中包含丢失的或损坏的数据文件）。

（2）从所使用的备份开始，产生的所有归档日志。

（3）包含尚未归档的事务处理的重做日志文件。

实施完全恢复时，根据丢失或损坏的是系统数据文件还是一般数据文件，采取的恢复策略稍有差异。

1. 一般数据文件丢失或损坏，且数据库处于打开状态

以表空间 users 的数据文件恢复为例，恢复步骤如下。

（1）将该数据文件或对应的表空间脱机。

```
SQL>ALTER TABLESPACE users OFFLINE;
```

（2）仅还原丢失或损坏的数据文件，不要还原其他文件。

```
SQL>HOST COPY <source_path>users01.dbf  <destination_path>
```

其中<source_path>是数据文件备份副本的位置，<destination_path>是存储原始数据文件的位置，以下同。

（3）对丢失或损坏的数据文件进行恢复。

恢复操作使用 SQL*PLUS 命令 RECOVER，可以是以下任意一种格式：

```
SQL>RECOVER TABLESPACE users
```

或

```
SQL>RECOVER DATAFILE '<destination_path>users01.dbf'
```

（4）将表空间联机。

```
SQL>ALTER TABLESPACE users ONLINE;
```

至此，完全恢复已经完成，用户可以正常访问该表空间了。

2．一般数据文件丢失或损坏，且数据库处于关闭状态

以表空间 users 的数据文件恢复为例，恢复步骤如下。

（1）将数据库置于 **MOUNT** 状态，然后将有故障的数据文件脱机，以尽早将数据库打开。用户可以访问 users 表空间以外的数据文件。

```
SQL>STARTUP MOUNT
SQL>ALTER DATABASE
    DATAFILE '<destination_path>users01.dbf' OFFLINE;
SQL>ALTER DATABASE OPEN;
```

（2）仅还原丢失或损坏的数据文件，不要还原其他文件。

```
SQL> HOST COPY <source_path>users01.dbf  <destination_path>
```

（3）对丢失或损坏的数据文件进行恢复。

```
SQL>RECOVER DATAFILE '<destination_path>users01.dbf'
```

（4）将数据文件联机。

```
SQL>ALTER DATABASE
    DATAFILE '<destination_path>users01.dbf' ONLINE;
```

对 users01.dbf 数据文件联机后，用户才可以访问其中的数据。

3．系统数据文件丢失或损坏

当表空间 system 文件遭到破坏时，数据库会马上关闭，而且由于没有 system 表空间是不可能打开数据库的，所以必须先做恢复，具体步骤如下。

（1）将数据库置于 **MOUNT** 状态。

```
SQL>STARTUP MOUNT
```

（2）仅还原丢失或损坏的数据文件，不要还原其他文件。

```
SQL>HOST COPY <source_path>system01.dbf  <destination_path>
```

（3）恢复数据文件。

```
SQL>RECOVER DATAFILE '<destination_path>system01.dbf'
```

（4）打开数据库。

```
SQL>ALTER DATABASE OPEN;
```

4．需要将数据文件还原到新的位置

如果介质故障是由于硬件问题所致，如由于磁盘损坏，则还原时无法将数据文件复制回以前的位置，那么这种情况恢复步骤会稍复杂一些。

假如 users01.dbf 原来位于的 D 磁盘损坏，需要恢复到 E 磁盘，则除了要将其备份副本还原到 E 磁盘外，还需要将这个物理结构的更改信息立即通知给控制文件。通知控制文件

可使用如下命令：

```
SQL>ALTER DATABASE RENAME FILE
    'D:<path>users01.dbf' TO 'E:<path>users01.dbf';
```

或

```
SQL>ALTER TABLESPACE users RENAME DATAFILE
    'D:<path>users01.dbf' TO 'E:<path>users01.dbf';
```

前一个命令适合数据库未打开的情况下，相反，后一个命令则适合数据库打开的情况下使用。

通知了控制文件之后再进行恢复，注意要恢复的数据文件是 E 磁盘上的 users01.dbf。

从以上各例可以看到，恢复中用到 RECOVER 命令。实际上该命令发出以后，系统会根据还原文件对应的时间点，确定出完成恢复所要用到的全部日志文件（一般包括若干归档重做日志文件和联机重做日志文件），然后自动将这些日志文件中包含的重做更改全部依次应用到这些还原文件中。

10.3.3　归档模式下的数据库不完全恢复

对某数据文件意外删除或损坏之类的介质故障，当试图进行完全恢复时却遇到了麻烦，发现需要使用的某个归档日志不可用，无法应用备份后生成的所有重做条目，只能应用完不可用归档日志的前一个归档日志就结束恢复，将数据库恢复到当前时间以前的某一时刻，这就是不完全恢复。

另外，假如错误是用户误删除了一个不应该删除的重要的表，进行完全恢复就会使得错误重现，此时必须实施不完全恢复，恢复到发出删除表命令前的某一时刻。

由于不完全恢复的结果是，使数据库回到了出现故障前的过去某一状态，恢复之后用户的部分数据必然要丢失。因此实际中只有在完全恢复不可能进行或有特殊要求时，才会进行不完全恢复。

要执行不完全恢复，需要：

（1）恢复时间点之前制作的所有数据文件的有效备份。

（2）备份至指定的恢复时间之间的所有归档日志。

Oracle 中不完全恢复时可以指定不同的选项。

（1）指定要恢复的时间点，进行基于时间的恢复。

（2）指定某个系统更改号 SCN（不同 SCN 值代表不同时刻状态的数据库），执行基于更改的恢复。

（3）在恢复过程中输入 CANCEL（而不是日志文件名）终止基于撤销的恢复。

不论采取哪个选项，执行不完全恢复的步骤大致相同，主要如下。

（1）关闭数据库，然后备份数据库。备份将用于一旦恢复失败（如恢复超出了期望的恢复点），则可以还原此备份，以便再次恢复。

（2）还原所有数据文件。但不要还原控制文件、重做日志、口令文件或参数文件，否则数据库处于同步不需要恢复。

（3）装载数据库，并确保所有数据文件处于联机状态。如果某个数据文件脱机，则恢复后的数据库将无法使用该数据文件。

（4）将数据文件恢复到故障前的某一点。

（5）使用 RESETLOGS 打开数据库并验证恢复结果。如果不满意，则还原第（1）步的数据库备份，重复第（2）步～第（5）步。

不完全恢复之后必须带上 RESETLOGS 选项才能打开数据库，这将会重置数据库的日志文件，日志序列号重新从 1 开始，原来的归档日志文件都不再有效，数据库进入了一个新的生命周期。

（6）执行关闭数据库备份。恢复完毕立即关闭数据库执行完全数据库备份，为以后的数据库恢复提供备份副本。

由此看出，与完全恢复相比，不完全恢复具有更大的难度，因为有时候对恢复结果不满意，可能还需要再次恢复。接下来给出了三种不完全恢复的实例。

1. 基于时间的恢复

当用户执行了错误的操作，而且知道错误发生的大致时间，那么可以利用基于时间的恢复将数据库恢复到错误发生前的状态。假设用户删除了一个表，删除时间大概在 9:10，要将该表恢复回来，则具体的恢复步骤如下。

（1）关闭并对数据库执行完全备份。

（2）从备份还原所有数据文件（尽可能使用最新备份）。

（3）装载数据库。

```
SQL>STARTUP MOUNT
```

（4）恢复数据库，必须指明恢复结束的目标时刻。

```
SQL>RECOVER DATABASE UNTIL TIME '2008-07-18 09:10:00'
```

其中，时间按照格式'YYYY-MM-DD HH24:MI:SS'指定，如果系统提示格式有错，则可以先设定好本会话的时间格式，再执行 RECOVER 恢复命令。设定会话时间格式的命令如下：

```
SQL>ALTER SESSION SET NLS_DATE_FORMAT='YYYY-MM-DD HH24:MI:SS';
```

（5）使用 RESETLOGS 选项打开数据库。

```
SQL>ALTER DATABASE OPEN RESETLOGS;
```

（6）验证表已经被恢复，然后执行关闭的数据库的完全备份。

恢复成功并且备份完成后，通知用户该数据库可以使用，而恢复时间（上午 9:10）后输入的所有数据将需要重新输入。如果恢复失败，则需要调整一个更早的时间再次执行恢复。

2. 基于撤销的恢复

如果数据文件 users01.dbf 损坏了，可以对其实施完全恢复，但是缺少一个归档日志 ARC00039.001，遇到这种情况可能需要进行基于撤销的不完全恢复。

下面给出了执行基于撤销的不完全恢复的主要步骤。

（1）关闭数据库，从备份还原所有数据文件。

（2）装载数据库。

```
SQL>STARTUP MOUNT
```

（3）恢复数据库。

```
SQL>RECOVER DATABASE UNTIL CANCEL
```

使用 RECOVER 命令的过程如图 10-5 所示。

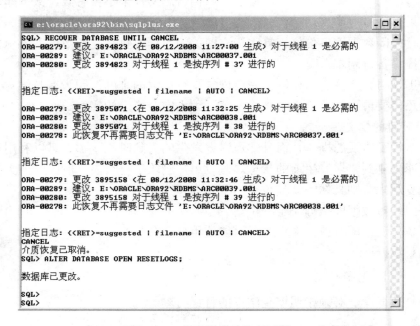

图 10-5　基于撤销的恢复过程

首先显示如下信息：

```
ORA-00279：更改 3894823（在 08/12/2008 11:27:00 生成）对于线程 1 是必需的
ORA-00289：建议：E:\ORACLE\ORA92\RDBMS\ARC00037.001
ORA-00280：更改 3894823 对于线程 1 是按序列 # 37 进行的

指定日志：{<RET>=suggested | filename | AUTO | CANCEL}
```

之后屏幕暂停，等待用户指定用哪些日志来进行恢复。指定日志的方法有以下几个。

（1）<RET>=suggested：按回车键，将使用建议的归档日志。

（2）filename：指定归档日志文件的新位置与文件名，适用于要应用的归档日志不在初始化参数指定的位置时的情形。

（3）AUTO：输入 AUTO，表示要应用的归档文件都在初始化参数指定的位置下。

（4）CANCEL：输入 CANCEL，用于基于撤销的不完全恢复过程中终止恢复过程。

指定日志这里直接回车即可，表示要应用建议的 37 号归档日志，接着又显示：

ORA-00279: 更改 3895071 (在 08/12/2008 11:32:25 生成) 对于线程 1 是必需的
ORA-00289: 建议: E:\ORACLE\ORA92\RDBMS\ARC00038.001
ORA-00280: 更改 3895071 对于线程 1 是按序列 # 38 进行的
ORA-00278: 此恢复不再需要日志文件 'E:\ORACLE\ORA92\RDBMS\ARC00037.001'

指定日志: {<RET>=suggested | filename | AUTO | CANCEL}

继续按回车键，继续应用建议的 38 号归档日志，当接下来显示了如下信息时：

ORA-00279: 更改 3895158 (在 08/12/2008 11:32:46 生成) 对于线程 1 是必需的
ORA-00289: 建议: E:\ORACLE\ORA92\RDBMS\ARC00039.001
ORA-00280: 更改 3895158 对于线程 1 是按序列 # 39 进行的
ORA-00278: 此恢复不再需要日志文件 'E:\ORACLE\ORA92\RDBMS\ARC00038.001'

指定日志: {<RET>=suggested | filename | AUTO | CANCEL}

则要从键盘输入 CANCEL，表示不应用 39 号日志而要停止恢复过程。

（5）使用 RESETLOGS 选项打开数据库。

SQL>ALTER DATABASE OPEN RESETLOGS;

3. 基于更改的恢复

事务的 SCN 是基于更改的恢复的核心概念。一旦提交了一个事务，就会为它分配一个 SCN，这个 SCN 记录在重做日志、控制文件以及数据文件中。如果能够确定包含了问题的事务所对应的 SCN，那么就可以使用基于更改的恢复，恢复结果将包含存在问题的事务之前的所有事务。

为了确定某个事务所对应的具体 SCN 值，需要借助 Oracle 提供的 LogMiner 实用程序，但是由于该程序使用步骤较为复杂，此处不予介绍。

假如用户提交了一个错误操作，要求必须给予撤销，而且已经查到该操作对应的 SCN 值为 500，则可以对数据库实施基于更改的恢复，使用的命令如下：

SQL>RECOVER DATABASE UNTIL CHANGE 500。

基于 SCN 的不完全恢复多适用于分布式环境中的数据库恢复情况，此处不再深入介绍。

10.4　逻辑备份与恢复

物理备份是操作系统文件的备份，即使某个数据文件中没有数据，也必须备份。而逻辑备份是数据的备份，不复制物理文件。

逻辑备份与恢复操作，使用 Oracle 的 exp 和 imp 两个工具完成，也称为导出、导入工具。导出就是将数据备份成一个二进制的操作系统文件，文件扩展名为 dmp，然后在需要的时候再导入到数据库中。

10.4.1　导入、导出工具的启动

导入、导出工具在使用上极其类似，都可以通过以下四种方式启动运行。

（1）命令行方式。

（2）交互方式。

（3）参数文件方式。

（4）Oracle Enterprise Manager。

下面对前两种方式进行介绍。

1. 命令行方式

命令行方式是指在操作系统提示符下输入 exp 或 imp，后边再指定所需参数。

语法格式如下：

```
exp keyword = value1, value2, … ,valuen
imp keyword = value1, value2, … ,valuen
```

例如：

```
C:\>exp hr/hr  TABLES=employees  GRANTS=y  FILE=exp2.dmp
D:\>imp scott/tiger@student  TABLES=emp,dept  FILE =exp1.dmp
```

2. 交互方式

交互方式只要在操作系统提示符下输入 exp 或 imp，然后按屏幕上的提示操作即可。

例如：

```
C:\>exp
    Export: Release 9.2.0.1.0 - Production on 星期一 7 月 21 18:20:00 2008
    Copyright (c) 1982, 2002, Oracle Corporation.  All rights reserved.
    用户名:scott
    口令:
    连接到: Oracle9i Enterprise Edition Release 9.2.0.1.0 - Production
    With the Partitioning, OLAP and Oracle Data Mining options
    Server Release 9.2.0.1.0 - Production
    输入数组提取缓冲区大小: 4096 >
    …
```

又如：

```
C:\>imp scott/tiger
    Import: Release 9.2.0.1.0 - Production on 星期一 7 月 21 18:27:02 2008
    Copyright (c) 1982, 2002, Oracle Corporation.  All rights reserved.
    连接到: Oracle9i Enterprise Edition Release 9.2.0.1.0 - Production
    With the Partitioning, OLAP and Oracle Data Mining options
    JServer Release 9.2.0.1.0 - Production
    导入文件: EXPDAT.DMP>
    …
```

10.4.2　导出

exp 工具提供了四种导出模式。

（1）表模式：可以导出自己模式中的一个或多个表，甚至是一个表的部分数据。授权用户可以导出其他用户模式中的指定的表。

（2）用户模式：可以导出自己模式下所有的对象。授权用户可以导出其他用户模式中所有的对象。

（3）表空间模式：用于特权用户导出指定的若干个表空间。

（4）完全数据库模式：可以导出除 SYS 模式对象外的所有数据库对象。只有 DBA 用户才能执行完全模式的导出操作。

表 10-1 列出了 exp 命令常用的一些参数。

表 10-1 exp 部 分 参 数

参　　数	功 能 说 明	默 认 值
USERID	用户名/口令	
FULL	导出整个文件	n
TABLES	表名列表	
OWNER	所有者用户名列表	
FILE	输出文件	expdat.dmp，默认位于当前目录下
FILESIZE	各导出文件的最大尺寸	
QUERY	用于导出表的子集的 SELECT 子句	
TABLESPACES	要导出的表空间列表	
TRANSPORT_TABLESPACE	导出可传输的表空间元数据	n
ROWS	导出数据行	y
GRANTS	导出权限	y
INDEXES	导出索引	y
CONSTRAINTS	导出约束	y
TRIGGERS	导出触发器	y
PARFILE	参数文件名	

用户可以在操作系统提示符后面输入 exp help=y 或 exp –help 命令来获得所有参数及其含义信息。

下面举例说明 exp 命令的用法。

【例 10-1】 用户 hr 对其表 employees 与 departments 的数据刚刚做了修改，现在希望对其做一次逻辑备份，存至文件 exp1.dmp。用户自己就可以备份这些数据，此例使用表模式：

```
C:>exp USERID=hr/hr TABLES=employees,departments FILE=exp1.dmp
```

说明，备份结果 exp1.dmp 没有指定存放位置，将存于当前目录中。

【例 10-2】 用户 hr 对其基表 employees 做了更改之后，由管理员对其逻辑备份，存至文件 exp2.dmp 中，并同时导出授出的权限。管理员或授权用户可以进行逻辑备份，此例使用表模式：

```
C:>exp system/manager TABLES=hr.employees  GRANTS=y  FILE=exp2.dmp
```

【例 10-3】 用户 hr 希望将自己所有的对象导出，存至文件 exp3.dmp 中。此例使用用户模式：

```
C:>exp  hr/hr@studdb  FILE=exp3.dmp
```

命令中 studdb 为网络服务名。

【例 10-4】 管理员将用户 hr 与 jwcuser 的所有对象进行备份，存至文件 exp4.dmp 中。此例使用用户模式：

```
C:>exp  system/manager  OWNER=hr,jwcuser  FILE=exp4.dmp
```

【例 10-5】 导出整个数据库。需要以 DBA 用户导出，并增加参数 FULL=y，此例使用全数据库模式：

```
C:>exp  system/manager  FULL=y  FILE=bak2008-07-06.dmp
```

导出数据库数据量如果很大，超出了操作系统管理的文件大小，可以指定关键字 FILESIZE，以便将导出结果分成多个操作系统文件。

【例 10-6】 导出表空间 users 的内容。Oracle 对只读的表空间才能进行逻辑备份，而且必须由特权用户备份，需要注意的是，导入、导出命令行中的特权用户的格式表达比较特殊。此例使用表空间模式：

```
C:>exp \"system/manager AS SYSDBA\" TRANSPORT_TABLESPACE=y  TABLESPACES=
users FILE=exp6.dmp
```

【例 10-7】 导出 employees 表中工资超过 12 000 元的记录数据。Oracle 中导出数据时可以进行条件选择，只有满足 QUERY 参数条件的数据才会导出。使用表模式：

```
C:>exp hr/hr@studdb TABLES=employees QUERY=\"where salary>12000\"  FILE=
exp7.dmp
```

10.4.3 导入

利用 Oracle 的导入功能，可以将导出文件中的数据导入到另一个用户，也可以在数据需要恢复时再导入回原用户。

导入工具 imp 与 exp 导出工具类似，也有命令行、交互等四种启动运行方式，也提供了对应的四种导入模式，也有很多参数。表 10-2 列出了导入命令常用的一些参数。

表 10-2   **imp 部 分 参 数**

参　　数	功　能　说　明	默　认　值
USERID	用户名/口令	
FULL	导入整个文件	n
TABLES	表名列表	
IGNORE	忽略创建错误	n
FROMUSER	所有人用户名列表	
TOUSER	用户名列表	

续表

参　数	功　能　说　明	默　认　值
FILE	输入文件	expdat.dmp
FILESIZE	各文件的最大尺寸	
GRANTS	导入权限	y
INDEXES	导入索引	y
ROWS	导入数据行	y
PARFILE	参数文件名	
TABLESPACES	将要传输到数据库的表空间	
TRANSPORT_TABLESPACE	导入可传输的表空间元数据	n
DATAFILES	将要传输到数据库的数据文件	
DESTROY	覆盖表空间数据文件	n

　　用户可以在操作系统提示符后面输入 imp help=y 或 imp –help 命令来获得所有参数及其含义信息。

　　下面举例说明 imp 命令的用法。

　　【例 10-8】　用户 hr 修改职员的工资后，发现很多工资都改错了。由于他养成了一个好习惯，就是每个月都会对职员信息做一次逻辑备份，所以此时他可以通过上月的逻辑备份尽快将数据恢复回来，以便重新修改。从逻辑备份恢复的命令如下：

```
C:>imp hr/hr@studdb TABLES=employees FILE=exp3.dmp
```

　　需要注意两点：一是，如果要恢复的表仍存在，则需要带有 IGNORE=y 选项，否则因为恢复时会重建 employees 表而该表却已经存在从而导致恢复失败。二是，如果表上或表间有约束，也有可能导致恢复失败。

　　【例 10-9】　用户 jc 想建立一套与另一用户 hr 完全一样的模式对象。管理员 system 可以利用 hr 曾做过的逻辑备份 exp3.dmp 很轻松地满足用户 jc。

```
C:>imp system/manager FROMUSER=hr TOUSER=jc FILE=exp3.dmp
```

　　【例 10-10】　用户 jc 要建立一张表 emp，此表的结构与内容恰好与另一用户 hr 的表对象 employees 完全相同。可以通过如下两个步骤完成：

```
C:>imp system/manager FROMUSER=hr TOUSER=jc TABLES=employees FILE=exp3.dmp
```

　　导入成功后用户 jc 需要自己更改一下表的名字：

```
SQL>RENAME employees TO emp;
```

　　如果 system 用户使用了如下的导入命令，则 employees 表不会导入 jc 用户，而是导入到了 system 用户自己：

```
C:>imp system/manager FROMUSER=hr TABLES=employees FILE=exp3.dmp
```

　　【例 10-11】　管理员不小心发出 DROP TABLESPACE 误删除了表空间 users，现在需要恢复。由于只是逻辑删除，即表空间的数据文件还在，而且前几天对此表空间做过逻辑备份，因此使用 imp 导入表空间的方法即可恢复。

```
C:>imp \"system/manager AS SYSDBA\" TRANSPORT_TABLESPACE=y TABLESPACES=users
DATAFILES=('E:\Oracle\oradata\student\users01.dbf') FILE=exp6.dmp
```

10.5 RMAN 备份与恢复

RMAN（Recovery Manager，恢复管理器）是一个用于管理 Oracle 数据库上的备份、还原和恢复操作的 Oracle 实用工具。它与基于用户管理的备份、恢复操作相比，具有如下优势。

（1）可以备份数据库、表空间、数据文件，也可以灵活地备份控制文件和归档日志。

（2）可以进行增量块级别备份，即可以只备份自上次备份以来发生更改的块。

（3）可以自动并行化备份、还原和恢复。

（4）可以方便获得曾做过的备份记录信息。

（5）可以将频繁执行的操作作为脚本存储在数据库中。

本节将对 RMAN 组成、启动、使用 RMAN 执行备份与恢复等内容进行介绍。

10.5.1 RMAN 简介

1. RMAN 组成

通过调用 RMAN 可以备份、还原、恢复一个数据库， RMAN 包括如下组件。

（1）RMAN 可执行程序。有命令行界面与图形用户界面。该程序环境支持很多 RMAN 命令，如 REPORT SCHEMA、COPY、BACKUP、RESTORE、RECOVER 等，每条命令以分号结束。

（2）目标数据库（TARGET）。要备份与恢复的数据库。

（3）恢复目录（CATALOG）。使用 RMAN 在进行备份、还原、恢复时的相关信息称为恢复目录。恢复目录信息应该存储在一个独立的数据库中，称为恢复目录数据库。使用恢复目录数据库可以同时管理多个目标数据库。恢复目录信息也可以存储在目标数据库的控制文件中，但是这样会有很高的风险，因为一旦控制文件损坏，RMAN 则将无法访问控制文件中必要的恢复信息来恢复数据库。

（4）通道（CHANNEL）。每个通道通常对应一个输出设备，同时可以并行多个通道。在执行备份和恢复命令前，必须先分配通道。可以手动分配通道，也可以使用自动通道分配功能预先配置默认使用的通道。

（5）介质管理库。通过介质管理库在 RMAN 中可以访问磁带设备。

RMAN 的组成中 RMAN 可执行程序、目标数据库与通道是必需的组件，只是通道可以不显式分配而使用自动通道。

2. RMAN 启动

正如上所述，RMAN 在使用时必须要连接目标数据库，而恢复目录数据库则不一定。RMAN 进行数据库连接，既可以在启动 RMAN 之后，也可以启动 RMAN 的同时进行连接。

下面给出几种方法。

（1）先启动 RMAN，然后再连接目标数据库，如图 10-6 所示。

图 10-6　启动 RMAN 之后连接目标数据库

图 10-6 中显示，连接到的目标数据库是本地的 student，而且没有使用恢复目录数据库，此时会使用目标数据库的控制文件来存储恢复目录信息，这一点可从如图 10-7 所示的 RMAN 命令 REPORT SCHEMA 的执行结果中得到验证。

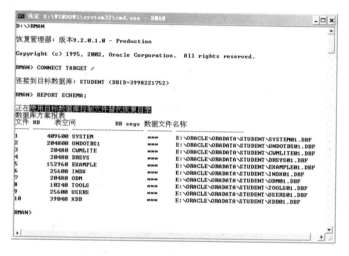

图 10-7　RMAN 不使用恢复目录数据库

REPORT SCHEMA 命令的功能是显示目标数据库的结构列表。

（2）先启动 RMAN，然后分步连接目标数据库与恢复目录数据库，如图 10-8 所示。

图 10-8 中显示，目标数据库是本地的 student 数据库，恢复目录数据库则是用网络服务名 catadb 表示的一个远程数据库。

（3）启动 RMAN 的同时连接目标数据库，如图 10-9 所示。

（4）启动 RMAN 时，同时连接目标数据库与恢复目录数据库，如图 10-10 所示。

这是比较常用的启动方法，步骤简单。这里目标数据库与恢复目录数据库都使用了远程数据库，对应的网络服务名分别是 student 和 catadb。要连接的数据库是本地的还是远程的，需要根据企业生产实际来确定。

RMAN 下使用 EXIT 或 QUIT 可以退出 RMAN 环境。

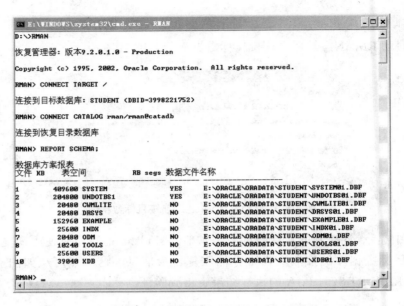

图 10-8　分步连接目标数据库与恢复目录数据库

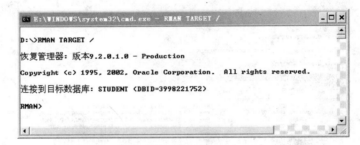

图 10-9　启动 RMAN 时连接目标数据库

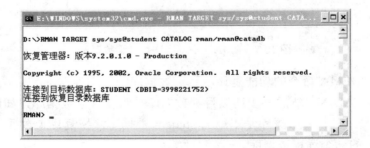

图 10-10　启动 RMAN 时同时连接目标数据库与恢复目录数据库

3. 如何运行 RMAN 命令

RMAN 是一个具有自己的命令语言的命令行解释程序。它有两种基本类型的命令：独立命令和作业命令。

独立命令在 RMAN 提示符下执行，通常是自包含的。例如，CONNECT、STARTUP

MOUNT、CREATE CATALOG、CREATE SCRIPT 都是独立命令。

作业命令必须包含在 RUN 命令的括号中，并按顺序执行。如果块内任何一个命令失败，RMAN 将停止处理，而不再继续执行块内的其他命令。ALLOCATE CHANNEL、SWITCH 就是作业命令。如下是一个作业命令示例：

```
RMAN>RUN {
        ALLOCATE CHANNEL d1 TYPE DISK;
        COPY DATAFILE 9 TO 'D:\backup\user01.bak';
        sql 'ALTER SYSTEM ARCHIVE LOG CURRENT';
     }
```

有一些命令既可在提示符下发出也可在 RUN 命令中发出，如 BACKUP DATABASE、COPY FILE 等，只是提示符发出时会利用自动的通道完成。

然而，无论是在提示符下单个执行还是在 RUN 命令块中一起运行，这些都属于交互操作方式，与之相反的则是批处理方式，即将 RMAN 命令输入到一个脚本文件中成批执行。例如，要运行存储在恢复目录中的脚本 backup_whole_db，相应命令为：

```
RMAN>RUN { EXECUTE SCRIPT backup_whole_db };
```

有关脚本的详细内容请参考其他书籍，本书不再详细介绍。

4. RMAN 常用命令

RMAN 中命令非常丰富，常用的包括备份恢复命令（如 COPY、BACKUP、RESTORE、RECOVER 等）、启动与关闭数据库的命令（SHUTDOWN、STARTUP 等）以及 RMAN 配置与维护的相关命令，这里仅介绍一些配置与维护命令，其他命令后边将陆续介绍。

（1）通道配置命令。通道对应了一个设备位置和文件命名的约定。

RMAN 提供了一个预先配置的 DISK 通道，使用它可以将数据备份到默认位置。当然也可以使用 CONFIGURE CHANNEL 命令重新配置自动通道，即重新指定默认备份位置和文件命名规则。例如：

```
RMAN>CONFIGURE CHANNEL DEVICE TYPE DISK FORMAT 'D:\BACKUP\%U';
```

其中的'D:\BACKUP\%U'表示使用该通道会将数据备份至 D:\ BACKUP 文件夹中，而且每次备份生成的文件名是唯一不重复的。%U 代表一个唯一的文件名，采用%u_%p_%c 格式，%u 为含有备份集号与创建时间信息的 8 个字符名称，%p 为备份集中的备份片号，%c 为备份片的拷贝数。

此外还可以配置自动通道的并行性，例如，如下命令会配置 3 个通道：

```
RMAN>CONFIGURE DEVICE TYPE DISK PARALLELISM 3;
```

如果执行某次备份或恢复操作时，不希望使用自动通道，则可通过 ALLOCATE CHANNEL 命令手动分配通道来覆盖自动通道。示例如下：

```
RMAN>RUN {
        ALLOCATE CHANNEL d1 DEVICE TYPE disk  FORMAT = 'D:\BAK\%U';
        …
     }
```

自动分配通道功能与手动分配通道功能是互斥的，即：对于每个作业，RMAN 要么使用自动分配，要么使用手动分配。

（2）控制文件自动备份配置命令。配置控制文件自动备份的命令为：

```
RMAN>CONFIGURE CONTROLFILE AUTOBACKUP ON;
```

控制文件的自动备份将会发生在任何 BACKUP 或者 COPY 命令之后，或者任何数据库的结构改变之后。

也可以用如下命令指定控制文件的备份路径与格式：

```
RMAN>CONFIGURE CONTROLFILE AUTOBACKUP
        FORMAT FOR DEVICE TYPE DISK TO 'D:\bak\%F';
```

其中，%F 是一个基于 DBID 唯一的名称，格式形如 c-IIIIIIIIII-YYYYMMDD-QQ，IIIIIIIIII 代表 DBID，YYYYMMDD 为日期，QQ 是一个 00～FF 的十六进制的数字序列。

（3）备份保留策略配置命令。RMAN 将根据 CONFIGURE RETENTION POLICY 命令指定的策略标准，来确定数据文件和控制文件的备份和副本何时过期，有两种保留策略。

①时间策略。保证至少要有一个备份能恢复到指定的日期。例如，使用如下配置命令可以确保能恢复到 3 天前的时间点上，之前的备份将认为是过时的：

```
RMAN>CONFIGURE RETENTION POLICY TO RECOVERY  WINDOW OF 3 days;
```

②冗余策略。规定至少有几个冗余的备份，备份或副本一旦超过某一指定数目将不再予以保留。默认配置为 1。例如，配置为至少要保留 2 份备份：

```
RMAN>CONFIGURE RETENTION POLICY TO REDUNDANCY 2;
```

使用 REPORT OBSOLETE 命令可以查看已过期的文件，并使用 DELETE OBSOLETE 命令将它们删除。发出 CONFIGURE RETENTION POLICY CLEAR 命令可将该设置恢复为默认值。

（4）管理命令。以下是管理员经常会用到的几个重要的命令。

①SHOW ALL 命令。用于显示 RMAN 默认的配置参数值。

②LIST 命令。用于生成详细报告，可以列出备份集和数据文件副本，列出指定表空间的备份集和所有数据文件的副本，或者指定范围的备份集和包含归档日志的副本。

【例 10-12】 列出数据库中的所有文件的备份。

```
RMAN>LIST BACKUP OF DATABASE;
```

【例 10-13】 列出包含 users01.dbf 数据文件的所有备份集。

```
RMAN>LIST BACKUP OF
        DATAFILE 'E:\ORACLE\ORADATA\STUDENT\USERS01.DBF';
```

【例 10-14】 列出 USERS 表空间中的数据文件的所有副本。

```
RMAN>LIST COPY OF TABLESPACE 'USERS';
```

③REPORT 命令。可以针对各种问题生成报告。

【例 10-15】 列出哪些文件需要备份。

```
RMAN>REPORT NEED BACKUP;
```

【例 10-16】 列出 5 天来未备份的文件。

```
RMAN>REPORT NEED BACKUP days 5;
```

【例 10-17】 哪些备份可以删除（即已过期）？

```
RMAN>REPORT OBSOLETE;
```

【例 10-18】 哪些文件由于不可恢复的操作而不可恢复？

```
RMAN>REPORT UNRECOVERABLE;
```

【例 10-19】 目标数据库的结构是怎样的？

```
RMAN>REPORT SCHEMA;
```

REPORT 命令非常实用，有多种选项，鉴于篇幅此处将不做详细介绍。

10.5.2 RMAN 备份

1. RMAN 备份类型

使用 RMAN 可以进行以下内容的备份。

（1）整个数据库、表空间中的所有数据文件或单个数据文件。

（2）所有归档日志或所选归档日志。

（3）控制文件。

使用 RMAN 可以对关闭的数据库（要求已装载但不打开）进行备份，也可以对打开的数据库备份。当对打开的数据库执行表空间备份时，不需将表空间置于备份模式。

RMAN 支持两种类型的备份。

（1）映像副本（Image copies）。创建映像副本是使用 RMAN 的 COPY 命令实现的。这种类型将复制数据文件的所有块，不管该块是否存储了数据。

（2）备份集（Backup sets）。备份集是一个具有 RMAN 专有格式的逻辑对象。使用 RMAN 命令 BACKUP 实现，只会备份有数据的块。

一个备份集由一个或多个称为备份片的物理文件组成。一个备份片可以包含来自多个数据文件的数据块。FILESPERSET 参数控制备份集中包含的数据文件个数，这也将决定备份集的数目。默认备份集只包含一个备份片，但是 MAXPIECESIZE 会影响备份片的个数。

备份集备份包括完全备份和增量备份。

（1）完全备份。这里的完全备份与前边提到的完全备份（它指包含目标数据库的所有数据文件和控制文件，确切地讲是整体数据库备份）不同。这里完全备份是指包含指定文件数据的所有数据块的备份，可能是针对一个数据文件，也可能是多个数据文件，还可能是控制文件或归档重做日志文件。

（2）增量备份。增量备份只对上次增量备份以后数据块有更改的数据文件进行备份。增量备份需要一个基础级别（即增量级别 0）备份，该备份包含指定文件数据的所有块。增量备份时用户可以指定 1～4 中的任意一个级别。增量级别 0 和完全备份均复制数据文件中的所有块，但是在增量备份策略中不能使用完全备份。

2. 备份举例

【例 10-20】　为 9#文件，即 users 表空间对应的数据文件创建映像副本，要求使用自动通道完成。

```
RMAN>COPY DATAFILE 9 TO 'D:\backup\df9.bak';
    启动 copy 于 28-7 月 -08
    分配的通道: ORA_DISK_1
    通道 ORA_DISK_1: sid=17 devtype=DISK
    通道 ORA_DISK_1: 已复制数据文件 9
    输出文件名=D:\BACKUP\DF9.BAK recid=3 stamp=661281813
    完成 copy 于 28-7 月 -08
```

【例 10-21】　为 8#与 9#文件创建映像副本，要求手工分配一个通道。

```
RMAN>RUN {
        ALLOCATE CHANNEL d1 TYPE DISK;
        COPY DATAFILE 8 TO 'D:\backup\df8.bak';
        COPY DATAFILE 9 TO 'D:\backup\df9.bak';
        }
    分配的通道: d1
    通道 d1: sid=17 devtype=DISK
    启动 copy 于 28-7 月 -08
    通道 d1: 已复制数据文件 8
    输出文件名=D:\BACKUP\DF8.BAK recid=6 stamp=661282486
    完成 copy 于 28-7 月 -08
    启动 copy 于 28-7 月 -08
    通道 d1: 已复制数据文件 9
    输出文件名=D:\BACKUP\DF9.BAK recid=7 stamp=661282492
    完成 copy 于 28-7 月 -08
    释放的通道: d1
```

此例中，两个数据文件使用一个通道 d1 先后串行完成备份。

【例 10-22】　为 8#、9#文件创建映像副本，要求手工分配两个通道并行备份。

```
RMAN>RUN {
        ALLOCATE CHANNEL d1 TYPE DISK;
        ALLOCATE CHANNEL d2 TYPE DISK;
        COPY DATAFILE 8 TO 'd:\backup\df8.bak',
            DATAFILE 9 TO 'd:\backup\df9.bak';
        }
    分配的通道: d1
    通道 d1: sid=17 devtype=DISK
    分配的通道: d2
    通道 d2: sid=18 devtype=DISK
    启动 copy 于 28-7 月 -08
    通道 d1: 已复制数据文件 8
    输出文件名=D:\BACKUP\DF8.BAK recid=8 stamp=661282799
    通道 d2: 已复制数据文件 9
    输出文件名=D:\BACKUP\DF9.BAK recid=9 stamp=661282799
```

```
完成 copy 于 28-7 月 -08
释放的通道：d1
释放的通道：d2
```

此例中，8#文件使用通道 d1 备份，9#文件使用通道 d2 备份，两个文件使用两个通道并行备份。

【例 10-23】　备份集备份 users 与 indx 两个表空间。

```
RMAN>BACKUP (TABLESPACE users,indx);
    启动 backup 于 28-7 月 -08
    分配的通道：ORA_DISK_1
    通道 ORA_DISK_1: sid=17 devtype=DISK
    通道 ORA_DISK_1: 正在启动 full 数据文件备份集
    通道 ORA_DISK_1: 正在指定备份集中的数据文件
    输入数据文件 fno=00009 name=E:\ORACLE\ORADATA\STUDENT\USERS01.DBF
    输入数据文件 fno=00006 name=E:\ORACLE\ORADATA\STUDENT\INDX01.DBF
    通道 ORA_DISK_1: 正在启动段 1 于 28-7 月 -08
    通道 ORA_DISK_1: 已完成段 1 于 28-7 月 -08
    段 handle=E:\ORACLE\ORA92\DATABASE\05JMKPTM_1_1 comment=NONE
    通道 ORA_DISK_1: 备份集已完成，经过时间:00:00:07
    完成 backup 于 28-7 月 -08
```

此例中，**RMAN** 通过读取注册在恢复目录中的目标数据库 student 的结构信息，确定两个表空间相关联的数据文件，使用自动通道备份，备份结果生成一个备份集。

【例 10-24】　备份集备份数据文件 2、3、4、9 及控制文件。

```
RMAN>BACKUP DATAFILE 2,3,4,9 FILESPERSET 3
        INCLUDE CURRENT CONTROLFILE;
    启动 backup 于 28-7 月 -08
    使用通道 ORA_DISK_1
    通道 ORA_DISK_1: 正在启动 full 数据文件备份集
    通道 ORA_DISK_1: 正在指定备份集中的数据文件
    输入数据文件 fno=00009 name=E:\ORACLE\ORADATA\STUDENT\USERS01.DBF
    输入数据文件 fno=00003 name=E:\ORACLE\ORADATA\STUDENT\CWMLITE01.DBF
    输入数据文件 fno=00004 name=E:\ORACLE\ORADATA\STUDENT\DRSYS01.DBF
    通道 ORA_DISK_1: 正在启动段 1 于 28-7 月 -08
    通道 ORA_DISK_1: 已完成段 1 于 28-7 月 -08
    段 handle=E:\ORACLE\ORA92\DATABASE\0BJMKR46_1_1 comment=NONE
    通道 ORA_DISK_1: 备份集已完成，经过时间:00:00:07
    通道 ORA_DISK_1: 正在启动 full 数据文件备份集
    通道 ORA_DISK_1: 正在指定备份集中的数据文件
    输入数据文件 fno=00002 name=E:\ORACLE\ORADATA\STUDENT\UNDOTBS01.DBF
    备份集中包括当前控制文件
    通道 ORA_DISK_1: 正在启动段 1 于 28-7 月 -08
    通道 ORA_DISK_1: 已完成段 1 于 28-7 月 -08
    段 handle=E:\ORACLE\ORA92\DATABASE\0CJMKR4D_1_1 comment=NONE
    通道 ORA_DISK_1: 备份集已完成，经过时间:00:00:25
    完成 backup 于 28-7 月 -08
```

此例中指定：备份 4 个数据文件与控制文件、而且每 3 个文件生成一个备份集。通过备份过程看到：备份结果生成了 2 个备份集，每个备份集仅包含 1 个备份片。

【例 10-25】　备份集备份整个数据库。

```
RMAN>BACKUP DATABASE;
```

也可以使用如下命令指明备份的存储位置与名称，每个备份集包含 4 个文件：

```
RMAN>BACKUP DATABASE
        FORMAT 'D:\BACKUP\full_%U.bak' FILESPERSET = 4;
```

【例 10-26】　李名是一名 DBA，他维护的是一个 100GB 的数据库，而且数据还在不断增长。如果执行打开的数据库的整体备份则需要 4 个小时，但是企业要求数据库每周 7 天、每天 24 小时运行，所以在该时间段内执行备份将消耗大量系统资源。因此，每周只能执行一次 0 级备份，但出现故障时必须进行快速恢复。综合考虑后，制订了以下备份和恢复策略：

在每周中活动最少的星期日这一天执行 0 级备份：

```
RMAN>BACKUP INCREMENTAL LEVEL 0 DATABASE;
```

每天执行一次 2 级增量备份，星期三除外。以这种方式备份的速度比较快，这是因为只复制了自前一天以来更改过的块：

```
RMAN>BACKUP INCREMENTAL LEVEL 2 DATABASE;
```

星期三的数据库活动较少，所以在这一天复制自星期日以来更改过的所有块，以加快恢复速度。例如，如果在星期五发生故障，则只需要还原星期日、星期三和星期四的备份（不需要还原星期一和星期二的备份）：

```
RMAN>BACKUP INCREMENTAL LEVEL 1 DATABASE;
```

10.5.3　RMAN 恢复

使用 RMAN 备份的数据库只能使用 RMAN 提供的恢复命令进行恢复。RMAN 的恢复包括 RESTORE 和 RECOVER 两个命令。先用 RESTORE 命令，系统自动从恢复目录中确定最合适的备份信息，并自动地还原相应的备份，然后使用 RECOVER 命令对数据库实施同步恢复。

RMAN 的恢复步骤比较简单，下面通过举例说明恢复的方法与步骤。

【例 10-27】　恢复表空间 users，要求数据库是打开状态。

恢复的步骤如下：

```
RMAN>sql 'ALTER TABLESPACE users OFFLINE';
RMAN>RESTORE TABLESPACE users;
RMAN>RECOVER TABLESPACE users;
RMAN>sql 'ALTER TABLESPACE users ONLINE';
```

【例 10-28】　恢复数据文件 users01.dbf。

```
RMAN>sql "ALTER DATABASE DATAFILE
        ''E:\ORACLE\ORADATA\STUDENT\USERS01.DBF'' OFFLINE";
RMAN>RESTORE DATAFILE 'E:\ORACLE\ORADATA\STUDENT\USERS01.DBF';
```

```
RMAN>RECOVER DATAFILE 'E:\ORACLE\ORADATA\STUDENT\USERS01.DBF';
RMAN>sql "ALTER DATABASE DATAFILE
        ''E:\ORACLE\ORADATA\STUDENT\USERS01.DBF'' ONLINE";
```

【例 10-29】　将数据库不完全恢复到时间点 2008-07-28 19:57。

执行不完全恢复的步骤如下。

（1）如果目标数据库已打开，则彻底关闭它。

（2）装载目标数据库。注意不要在恢复期间备份数据库。

（3）启动恢复管理器并连接至目标数据库。

```
RMAN TARGET / CATALOG rman/rman@catadb
```

（4）执行如下命令：

```
RMAN>RUN {
      ALLOCATE CHANNEL c1 TYPE DISK;
      ALLOCATE CHANNEL c2 TYPE DISK;
      SET UNTIL TIME
      "TO_DATE('2008-07-28 19:57:00', 'yyyy-mm-dd hh24:mi:ss')";
      RESTORE DATABASE;
      RECOVER DATABASE;
      sql "ALTER DATABASE OPEN RESETLOGS";
      }
```

（5）确认错误已经纠正，然后执行备份。

（6）通知用户数据库可以使用。

（7）如果使用恢复目录，则注册数据库的新副本：

```
RMAN>RESET DATABASE;
```

10.5.4　RMAN 恢复目录维护

恢复目录数据库是 RMAN 的重要组成部分，其内存储了目标数据库的结构信息、备份集名称和时间、数据文件副本的时间戳和名称、归档日志以及 RMAN 制作的任何副本的信息记录。确切地说，这些信息存储在恢复目录数据库的恢复目录中。

在使用 RMAN 之前，需要先将恢复目录准备好，下面就是恢复目录的创建步骤。

（1）创建恢复目录数据库 catadb。为了数据库安全，最好将目录数据库建在与目标数据库独立的两个服务器上。

（2）创建恢复目录表空间 rman_ts。连接到恢复目录数据库，然后创建恢复目录表空间 rman_ts。

（3）创建用户。必须创建一个拥有恢复目录的用户 rman_01。

```
SQL>CREATE USER rman_01 IDENTIFIED BY rman_01
    DEFAULT TABLESPACE rman_ts
    QUOTA UNLIMITED ON rman_ts;
```

（4）授予该用户维护恢复目录和执行备份、恢复操作的角色和权限。

```
SQL>GRANT RECOVERY_CATALOG_OWNER TO rman_01;
```

还可以授予 CONNECT 与 RESOURCE 角色：

```
SQL>GRANT CONNECT, RESOURCE TO rman_01;
```

（5）创建恢复目录。创建恢复目录时，需要进入 RMAN。

```
D:>RMAN CATALOG rman_01/rman_01@catadb
RMAN>CREATE CATALOG TABLESPACE rman_ts;
```

（6）连接到目标数据库，以便注册数据库。

```
RMAN>CONNECT TARGET sys/sys@student
```

（7）注册目标数据库。

```
RMAN>REGISTER DATABASE;
```

在恢复目录中注册目标数据库之后，就可以使用恢复目录存储有关目标数据库的信息了。

小　　结

备份与恢复是 DBA 的一项重要职责，关系到数据库能否可靠地运行。本章比较详尽地介绍了基于用户管理的物理备份与恢复、基于 RMAN 的物理备份与恢复，以及逻辑备份与恢复的各种技术和方法。

习　　题

选择题

1. 下面哪种类型的故障最可能需要数据库管理员的介入？（　　　）
    A. 用户错误　　　　　　B. 进程故障　　　　　C. 语句故障　　　　　D. 实例故障
2. 下面不认为是介质故障的情况是（　　　）。
    A. 错误删除了一个数据文件　　　　　　　B. 一个被破坏的数据文件
    C. 错误删除了一个表　　　　　　　　　　D. 一个硬盘驱动器损坏
3. 要想执行冷备份，不能使用（　　）选项来关闭数据库。
    A. NORMAL　　　　　　　　　　　　　B. IMMEDIATE
    C. TRANSACTIONAL　　　　　　　　　　D. ABORT
4. 如果表空间处于备份模式，那么表空间的状态将显示为下面哪一种？（　　　）
    A. STALE　　　　　　　B. BACKUP　　　　　C. IN PROCESS　　　D. ACTIVE
5. 下面哪一个命令会使用归档重做白志文件的内容更新所恢复的数据文件？（　　　）
    A. ALTER TABLESPACE　　　　　　　　B. ALTER DATABASE
    C. RECOVER DATAFILE　　　　　　　　D. RECOVER FILE
6. 发布不完全恢复命令时，数据库应处于（　　　）状态。
    A. 打开　　　　　B. 装载　　　　　　C. 未装载　　　　　D. 关闭

7. 最可能导致最多的数据丢失的不完全恢复是（　　）。

　　A. 基于时间　　　　B. 基于取消　　　　C. 基于更改　　　　D. 基于 SCN

8. 数据丢失最少的不完全恢复是（　　）。

　　A. 基于时间　　　　B. 基于取消　　　　C. 基于更改　　　　D. UNTIL TIME

9. 逻辑导入的命令是（　　）。

　　A. exp　　　　　　B. imp　　　　　　C. EXPORT　　　　D. IMPORT

10. 利用 exp 工具将某个表导出为一个二进制文件，这种备份方式称为（　　）。

　　A. 物理备份　　　B. 逻辑备份　　　　C. 数据库完全备份　　D. 一致性备份

11. 利用 EXP 工具将某个表导出为一个二进制文件，其扩展名为（　　）。

　　A. DUMP　　　　B. BAK　　　　　　C. DBF　　　　　　D. DMP

12. 以下命令的作用是（　　）。

```
RMAN>CONNECT TARGET / CATALOG rman_01/rman_01@catadb
```

　　A. 连接的目标数据库是本地默认的，且用其控制文件作为恢复目录

　　B. 连接远程的 catadb 作为恢复目录数据库，但没有连接目标数据库

　　C. 连接的目标数据库是本地默认的，远程的 catadb 作为恢复目录数据库

　　D. 连接的恢复目录数据库是本地默认的，目标数据库是 catadb

实　　　训

目的与要求

（1）掌握数据库的冷备与热备。

（2）掌握对数据文件实施完全恢复的方法。

（3）了解数据库不完全恢复的操作步骤与方法。

（4）掌握数据库的导入导出。

（5）掌握利用 RMAN 进行备份集备份。

（6）了解 RMAN 恢复步骤。

实训项目

（1）将数据库设置为非归档模式，然后对当前数据库进行用户管理的一致性完整数据库的备份。

（2）关闭数据库，将 system 表空间的数据文件删除。启动数据库，结果如何？请进行恢复。

（3）对表空间 users、system 进行热备份。

（4）编写一个依次热备每一个表空间的脚本文件 dbbak.sql，备份结果存储于某个指定的位置。

（5）对归档模式的数据库做一次基于用户管理的一致性冷备份。

（6）在表空间 users 上增加一些数据。然后将其对应的数据文件删除。请针对该故障

实施数据库恢复操作，并验证恢复后增加的那些数据有无丢失，进一步分析原因。

（7）将 system 表空间的数据文件删除，然后利用备份将其恢复到另一个磁盘位置。

（8）删除任意一个表，然后对数据库实施基于时间的不完全恢复。注意时间应选取删除操作前的某个时刻。

（9）使用 RMAN 工具，映像副本方式备份数据文件 1、5、6、9。

（10）使用 RMAN 工具，备份集方式备份表空间 users。

（11）备份集方式备份数据文件 users01.dbf 与控制文件。

（12）使用 RMAN 工具，列出数据文件 users01.dbf 的所有备份集信息。

（13）将表空间 users 数据文件删除，然后使用 RMAN 工具完成该表空间的恢复。

（14）利用导入、导出功能，将用户 scott 的全部内容复制到另一个用户 jwcuser 下。

（15）利用导入、导出功能，将同学甲的某个表复制到同学乙数据库。

第三篇
Oracle 数据库开发

　　本篇从数据库应用系统开发的角度，主要讲述了基于 Oracle 数据库的应用开发知识和技术。本篇共分 4 章，首先介绍了 Oracle 数据库对象（表、约束、索引、视图等）的应用技术，其次介绍了 PL/SQL 编程的基础知识，最后通过实例介绍了基于 Oracle 数据库系统开发的主要内容和相关技术。

　　通过本篇的学习，可以具备 Oracle 数据库应用开发技能，具体技能包括以下几个。

　　（1）在 Oracle 环境中对表的各种扩充功能的应用。

　　（2）完整性约束的定义与维护。

　　（3）数据库应用开发中常用的数据库对象的设计与开发。

　　（4）PL/SQL 程序设计。

第 11 章

表 与 约 束

11.1　表

　　表是数据库中最基本的对象。通过标准 SQL 语句 CREATE TABLE 可以创建满足任何要求的表对象，利用 ALTER TABLE 语句还可以进行更改，这些内容在本书第 2 章中已进行过介绍。事实上，Oracle 对这些语句的功能进行了扩充，即允许在建表语句或修改表语句中，同时指定一些 Oracle 支持的选项。本节将在第 2 章的基础上，着重介绍 Oracle 对表的扩展功能。

11.1.1　创建表时扩充选项

　　1. 指定 TABLESPACE 选项

　　TABLESPACE 选项用于指定新表所处的表空间。建议在 CREATE TABLE 语句中显式指定一个适当的表空间，指定原则如下。

　　（1）尽量使用非 SYSTEM 表空间，将用户数据与数据字典分离存储，可以提高系统性能。

　　（2）属于同一个应用的表尽量存储在一个表空间中，进行备份或恢复操作时更为快捷。

　　例如，建立表 stud，并将其存储于表空间 edu 中：

```
SQL>CREATE TABLE stud(sno NUMBER(5),…) TABLESPACE edu;
```

　　再如，建立表 stud 的备份，并将备份存储于表空间 tbs_bak 中：

```
SQL>CREATE TABLE stud_bak  TABLESPACE tbs_bak
    AS SELECT * FROM stud;
```

　　注意，如果在创建表时没有指定表空间，则表将被创建在当前用户的默认表空间中。

　　2. 指定 PCTFREE、PCTUSED 选项

　　数据会被存储在一个一个的数据块中。而通常情况下，数据库中的数据不是一成不变的，经常需要对其进行增加、修改、删除。如果数据块中没有足够的空间，可能无法容纳更新后变大了的数据行，出现这种情况时，Oracle 就会把整个行移到一个新块，并创建一个从原块指向新位置的指针，这种现象称为"行移植"。另外，如果一个行过大而任何一个块都容纳不下时，就会发生"行链接"，此时一行数据必须要放在多个块中。

　　由于行移植和行链接使得 Oracle 服务器必须扫描多个数据块才能检索一行数据，所以与该行相关联的输入/输出（I/O）性能将会大大降低。对于行链接情况，通过选择较大的块大小或将一个表拆分成包含更少列的多个表，可最大限度地减少行链接。而对于行迁移，则可以通过 PCTFREE、PCTUSED 两个选项控制数据块空间的使用来减少行迁移。

具体地说，PCTFREE 用于指定在数据块内为 UPDATE 操作所预留空间的百分比，用于运行 UPDATE 语句而导致块内行的增长所需要的空间，其默认值为 10；而 PCTUSED 则用于指定可重新插入数据时数据块已用空间的百分比，如果一个块的已用空间低于 PCTUSED，则可向该块插入新行，PCTUSED 默认值为 40。

例如，建表 stud 时，指定 PCTFREE、PCTUSED 分别为 20、25：

```
SQL>CREATE TABLE stud(sno NUMBER(5),…) TABLESPACE edu
    PCTFREE 20 PCTUSED 25;
```

通过 PCTFREE、PCTUSED 控制数据块空间的使用情况如图 11-1 所示。当（a）初始阶段插入数据时，因为空闲空间多于 20%，所以 Oracle 会给该块插入数据；在（b）阶段因为空闲空间低于 20%，所以 Oracle 不会给该块插入数据；在（c）阶段，当删除了一些数据之后，尽管空闲空间多于 20%，但因为已用空间高于 25%，所以此时 Oracle 仍然不会给该块插入数据；在（d）阶段，当删除数据后，如果已用空间低于 25%，那么此时 Oracle 再次可以给该块插入数据。

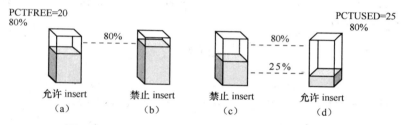

图 11-1　PCTFREE、PCTUSED 与数据块空间控制

一般来说，对于仅用于查询而不用于修改或插入的表，应该选择低 PCTFREE；对于 UPDATE 操作较频繁且需要经常扩展记录大小的表应当设置较高的 PCTFREE。低 PCTUSED 可能会浪费存储空间，但是高的 PCTUSED 可能会降低系统效率。目前由于存储空间的费用越来越低，在不能同时提高系统效率和存储利用率时，往往会以提高系统效率为主。另外，PCTFREE 与 PCTUSED 之和应该小于 100%。

3. 指定 STORAGE 选项

当创建表时，Oracle 会自动从指定的表空间中为新建的表创建一个数据段，并且段的名称与表的名称相同，该表的所有的数据都会存储在该段相应的区结构中。

在建表命令中可以指定 STORAGE 存储选项，用于指明 Oracle 如何为该表段分配区，如果不指定 STORAGE，则表将使用该表空间的存储设置。STORAGE 存储选项中可以包括如下几个存储参数。

（1）initial：指定为表的数据段分配的第一个区的大小。

（2）next：指定为表的数据段分配的第二个区的大小。

（3）pctincrease：指定从第三个区开始，为表的数据段分配的每个区比前一个区所增长的百分比。每个区的大小为前一个区×（1+pctincrease/100）。如果表处于本地管理方式的表空间中，则该参数被忽略。

（4）minextents：指定允许为表的数据段所分配的最小区个数（即初始分配的区个数）。

（5）maxextents：指定允许为表的数据段所分配的最大区个数。如果表处于本地管理方式的表空间中，该参数被忽略。

例如，在字典管理表空间 comp 上创建表 stud1，指定其第一个区、第二个区均为 100K 大小、最少分配 2 个区：

```
SQL>CREATE TABLE stud1 (
        sno NUMBER(5) PRIMARY KEY,
        sname VARCHAR2(10) NOT NULL,
        ssex CHAR(2),
        sage NUMBER(2),
        sdept NUMBER(2) NOT NULL,
        sdate DATE)
    TABLESPACE comp
    STORAGE (initial 100K next  100K minextents 2);
```

本地管理表空间中区的管理和分配有着日趋简单化、自动化的特点，因此建立表时一般不再指定 STORAGE 存储选项，但对于有特别存储要求的表，可以指定除 pctincrease 与 maxextents 之外的其他存储参数值。

11.1.2　修改表时扩充选项

修改表使用 ALTER TABLE 命令。该命令除了可以增加表列、修改表列、删除表列（在第 2 章已介绍）外，还可以指定如下的选项完成表的重建、表到另外表空间的移动、块空间控制参数的重置等。

1. 指定 MOVE 重建表

当在表上频繁地执行 DML 操作时，会产生空间碎片或行迁移，此时可以考虑将该表移到一个新的数据段中以消除空间碎片。

例如，将表 stud 重建：

```
SQL>ALTER TABLE stud MOVE;
```

2. 指定 MOVE TABLESPACE 将表移到新的表空间

有时候，也可能需要将表移动到其他表空间的一个数据段中。例如：

```
SQL>ALTER TABLE stud MOVE TABLESPACE t;
```

3. 指定新的块空间控制参数值

例如，为表 stud 重置 PCTFREE 和 PCTUSED 选项的值：

```
SQL>ALTER TABLE stud PCTFREE 10 PCTUSED 50;
```

4. 重命名一个表列

在 Oracle 中，可以非常容易地修改某个表列的名字。例如，将 stud 表的列 sdept 改名为 dno，可以使用如下命令：

```
SQL>ALTER TABLE stud RENAME COLUMN sdept TO dno;
```

5. 手工分配和释放区

Oracle 中空间分配和释放都以区为单位进行。

一般情况下，当一个表需要更多的存储空间时，Oracle 会自动计算出空间大小然后自动为它分配一个新区。但是，有些情况需要用户手工方式分配区，比如在大量加载数据之前，手工分配一个指定大小的区，以避免表的动态扩展引起性能下降；或者需要指定从哪个数据文件中分配区，以控制一个表的区在文件之间的分配。

例如，如下命令为 stud 表手工分配一个大小等于存储参数 next 值的新区：

```
SQL>ALTER TABLE stud ALLOCATE EXTENT;
```

又如，可以使用如下带有 SIZE 选项的命令，分配一个指定了大小的区：

```
SQL>ALTER TABLE stud ALLOCATE EXTENT (SIZE 1M );
```

手工分配区时，也可以指定新区所处的数据文件，注意数据文件必须属于表所处的表空间。示例如下：

```
SQL>ALTER TABLE stud ALLOCATE EXTENT
    (SIZE 1m DATAFILE 'E:\edu02.dbf');
```

使用 ALTER TABLE 命令不仅可以为表分配区，也可以释放表上的区。手工释放区，可以将已经分配但未使用的那些区进行释放，默认情况下释放之后表段的区个数不会低于 minextents 存储参数值。

例如，将表 stud 上的多余的空间释放：

```
SQL>ALTER TABLE stud DEALLOCATE UNUSED;
```

如果要了解表所分配的区信息，可以通过 user_extents 查询得到。例如，如下命令将会显示用户所拥有的 stud 表的相关区的区号、区大小、区所在的表空间等信息：

```
SQL>SELECT extent_id "区号",
           bytes "区大小",
           tablespace_name "所在表空间"
    FROM user_extents
    WHERE segment_name='STUD';
```

11.1.3 删除表时扩充选项

删除表就是要把表的数据、结构及与该表相关的所有索引和触发器一起删除。普通用户可以删除自己所拥有的表，管理员可以删除其他用户的表。

例如，利用下面的命令将删除 stud 表：

```
SQL>DROP TABLE stud;
```

但是，如果要删除的表中包含有被其他表的外键引用的主键，则需要在 DROP TABLE 命令中指定 CASCADE 选项。例如，学生表 stud 的学号与选课表 sc 中的学号存在主外键约束关系，如果有如下数据：

```
SQL>SELECT sno,sname FROM stud;
    SNO       SNAME
    ----- --------------------
    23456     李勇
```

```
   23457          刘晨
   23458          王名
SQL>SELECT  *  FROM sc;
    SNO   CN   GRADE
   ----- --  ----------
   23456 c1        70
   23456 c2        80
   23457 c1        90
```

由于 stud 表中主键 sno 值 23456 与 23457 已经被另外表 sc 外键 sno 所引用，因此当发出如下删除表命令时会遇到错误：

```
SQL>DROP TABLE stud;
   DROP TABLE stud
            *
   ERROR 位于第 1 行：
   ORA-02449：表中的唯一/主键被外部关键字引用
```

此时，**DROP TABLE** 必须带有 **CASCADE** 选项才能删除，命令如下：

```
SQL>DROP TABLE stud CASCADE CONSTRAINTS;
```

CASCADE CONSTRAINTS 表示在删除主表（stud）的同时，也会删除从表（SC）中的相关的外键约束。

某些情况下也许用户并不需要删除表，只是想删除数据，这时可以使用 TRUNCATE 语句。例如：

```
SQL>TRUNCATE TABLE stud;
```

该命令只删除全部行数据，不删除表结构。与 **DROP TABLE** 相比具有不会影响其他数据库对象的优势；与 **DELETE** 命令相比，又具有如下两点优势。

（1）**TRUNCATE** 是 DDL 语句，不产生回退数据，因此执行效率高。

（2）**TRUNCATE** 后会释放表数据所占用的空间，而 **DELETE** 后空间不释放。

因此，当要删除全部行而表结构需要保留时，一般用 **TRUNCATE** 命令。

11.1.4　查询表

1. 显示某用户的表信息

管理员可以通过 **dba_tables** 或 **dba_objects** 查看某个用户所建立的表。例如，查询用户 **jwcuser** 所拥有的表：

```
SQL>SELECT table_name FROM dba_tables WHERE owner='JWCUSER';
```

或

```
SQL>SELECT object_name FROM dba_objects
    WHERE object_type='TABLE' AND owner='JWCUSER';
```

用户自身也经常需要查询自己所建立过的表，此时使用 **user_tables** 或 **user_objects** 进行查询。例如，**jwcuser** 用户查询自己建立的表：

```
SQL>SELECT table_name FROM user_tables;
```

或

```
SQL>SELECT object_name FROM user_objects
    WHERE object_type='TABLE';
```

2. 显示表的存储参数信息

例如，用户 jwcuser 查询 stud 表的各项存储参数取值情况，包括块空间控制参数 PCTFREE 与 PCTUSED，区参数 initial、next、minextents 等：

```
SQL>SELECT pct_free,pct_used,
            initial_extent,next_extent,min_extents,max_extents,
            pct_increase
    FROM user_tables
    WHERE table_name='STUD';
```

3. 显示表段信息

当建立表时，Oracle 会自动为该表分配相应的表段，并且表段的名称与表的名称完全相同。通过查询 dba_segments 或 user_segments，可以了解段所在的表空间、段的大小及段的存储参数。

例如，查询 stud 段的大小及所在的表空间名称：

```
SQL>SELECT bytes,tablespace_name FROM user_segments
    WHERE segment_name='STUD';
```

这里的 bytes 是指已分配给该段的空间，可能这些空间还未存储数据。对表做过分析之后，可以得到一个表段所占用的实际空间。

4. 显示表数据占用的实际空间以及剩余空间

要想了解一个表所占用的实际空间，或者要了解一个表各行的平均长度，需要首先对该表进行分析，然后查询 user_tables。如果不分析，查询结果将显示为空值。因此每次查看这些数据之前一定要先分析。

分析实质上就是收集关于表的物理存储结构和特性的统计信息，比如表中总行数、行链接总数、已使用的数据块总数、未使用或剩余的数据块总数、各行的平均长度等。

分析表通过 ANALYZE TABLE 命令完成，并且有两种分析统计方法。

（1）COMPUTE STATISTICS：精确分析统计。

（2）ESTIMATE STATISTICS：近似分析统计。

例如，想要查看 stud 表实际的占用空间以及剩余空间，应该采用如下两步骤。

（1）对表 stud 进行分析。

```
SQL>ANALYZE TABLE stud COMPUTE STATISTICS;
```

也可以使用如下命令分析：

```
SQL>ANALYZE TABLE stud ESTIMATE STATISTICS;
```

（2）通过 user_tables 查看分析结果。

```
SQL>SELECT blocks "已占块数",
            empty_blocks "剩余块数",
            avg_row_len "平均行长",
            num_rows "总行数",
            chain_cnt "行链接数"
    FROM user_tables
    WHERE table_name='STUD';
已占块数     剩余块数     平均行长     总行数     行链接数
---------- ---------- ---------- ---------- ----------
    1         6          22          3          0
```

5. 显示表区信息

已经知道，建立表时会自动建立相应的数据段，而段又是由若干个区构成的。区是空间分配的最小单位，多数情况都是由系统根据需要自动完成区的分配。区由更小的逻辑空间单位——数据块构成。

有时需要了解表区的详细信息，比如一个表使用了多少个区、区位于哪个数据文件、区的大小、区包含了多少个数据块等。示例如下：

```
SQL>SELECT extent_id,bytes,block_id,blocks,
            file_id,tablespace_name
    FROM dba_extents
    WHERE owner='SCOTT' AND segment_name='STUD';
EXTENT_ID     BYTES     BLOCK_ID     BLOCKS   FILE_ID   TABLESPACE
---------- ---------- ---------- --------- ------- ----------
    0         65536       137         8        9        USERS
    1         65536       145         8        9        USERS
    2        1048576      265        128       9        USERS
    3        1048576       9         128       13       USERS
```

其中，extent_id 为区编号，每一个表段都是从 0 开始编号的。bytes 为区的字节数。block_id 为区所包含的起始数据块号，数据块以数据文件为单位进行编号。blocks 为区包含的数据块总数。file_id 为区所处的文件的编号。tablespace_name 为区所处的表空间的名称。

上例的结果中发现，表 stud 共分配了 4 个区，且前 2 个区相邻。具体如下：

第 1 个区：数据块从 137 号至 144 号，共 8 个块，区大小为 64KB，位于 9#文件。

第 2 个区：数据块从 145 号至 152 号，共 8 个块，区大小为 64KB，位于 9#文件。

第 3 个区：数据块从 265 号至 392 号，共 128 个块，区大小为 1MB，位于 9#文件。

第 4 个区：数据块从 9 号至 136 号，共 128 个块，区大小为 1MB，位于 13#文件。

11.1.5 rowid

rowid 能够唯一标识数据库中的一行记录，也就是说，数据库中的每一行数据都会对应一个唯一的 rowid。利用 rowid 可以最快速地定位一个表行。

rowid 是一种伪列，用户在查看表的结构时不会看到 rowid 列。rowid 由 Oracle 自动维护，当使用 INSERT 命令插入数据时，Oracle 会自动为其生成 rowid，并将 rowid 值与表数据一起存到表行中。

但是在需要 rowid 值时，必须显式方式进行引用。例如，查询 stud 表各行的 rowid、学号与姓名：

```
SQL>SELECT rowid,sno,sname FROM stud;
    ROWID               SNO        SNAME
------------------  ----------  ----------
AAAHW7AABAAAMUiAAA    73169       SMITH
AAAHW7AABAAAMUiAAB    74199       DAVI
AAAHW7AABAAAMUiAAC    75121       FRAND
AAAHW7AABAAAMUiAAD    75166       JOHN
```

可以看到，各行 rowid 值都不相同。rowid 值被显示为 18 个字符宽度的串，并使用以 64 为基数的编码方案，使用的字符包括 A～Z、a～z、0～9、+和/。

rowid 间接给出了一行记录的物理存放地址。18 位字符中包含了以下 4 项信息。

（1）数据对象编号（对应从左边起 6 位字符）：每个数据对象（如表或索引）在创建时都分配有此编号，并且此编号在数据库中是唯一的。

（2）相关文件编号（对应从左边起第 7 位～第 9 位字符）：表空间中数据文件的唯一的编号。

（3）块编号（对应从左边起第 10 位～第 15 位字符）：包含此行的块在文件中的位置。

（4）行编号（对应从左边起第 16 位～第 18 位字符）：行在块内的位置。

但是，rowid 对于用户来说不易直接读懂，Oracle 提供的 DBMS_ROWID 包能够将 rowid 转换成为易读的格式，示例如下：

```
SQL>SELECT sno,
         DBMS_ROWID.ROWID_RELATIVE_FNO(rowid) "所在文件号",
         DBMS_ROWID.ROWID_BLOCK_NUMBER(rowid) "所在块号",
         DBMS_ROWID.ROWID_ROW_NUMBER(rowid) "行号"
FROM stud;
     SNO    所在文件号    所在块号      行号
---------  ----------  ----------  ----------
   73169        1        50466         0
   74199        1        50466         1
   75121        1        50466         2
   75166        1        50466         3
```

在内部，数据对象编号需要 32 位、相关文件编号需要 10 位、块编号需要 22 位、行编号需要 16 位，加起来总共是 80 位即 10 个字节。因此 rowid 虽然显示长度为 18，但是存储需要占用 10 个字节。

11.2　约　　束

约束是维护数据完整性的有效方法之一。数据完整性是指数据库中的数据符合业务规则。除了约束，也可以通过应用程序代码或编写数据库触发器来保证数据的完整性。但是，与应用代码和触发器相比，约束不仅具有更好的性能，而且维护更加容易，所以约束是实现数据完整性的首选机制。本节只介绍约束的相关内容。

一般地，约束通常有如下几种类型。

（1）PRIMARY KEY：主键约束，指定列上的值不能为空也不能重复。一个表中的主键约束只能有一个，但是主键约束对应的列可以不止一个。

（2）UNIQUE ：唯一约束，指定列上的值不能重复。

（3）FOREIGN KEY：外键约束，指定列的值必须匹配于其参照的主表的主键列值。外键列也可取空值。外键表也称从表。

（4）CHECK：检查约束，对列的取值范围加以限制。

（5）NOT NULL：非空约束，指定列的值不允许空。

11.2.1　定义约束

约束，可以在创建表时同时被定义，也可以在建表之后再加以添加。

如果某个约束只作用于单个列，则既可在列级定义约束，也可在表级定义约束（非空约束只能在列级定义）；但是如果作用于多个列，就必须在表级定义约束。

Oracle 中的约束通过名称来标识。定义约束时可以指定名称，也可以不指定，如果不指定名称则由 Oracle 自动命名。

1．主键约束

（1）建表时同时定义约束，发生在列级。例如，为表 stud 指定主键，约束只涉及 sno 一列，因此约束可在表级也可在列级定义，如下示例采用列级定义。

```
SQL>CREATE TABLE stud (sno NUMBER(5) PRIMARY KEY,…);
```

（2）建表时同时定义约束，发生在表级。例如，为表 sc 指定主键，该表主键由 sno 与 cno 两列组合而得，只能表级定义。

```
SQL>CREATE TABLE sc (sno NUMBER(5),cno NUMBER(3),
    PRIMARY KEY(sno,cno),…);
```

（3）为已有表添加约束，且指定约束名称。

```
SQL>ALTER TABLE stud
    ADD CONSTRAINT stud_PK PRIMARY KEY(sno);
```

（4）为已有表添加约束，不指定约束名称。

```
SQL>ALTER TABLE stud ADD PRIMARY KEY(sno);
```

2．外键约束

（1）建表时同时定义约束，发生在列级，且指定名称。例如，将学生表 stud 的列 sdept 定义为外键，限制学生 sdept 列取值只能是主表 dept 存在的值（或是空值）。

```
SQL>CREATE TABLE stud (…,
    sdept CHAR(2)
    CONSTRAINT stud_fk_sdept REFERENCES dept(sdept),…);
```

注意，定义外键约束的前提是主表及主键已经存在。

（2）为已有表添加约束，且指定约束名称。

```
SQL>ALTER TABLE stud
    ADD CONSTRAINT stud_fk_sdept
    FOREIGN KEY (sdept) REFERENCES dept(sdept);
```

上述两种方法都实现了外键的定义。但是，当删除主表 dept 记录时，如果该值已经被参照，即存在该系学生，那么删除能成功吗？默认情况是删不掉的，会报告错误信息 ORA-02292（违反完整约束条件……已找到子记录日志）。

实际上，在定义外键约束时可以通过 ON 关键字，指定如果要删除的记录被引用了将怎么办？处理方案有如下几种。

（1）DELETE CASCADE：当主表中的一条记录被删除时，自动删除子表中所有相关的记录。

（2）DELETE SET NULL：当主表中的一条记录被删除时，将子表中所有相关记录的外键列的值设置为 NULL。

例如，定义外键时带上 ON DELETE SET NULL 子句，表示当删除主表记录时，如果已被引用，则将该外键的值设置为空值。示例如下：

```
SQL>ALTER TABLE stud
    ADD CONSTRAINT stud_fk_sdept
    FOREIGN KEY (sdept) REFERENCES dept(sdept)
    ON DELETE SET NULL;
```

上述命令添加的外键约束除了能保证学生所在系必须是 dept 表中存在的系部以外，还能保证当某个系从 dept 表中删除时，stud 表中该系学生的 sdept 值置为空值。

3. CHECK 约束

例如，定义约束——限制学生年龄在 18～30 岁之间。

```
SQL>CREATE TABLE stud (…,
    sage NUMBER(2),
    CONSTRAINT stud_c_sage CHECK (sage BETWEEN 18 AND 30),
    …);
```

又如，为已有表添加约束，限制学生性别为"男"、"女"。

```
SQL>ALTER TABLE stud ADD CHECK (ssex IN ('男','女'));
```

4. UNIQUE 约束

例如，定义约束——限制学生姓名不能重名。

```
SQL>CREATE TABLE stud (…,
    sname CHAR(8) UNIQUE,
    …);
```

又如，添加约束——课程名称不能完全相同。

```
SQL>ALTER TABLE course ADD UNIQUE(cname);
```

5．NOT NULL 约束

NOT NULL 约束只能紧随列的定义而定义，即进行列级定义。

例如，建表时定义约束——学生姓名不能为空。

```
SQL>CREATE TABLE stud (…,
    sname CHAR(8) CONSTRAINT stud_n_sname NOT NULL,
    …);
```

又如，为已有表 stud 添加约束——学生所在系部信息不允许为空。

```
SQL>ALTER TABLE stud MODIFY  sdept NOT NULL;
```

注意，添加 **NOT NULL** 约束使用 **MODIFY** 关键字而不是使用 **ADD** 关键字。

实际应用中，一个列可能会同时有多种约束，例如，学生姓名要求非空且唯一：

```
SQL>CREATE TABLE stud (…,
    sname CHAR(8) NOT NULL UNIQUE,
    …);
```

11.2.2　启用与禁用约束

可以启用（ENABLE）或禁用（DISABLE）约束。如果启用某个约束，则在数据库中输入或更新数据时，就会对数据进行检查，禁止接受不符合约束规则的数据。如果禁用某个约束，则约束不起作用，即可以在数据库中输入不符合约束规则的数据。

默认情况下，**CREATE TABLE** 和 **ALTER TABLE** 语句中定义的约束处于启用状态。

当需要禁用某个约束时，可以发出如下命令实现：

```
SQL>ALTER TABLE stud DISABLE CONSTRAINT stud_c_sage;
```

上述命令禁用了 stud 表上的名称为 stud_c_sage 的约束，而如下两条命令可分别禁用 stud 表中主键约束和 stud 表 sname 列上的唯一约束：

```
SQL>ALTER TABLE stud DISABLE PRIMARY KEY;
SQL>ALTER TABLE stud DISABLE UNIQUE(sname);
```

启用某个约束所使用的命令，与禁用的命令基本类似，只是将 ALTER TABLE 命令中的 DISABLE 改为 ENABLE 即可。例如，要启用 stud 表上的名称为 stud_c_sage 的约束：

```
SQL>ALTER TABLE stud ENABLE CONSTRAINT stud_c_sage;
```

有些情况下，在定义约束的时候就需要禁用，此时则必须使用 DISABLE 关键字。

例如，在创建表命令中定义约束，并直接将约束定义为禁用：

```
SQL>CREATE TABLE stud (sno NUMBER(5) PRIMARY KEY DISABLE,…);
```

再如，为已有表添加约束的同时，将约束定义为禁用：

```
SQL>ALTER TABLE stud ADD CHECK (ssex IN ('男','女')) DISABLE;
```

Oracle 中关于约束还可以做更进一步的控制，如是否对表中已有的数据进行约束限制、延迟约束检查还是立即约束检查等，这些内容不再详述。

11.2.3　查询约束

约束的相关信息主要通过查询 dba_constraints 与 dba_cons_columns 获得。

（1）查询 jwcuser 的 stud 表上所有约束的名称、类型、约束条件和状态。

```
SQL>SELECT constraint_name,
            constraint_type,
            search_condition,
            status
    FROM dba_constraints
    WHERE owner='JWCUSER' AND table_name='STUD';
```

（2）查询 jwcuser 用户在 stud 表上有哪些约束，约束列是哪些。

```
SQL>SELECT c.constraint_name,
            c.constraint_type,
            cc.column_name
    FROM dba_constraints c, dba_cons_columns cc
    WHERE c.owner='JWCUSER' AND
            c.table_name='STUD' AND
            c.owner = cc.owner AND
            c.constraint_name = cc.constraint_name
    ORDER BY cc.position;
CONSTRAINT_NAME               C      COLUMN_NAME
----------------------        ----   --------------------
SYS_C003098                   P         SNO
SYS_C003099                   C         SNAME
```

（3）查找主键-外键关系。例如：

```
SQL>SELECT c.constraint_name AS "外键约束",
            p.constraint_name AS "主键约束",
            p.constraint_type  "约束类型",
            p.owner   "主键表所有者",
            p.table_name  "主键表"
    FROM dba_constraints c, dba_constraints p
    WHERE c.owner='SCOTT' AND
            c.table_name='EMP' AND
            c.constraint_type='R' AND
            c.r_owner=p.owner AND
            c.r_constraint_name = p.constraint_name;
    外键约束      主键约束      约束类型      主键表所有者        主键表
---------- ---------- ---------- ---------------- ----------

FK_DEPTNO   PK_DEPT       P         SCOTT            DEPT
```

上述查询结果显示，用户 scott 的 emp 表上有一个外键约束，约束名称为 FK_DEPTNO，它参照主表 dept，dept 表也为 scott 用户所有，dept 表的主键约束名为 PK_DEPT。

11.2.4　删除约束

使用 ALTER TABLE 命令可以将指定的约束删除。例如，删除 stud 表上的约束 stud_fk_sdept，相应的命令为：

```
SQL>ALTER TABLE stud DROP CONSTRAINT stud_fk_sdept;
```

对于主键约束、唯一约束，删除时可以不指定约束名。例如，删除 stud 表上的主键约束，可以采用如下格式：

```
SQL>ALTER TABLE stud DROP PRIMARY KEY;
```

再如，如下命令将删除 stud 表的 sname 列上的唯一约束：

```
SQL>ALTER TABLE stud DROP UNIQUE (sname);
```

小　　结

在第 2 章中曾经对 CREATE TABLE、ALTER TABLE、DROP TABLE 三个 SQL 语句的通常用法，进行过较详细地介绍。本章第 1 节是在此基础上对 Oracle 扩充的用法作重点介绍。扩充的选项包括：建表时指定表存放的表空间、表数据块的空间控制、表的存储参数设置与修改、重建表以消除行迁移、将表移动至其他表空间、手工分配新区、删除带有主外键约束关系的表、表各种相关数据的查询。另外，还补充了表数据行对应的 rowid 知识。

第 2 节介绍的是完整性约束，约束分为主键约束、外键约束、检查约束、唯一约束、非空约束。详细介绍了各种约束的定义及添加方法，并能根据需要暂时禁用或启用约束，以及查询约束的信息。

习　　题

选择题

1. 如果想查看一个表实际所使用的数据块的数量，应当查询（　　　）。

　　A．dba_blocks　　　B．dba_extents　　　　C．dba_tables　　　　D．dba_tablespaces

2. 使用（　　）语句能够删除表中的一个约束。

　　A．ALTER TABLE … MODIFY CONSTRAINT

　　B．DROP CONSTRAINT

　　C．ALTER TABLE … DROP CONSTRAINT

　　D．ALTER CONSTRAINT … DROP

3. 一个表中只能存在一个约束的是（　　　）。

　　A．主键约束　　　　　　　　　　　B．外键约束　　　　C．检查约束

　　D．唯一约束　　　　　　　　　　　E．非空约束

4. CREATE TABLE 建立表时，缺省 TABLESPACE 选项意味着该表将（　　　）。

　　A．无法建立

　　B．建立在系统表空间

　　C．建立在当前用户的缺省表空间

　　D．建立在临时表空间 s

5. 想限制属性列 score 必须不超过 100，不低于 0 分，则应该定义为（　　）约束。

    A. 主键约束　　　　　　　　B. 外键约束　　　　　　C. 检查约束

    D. 唯一约束　　　　　　　　E. 非空约束

6. 控制一个数据块应该保留的空闲空间的比例，则应指定（　　）选项。

    A. PCTINCREASE　　　　　　B. PCTFREE

    C. PCTUSED　　　　　　　　D. PCTSPACE

7. 通过指定（　　）能够减少行迁移现象。

    A. 高 PCTFREE　　　　　　　B. 低 PCTFREE

    C. 高 PCTUSED　　　　　　　D. 低 PCTUSED

8. 通过指定（　　）能够减少存储空间浪费。

    A. 高 PCTFREE　　　　　　　B. 低 PCTFREE

    C. 高 PCTUSED　　　　　　　D. 低 PCTUSED

实　　　训

目的与要求

（1）掌握 Oracle 中表的创建、修改和删除。

（2）掌握表约束的创建、修改和删除。

（3）掌握表与约束的查询。

实训项目

要求先建立用户 newuser，然后以该用户登录并进行本次实训操作。本实训使用以下表：

①学生（学号，姓名，性别，年龄，系）

stu(sno , sname , ssex , sage , sdept)

②系（系号，系名，系主任）

dept(sdept , dname , dman)

③课程（课程号，课程名，学分，先修课）

course(cno , cname ,ccredit,cpno)

④选课（学号，课程号，成绩）

sc(sno , cno , grade)

（1）创建表 stu，要求：位于表空间 users，将 sno 定义为主键，sname 限制为非空，sage 在 18～30 之间。

（2）向表 stu 插入如下数据，并记录执行的结果或提示，分析原因：

1 张三 男 20

2 　　女 21

3 张三 女 30

4 李四 男 17

（3）创建表 dept，要求：将 sdept 定义为主健，dname 是唯一的。

（4）创建表 course，要求：cno 定义为主健，cname 唯一，ccredit 不超过 4 学分。

（5）创建表 sc，要求：sno 与 cno 共同作为主健，grade 限制在 0～100，sno 要参照 stu 的 sno，cno 要参照 course 的 cno。

（6）将 stu 表增加外键约束，即 stu 的 sdept 要参照 dept 表的 sdept，并指定一个约束名。

（7）查看约束信息：通过 user_constraints 获得表 stu 上都定义了哪些约束，约束名是什么，约束内容是什么。

（8）将 stu 表上的"sage 在 18～30 之间"的约束删除，并插入如下数据进行验证：5　王一　男　35。

（9）将 sc 表重新命名为 s_c。（使用 rename 命令）

（10）显示 stu 表的存储参数值。

（11）显示 dept 表的数据块空间参数值，并将其更改。

（12）手工为 stu 表分配一个 2MB 大小的区。

（13）显示本用户所拥有的所有表。

（14）显示本用户所拥有的所有表及所在表空间。

（15）显示 stu 表数据占用的实际空间及剩余空间。

（16）将 dept 表数据全部删除。

第 12 章
管 理 其 他 对 象

在 Oracle 中，除了表这种最基本的数据库对象以外，还可以使用很多其他的对象，包括索引、视图、序列、数据库链接以及同义词等，本章将逐一进行介绍。

12.1 索　　引

12.1.1　索引简介

1. 索引的概念

一张表中可能容纳上百万条乃至更多的数据记录。从如此大规模的数据集合中去查询或定位需要的数据，往往要消耗较长的时间。索引是一种与表相关的 Oracle 对象，合理地使用索引可以显著提高查询速度。

索引的作用类似于图书中的目录。如果没有目录，要在书中查找需要的内容则必须通读全书，有了目录，则只需要通过目录就可以很快定位到所需内容的页。

索引与表一样，需要分配实际的存储空间。索引存储的数据比表少得多，它只存储索引列值和记录号。尽可能地将索引与表数据分离存储，因为如果它们存放在位于不同硬盘上的不同的表空间中，则可以实现并行读取，避免 I/O 冲突，提高数据访问性能。

索引只影响 SQL 语句的执行性能，但有无索引并不影响 SQL 语句的执行，SQL 语句本身也不需作任何改动。根据需要可以随时建立或删除索引，这不会影响表中的数据。

一个数据库表上可以有多个索引，例如，学生表可以有学号、姓名等的索引。但是索引不是越多越好，因为索引只能提高查询速度，对于数据增删改却会引起 Oracle 对相关索引的自动更新维护，因此，开发人员或 DBA 应该根据实际情况，合理建立索引。

2. 索引类型

索引的类型很多。按照索引数据的存储方式，可以分为 B 树索引、位图索引。B 树索引是以 B 树结构来组织并存放索引数据的，是最为常用的索引类型，默认是升序的。如果表数据规模大，并且经常在 WHERE 子句中引用某列或某几列（列的重复值很少），则应该基于该列或该几列建立 B 树索引。位图索引是以位值来表示索引数据的，主要用在数据仓库环境，适合重复值很多、不同值相对固定的列上，如学生表的性别、系部列。

按照索引列值的存储顺序，可以分为正向索引与反向索引。反向索引是指索引列值按照字节相反顺序存放，如学生的学号 56137、56121、56145、56187，反向索引存储的结果是 12165、54165、73165、78165。反向索引好处在于使得索引数据分布均匀（关于索引的结构与存储，此处不予介绍），避免了 I/O 瓶颈。这种索引适于顺序递增或顺序递减的列上。

按照索引列值的唯一性，可以分为唯一索引和非唯一索引。

另外，按照索引所包含的列数可以把索引分为单列索引和复合索引。索引列只有一列的索引称为单列索引；对多个列的同时索引称为复合索引。

此外，还有一种索引称为函数索引，就是在要建立索引的一列或多列上使用函数或表达式。

索引的相关信息如索引类型、索引相关联的表、是否唯一索引等，可以通过查询数据字典 dba_indexes 或 user_indexes 得到，而索引对应在哪个索引列上，则可以查询数据字典 dba_ind_columns 或 user_ind_columns。

12.1.2　创建索引

建立索引需要具有 CREATE INDEX 系统权限。建立函数索引还必须具有 QUERY REWRITE 系统权限。索引顺序可以升序（默认），用 ASC 表示，也可以降序，用 DESC 表示。

与表类似，索引在建立时也可以指定 TABLESPACE 选项。

1.　B 树索引

例如，对于学生表，经常需要按姓名查找。为了提高查找速度，现在为姓名列建立索引，索引名为 ind_sname。　建立索引的命令为：

```
SQL>CREATE INDEX ind_sname ON stud(sname);
```

当执行如下命令时就会使用到索引 ind_sname。

```
SQL>SELECT * FROM stud WHERE sname= '张三';
SQL>SELECT * FROM stud WHERE sname LIKE '张%';
```

但是查询条件中当通配符位于匹配串开头部分时查询将不会用到索引。如下查询就不会使用索引 ind_sname。

```
SQL>SELECT * FROM stud WHERE sname LIKE '%张';
```

再如，为年龄列建立降序索引，并且将索引存储在索引表空间 indx，命令为：

```
SQL>CREATE INDEX ind_sage ON stud(sage DESC) TABLESPACE indx;
```

2.　位图索引

对于学生表的性别列，只有男、女两种不同取值，并且经常需要基于该列进行数据统计、数据汇总操作，因此需要为性别列建立位图索引，索引名为 ind_ssex。

```
SQL>CREATE BITMAP INDEX ind_ssex ON stud(ssex);
```

但是，当执行如下命令时不会使用到索引 ind_ssex。

```
SQL>SELECT COUNT(*) FROM stud WHERE ssex='男';
```

因为位图索引在建立了之后，不像 B 树索引那样会马上引用，还必须使用如下命令收集基表统计信息，之后才能确定是否引用位图索引。

```
SQL>ANALYZE TABLE stud ESTIMATE STATISTICS;
```

只有执行了上述的收集基表统计信息后，相应的位图索引才可能被使用。

3. 函数索引

如果姓名列值包含有大、小写字母，那么查询条件往往会写成 WHERE UPPER(sname)='JOHN'，但是此时却不会引用索引 ind_sname。如果这样的查询要求是经常性的，那么应该为此列建立基于函数的索引，索引名为 ind_fsname。建立索引的命令为：

```
SQL>CREATE INDEX ind_fsname ON stud(UPPER(sname));
```

同样，如下的函数索引要想被引用，也需要执行 **ANALYZE TABLE** 命令。

```
SQL>ANALYZE TABLE stud ESTIMATE STATISTICS;
```

索引，一般都需要使用命令 **CREATE INDEX** 来建立，但是 Oracle 也会自动建立一些索引，例如，系统会在主键约束列或唯一约束列上自动建立索引。

12.1.3 查找未用索引

前边提到，索引不一定对于每个查询都能起作用。例如，索引 ind_sname 对 "SELECT * FROM stud WHERE UPPER(sname)='JOHN'" 语句的执行就不会提供任何帮助。那么如何检查一个索引有没有用呢？

以索引 ind_sname 的使用为例，检查步骤如下。

（1）发布如下命令，开始监视指定索引的使用。

```
SQL>ALTER INDEX ind_sname MONITORING USAGE;
```

（2）执行相应的 SQL 查询，如：

```
SQL>SELECT * FROM stud WHERE upper(sname)='JOHN';
```

（3）在 v$object_usage 中收集了有关索引使用的统计信息。从 USED 列的值可以判断相关索引是否被用。例如，下面给出了一个显示示例：

```
SQL> SELECT * FROM v$object_usage;
INDEX_NAME TABLE_NAME MON USE  START_MONITORING     END_MONITORING
---------- ---------- --- --- ------------------- -------------------
IND_FSNAME    STUD     NO  YES 08/17/2008 16:42:04  08/17/2008 17:47:06
IND_SNAME     STUD     YES NO  08/17/2008 17:45:51
```

结果显示了 2 个索引的使用情况，各列的含义依次为索引名、索引相关联的表、是否正处于监视、监视时间内是否使用了索引、监视的开始时间、监视的结束时间。最后一列值显示为空说明还未结束监视，需要执行第（4）步结束。

（4）发布如下命令，结束对指定索引的监视。

```
SQL>ALTER INDEX ind_sname NOMONITORING USAGE;
```

12.1.4 重建索引

如果在索引列上频繁地执行更新或删除操作，则不可避免地会产生存储碎片，此时应该重建索引。重建索引实际上是在指定表空间上重新建立一个新的索引，然后再删除原来的索引。索引重建之后能够消除碎片提高空间使用率，另外也可以通过重建操作将索引数据移到另外的表空间中。

例如，将索引 ind_sname 进行重建：

```
SQL>ALTER INDEX jwcuser.ind_sname REBUILD;
```

再如，将索引 ind_sname 重建到表空间 indx02：

```
SQL>ALTER INDEX jwcuser.ind_sname REBUILD TABLESPACE indx02;
```

需要注意的是，如果表被重建，则由于重建表导致数据行的 rowid 发生了改变，因此还需要对该表上的索引进行重建。

12.1.5　删除索引

对于不常使用或根本未用的索引，应该及时将其删除，以便减少 Oracle 对该索引的维护工作。另外，有时需要大量加载数据，加载数据时系统也会同时给索引增加数据，为了加快数据加载速度，在加载之前最好先删除索引，加载之后再重新创建索引。

例如，将索引 ind_sname 删除，相应的命令如下。

```
SQL>DROP INDEX ind_sname;
```

12.2　视　　图

视图由一个 SQL 查询得到的结果集构成。它是一种虚表，在数据库中只保存视图的定义，不包含实际数据也不占用存储空间。用户可以像使用表一样来使用视图，经常通过视图向基表（即视图定义时所引用的表）插入或更新数据。

使用视图具有如下的很多优势。

（1）将复杂的查询定义成视图，然后基于视图作查询，可以简化用户数据查询和处理操作。

（2）视图可以对机密数据提供安全保护，隐藏基表的数据。

（3）可以基于相同的基表定义多个不同的视图，供不同用户使用。

12.2.1　创建视图

创建视图使用 CREATE VIEW 命令，语法格式如下：

```
CREATE [OR REPLACE] VIEW 视图名
    [（列名 1，列名 2，…）]
    As SELECT 语句
    [WITH CHECK OPTION]
    [WITH READ ONLY]
```

其中

（1）OR REPLACE：允许新视图替代一个已存在的同名的视图。

（2）WITH CHECK OPTION：在视图上进行 UPDATE 修改或 INSERT 插入操作时，必

须要满足"SELECT 语句"所指定的条件。

（3）WITH READ ONLY：仅允许对视图进行查询。

【例 12-1】 创建包含学生的学号、姓名与学生年龄的视图。

```
SQL>CREATE VIEW v_stud
    AS SELECT sno,sname,sage FROM stud;
```

如果要显示每个同学及其年龄信息，就可以直接查询视图 **v_stud**：

```
SQL>SELECT sname,sage FROM v_stud ;
```

当希望通过视图 **v_stud** 添加一个新同学时，可以执行下面的命令：

```
SQL>INSERT INTO v_stud VALUES('03101', '王勇力', 21);
```

上述命令虽然是向视图 **v_stud** 中插入数据，但实际上会转化为向表 **stud** 的插入。这正是视图的优势之一，即通过向视图进行增加、修改、删除操作，就可以间接地实现向基表的增加、修改与删除。通过视图操纵基表比直接操纵基表更加安全。

【例 12-2】 创建一个视图，包括学生的姓名与学生各科总成绩的列表。

```
SQL>CREATE VIEW v_cjd (v_name,v_cj) AS
    SELECT sname,SUM(grade)
    FROM stud ,sc WHERE stud.sno=sc.sno
    GROUP BY sname;
```

必须注意，如果 SELECT 查询包括了函数或表达式，则必须为该列定义名字。如上例，为 SUM(grade)列定义列名为 v_cj。也可以采用直接定义列别名的方法，如下：

```
SQL>CREATE VIEW v_cjd AS
    SELECT sname,SUM(grade) v_cj
    FROM stud ,sc WHERE stud.sno=sc.sno
    GROUP BY sname;
```

【例 12-3】 希望各系部管理员只能对自己系部的学生进行维护，即对于计算机系管理员来说，他只能看到自己系部的学生，增加的新生也必须属计算机系，因此应该使用如下的命令建立计算机系学生的视图。

```
SQL>CREATE VIEW v_cs_stud AS
    SELECT * FROM stud WHERE sdept='CS'
    WITH CHECK OPTION;
```

此后，计算机系管理员可以通过如下命令向 **stud** 表增加一位计算机系的新同学。

```
SQL>INSERT INTO v_cs_stud VALUES ('95010', '王力', '男', 20, 'CS', NULL);
```

由于在视图定义时带有 WITH CHECK OPTION 子句，则在插入、修改时必须确保数据满足 WITH CHECK OPTION 子句之前 WHERE 子句中的条件。例如，如果执行如下任一语句：

```
SQL>INSERT INTO v_cs_stud VALUES ('95004', '张立', '男', 19, 'MA', NULL);
SQL>UPDATE v_cs_stud SET sdept='EN';
```

则均会返回错误信息（ORA-01402: 视图 WITH CHECK OPTIDN 违反 WHERE 子句）。因为 WITH CHECK OPTION 子句，将确保当对视图进行 UPDATE、INSERT、DELETE 操

作时，必须满足视图定义的条件 sdept='CS'，而系部为 MA 或 EN 均违背了该条件，导致插入或修改操作失败。

12.2.2 对视图更新的限制

使用视图时必须要注意的一点就是，并不是所有的视图都能够更新。如果在创建视图的命令中，包含了某些子句或关键字，则通过该视图对基表进行增加、删除或者修改数据时，会或多或少地受到一些限制，具体限制如下。

如果视图定义时包含了如下某一项，将不能够通过视图删除一行。

（1）使用分组函数或 GROUP BY 子句。

（2）使用 DISTINCT 关键字。

（3）使用了伪列 ROWNUM 关键字。

如果视图定义时包含了如下某一项，将不能够编辑视图数据。

（1）使用分组函数或 GROUP BY 子句。

（2）使用 DISTINCT 关键字。

（3）使用了伪列 ROWNUM 关键字。

（4）列由表达式定义。

如果视图定义时包含了如下某一项，将不能够通过视图添加数据。

（1）使用分组函数或 GROUP BY 子句。

（2）使用 DISTINCT 关键字。

（3）使用了伪列 ROWNUM 关键字。

（4）列由表达式定义。

（5）基表中有但是视图中没有的 NOT NULL 列。

12.2.3 维护视图

如果一个视图的定义需要改变，则可以直接发出 CREATE OR REPLACE VIEW 命令完成。例如，要在视图 **v_cjd** 中增加学号一列，则更改的命令如下：

```
SQL>CREATE OR REPLACE VIEW v_cjd (v_no,v_name,v_cj) AS
    SELECT stud.sno,sname,SUM(grade)
    FROM stud, sc WHERE stud.sno=sc.sno
    GROUP BY stud.sno, sname;
```

删除视图的操作很简单。例如，删除视图 **v_cjd** 的命令为：

```
SQL>DROP VIEW v_cjd;
```

视图的名称及其定义的文本可以通过 **dba_views** 或 **user_views** 查询。

12.3 序　　列

序列用于产生一系列唯一的整数值。通常使用序列来自动产生表中的主键值。

12.3.1　创建序列

创建序列时，通常要定义序列的名称、开始值、增量（正数表示序列值递增，负数则表示递减）、最大或最小值，以及达到最大或最小值时是否循环等。

创建序列使用 **CREATE SEQUENCE** 命令。例如：

```
SQL>CREATE SEQUENCE stud_seq
    INCREMENT BY 1
    START WITH 1
    NOMAXVALUE
    CACHE 10
    NOCYCLE;
```

上述语句创建了一个从 1 开始每次递增 1 的序列 stud_seq，其中 **START WITH** 指定开始值，**INCREMENT BY** 指定增量，**NOMAXVALUE** 指定序列最大值没有上限，**CACHE** 表示为序列在内存中预分配序列值的数目（可以加快对序列值的访问），**NOCYCLE** 表示序列值不循环使用。

序列创建之后，就可以使用序列来得到一系列的唯一值了。使用序列需要用到两个伪列 nextval 与 currval。nextval 返回序列的下一个值，每一次返回的值都不同（即使是不同的用户引用），currval 返回序列的当前值。例如，要利用序列 stud_seq，向学生表添加两个新学生的信息：

```
SQL>INSERT INTO stud (sno,sname)
    VALUES(stud_seq.nextval, '张强');
SQL>INSERT INTO stud (sno,sname)
    VALUES(stud_seq.nextval, '王明');
```

添加的第一个学生张强与第二个学生王明，其学号是不一样的。如果张强的学号为 1，那么王明的学号就是 2，以后学生的学号就会是 3、4、5…。

如果要查询序列当前值是多少，可以使用如下的方法：

```
SQL>SELECT stud_seq.currval FROM dual;
```

值得注意的是，表中的学号值有可能会不连续。例如，学号有 1、2、3、11、12…的情况出现，为什么呢？

由于 **CACHE** 缓存了 10 个序列值，那么使用时会依次从缓存取出，但是如果只取了 1、2、3、服务器断电了，那么当再次使用序列时，其缓存中是另外的 10 个值（11～20），而 4～10 的序列值丢失了。另外，**ROLLBACK** 也可能导致这种情形，因为回退只能回退 DML 操作，却不能回退序列。

12.3.2　维护序列

利用 **ALTER SEQUENCE** 命令可以对序列进行修改。除了序列的开始值之外，其他各项都可以进行修改。例如，将序列 stud_seq 的最大值限制为 9999：

```
SQL>ALTER SEQUENCE stud_seq MAXVALUE 9999;
```

如果要改变序列的开始值，必须先删除序列然后再重新创建。

删除序列使用 DROP SEQUENCE 命令完成，例如：

```
SQL>DROP SEQUENCE stud_seq;
```

查询数据字典 dba_sequences、user_sequences、all_sequences 可以获得序列的相关信息。例如，用户 jwcuser 查询所创建的全部序列的信息：

```
SQL>CONN jwcuser/welcome135
SQL>SELECT * FROM  user_sequences ;
```

12.4　数 据 库 链 接

在一个分布式数据库系统中，包括了不同地理位置的多个数据库。当用户正在使用一个数据库 A，而又要同时使用另一个数据库 B 中的数据时，就需要建立 A 到 B 的数据库链接。

数据库链接是指在分布式数据库环境中的一个数据库与另一个数据库之间的通信路径，它是一种数据库对象。通过数据库链接，使得所有能够访问这个数据库的应用程序，也可访问另一个数据库中的数据。

这一点与一个数据库作为客户端通过网络服务名访问另一个数据库的情形是不同的，因为这种情况下，用户一个时刻仅使用一个数据库。而数据库链接，使得一个用户同时使用两个数据库。但是，建立数据库链接需要先建立网络服务名。

数据库链接分公用与私有两种。一个公用数据库链接对于数据库中的所有用户都是可用的，而一个私有数据库链接仅对创建它的用户可用。

1. 创建数据库链接

创建数据库链接，必须具有 CREATE DATABASE LINK 系统权限，使用 CREATE DATABASE LINK 命令完成；创建公共数据库链接，就要具有 CREATE PUBLIC DATABASE LINK 系统权限，使用带有 PUBLIC 关键字的 CREATE DATABASE LINK 命令才能完成。

例如，在银行系统中，北京与上海各有一个数据库，而且北京有时候要同时访问上海的数据，那么就需要在北京数据库中，建立一个指向上海数据库的数据库链接，步骤如下：

（1）在北京数据库服务器建立一个网络服务名 shanghaidb，代表上海数据库。

（2）在北京数据库中，建立到上海数据库的数据库链接 dblink_sh。

```
SQL>CONN bjuser/passwd1@Beijing
SQL>CREATE DATABASE LINK dblink_sh
    CONNECT TO shuser IDENTIFIED BY passwd2 USING 'shanghaidb';
```

其中，shuser 为上海数据库中的用户名；数据库链接名 dblink_sh 需要与上海数据库的数据库名一致。

2. 使用数据库链接

建立好数据库链接后，就可以在北京数据库中，同时访问上海数据库了。例如：

```
SQL>CONN bjuser/passwd1@Beijing            /* 连接到北京数据库 */
SQL>SELECT * FROM  t1;                      /* 访问北京数据库的表 t1  */
SQL>SELECT * FROM t2@dblink_sh;            /* 访问上海数据库的表 t2 */
```

```
SQL>SELECT * FROM t1,
    t2@dblink_sh;                    /* 将两地数据库表连接查询 */
```

3. 删除数据库链接

通过 dba_db_links、user_db_links、all_db_links 可以了解已有数据库链接信息，可以将不再需要的删除，命令为 DROP [PUBLIC] DATABASE LINK。

例如，删除自己创建的数据库链接 dblink_sh，使用如下命令即可。

```
SQL>DROP DATABASE LINK dblink_sh;
```

12.5 同　义　词

同义词是表、视图、序列、存储过程或其他 Oracle 对象的一个别名。使用同义词，可以简化对象的引用长度，而且可以屏蔽对象的实际名称和所有者信息，以及分布式数据库中远程对象的位置信息，从而提供一定的安全性保证。

12.5.1　创建同义词

Oracle 数据库的数据可为多个用户所共享，用户 A 可以访问用户 B 的表 tableb（前提是具有对 tableb 的相应权限），那么在引用对象名时要指定模式名，即

```
SQL>SELECT * FROM B.tableb;
```

如果 DBA 为该对象创建一个同义词 tb：

```
SQL>CREATE SYNONYM tb FOR B.tableb;
```

则访问的命令将简化为：

```
SQL>SELECT * FROM tb;
```

同样，在分布式数据库操作时，可以通过"对象名@数据库链接名"来访问某个对象。但是，如果想隐藏真实的对象名及其所在数据库的信息，提高数据安全性，为其建立一个同义词是很好的解决方法。

例如，为 t2@dblink_sh 创建同义词 t2sh，使用的命令如下：

```
SQL>CREATE SYNONYM t2sh FOR t2@dblink_sh;
```

那么，之后所有对上海数据库中对象 t2 的访问都可以用 t2sh 来替代了。

与数据库链接类似，同义词也分公用与私有两种。要创建公有同义词，就要使用 PUBLIC 关键字（前提是必须具有 CREATE PUBLIC SYNONYM 系统权限）。例如，DBA 创建一个公有同义词 s1：

```
SQL>CREATE PUBLIC SYNONYM s1 FOR hr.employees;
```

12.5.2　维护同义词

通过查询 dba_synonyms、user_synonyms、all_synonyms 可以获得同义词的相关信息，包括同义词的名称、同义词代表的对象等。

过时的同义词可以删除。例如，要删除同义词 tb，相应的命令为：

```
SQL>DROP SYNONYM tb;
```

如果要删除公有同义词 s1，则使用如下命令：

```
SQL>DROP PUBLIC SYNONYM s1;
```

小　　结

除了表以外，数据库中还有很多对象。本章就对表以外的索引、视图、序列、数据库链接以及同义词这些对象进行了介绍。

索引也是重要的数据库对象，本章详细介绍了索引的类型、创建常见索引的方法以及如何监视一个索引的使用情况等。接下来，对视图、序列、数据库链接与同义词的概念、如何创建与使用也进行了介绍。

习　　题

选择题

1. 下列（　　）需要占用实际的存储空间。

    A. 索引　　　　　　B. 同义词　　　　　　C. 序列　　　　　　D. 视图

2. 用（　　）建立的视图，保证通过视图加到表中的行可以通过视图访问。

    A. WHERE

    B. WITH READ ONLY

    C. WITH CHECK OPTION

    D. CREATE OR REPLACE VIEW

3. 用下列语句建立表 addr，当表被建立时，将自动建立（　　）索引。

```
CREATE TABLE addr (
  name VARCHAR2 (40) CONSTRAINT pk_name PRIMARY KEY,
  city VARCHAR2 (40),
  state CHAR (2) CONSTRAINT fk_state REFERENCES st_code (state),
  phone VARCHAR2 (12) CONSTRAINT un_phone UNIQUE (phone) ,
  zip CHAR(5) NOT NULL
  );
```

    A. 0个　　　　　　B. 1个　　　　　　C. 2个　　　　　　D. 3个

4. 建立函数索引需要具有（　　）权限。

    A. CREATE TABLE　　　　　　　　B. CREATE VIEW

    C. CREATE SEQUENCE　　　　　　D. QUERY REWRITE

5. 查询数据库链接的信息，需要使用（　　）视图。

    A. dba_db_links　　　　　　　　　　B. dba_dblinks

    C. db_links　　　　　　　　　　　　D. dba_database_links

实　　训

目的与要求

（1）掌握索引的创建、修改、删除。

（2）了解索引的监视方法。

（3）掌握视图的创建与使用。

（4）掌握序列、同义词、数据库链接的创建与使用。

实训项目

以用户 **jwcuser** 登录进行本次实训操作。

（1）创建一个 emp 表和其相关的 dept 表。以下为创建表的语句：

```
SQL>CREATE TABLE dept(
    deptno  NUMBER(4) PRIMARY KEY,
    dname  VARCHAR2(14),
    loc  VARCHAR2(13));
SQL>CREATE TABLE emp(
    empno NUMBER(4) PRIMARY KEY,
    ename VARCHAR2(10),
    job VARCHAR2(9),
    mgr NUMBER(4),
    sal NUMBER(7,2),
    comm NUMBER(7,2),
    deptno NUMBER(2),
    FOREIGN KEY (deptno) REFERENCES dept(deptno));
```

（2）查看 emp 表上有索引吗？为什么？

（3）在 dept 表的 dname 列上建立唯一索引。

（4）要求使用 substr 函数对 emp 表的 ename 列第二个字建立函数索引。

（5）执行如下查询，监视每个索引的使用情况：

```
SQL>SELECT * FROM emp WHERE ename='JOHN';
SQL>SELECT * FROM emp WHERE UPPER(ename)='JOHN';
SQL>SELECT * FROM dept;
```

（6）删除以上所建索引。

（7）创建一个视图并不定义 **WITH　CHECK　OPTION** 子句。

```
SQL>CREATE VIEW emp_dept AS
    SELECT emp.empno, emp.ename, emp.deptno, emp.sal,
           dept.dname, dept.loc
    FROM emp, dept
    WHERE emp.deptno=dept.deptno;
```

（8）在基表中没有任何记录时向视图 emp_dept 中插入一条记录，查看它的出错信息，并分析出错原因。

（9）换一种插入方法，先向基表 dept 表中插入一条记录，然后向视图 emp_dept 插入一条记录，查看结果是否可以成功插入，分析原因。

（10）执行如下命令，查看是否可以成功插入？

```
INSERT INTO  emp_dept(empno,ename,sal) VALUES(1,'aaa',2000);
```

（11）创建一个序列，要求从 2 开始，每次增 2，最大 20，循环使用。并练习其使用。

（12）创建序列 emp_sequence，用于为 emp 表的 empno 字段生成唯一整数。然后使用此序列插入 3 名员工数据。

（13）由 scott 用户创建一个同义词 zg，用来代表其对象 emp，查看 jwcuser 能否使用同义词 zg 进行对象访问？

（14）创建一个数据库链接，用于指向相邻同学的数据库。并访问进行验证。

第 13 章

PL/SQL 程序设计

本章主要介绍在 Oracle 中使用 PL/SQL 过程化的语言进行程序设计的方法，以实现一些更加复杂的功能。

13.1　PL/SQL 基 础 知 识

PL/SQL 是 Procedure Language/SQL（过程性语言/SQL）的缩写，是 Oracle 公司在 SQL 的基础上扩展开发的一种数据库编程语言，它在兼容标准 SQL 的基础上，扩充了许多新的功能，是面向过程化的语言与 SQL 语言的结合，具有以下特点。

（1）PL/SQL 除了基本的 SQL 语句之外，还包括了控制结构和异常处理，从而具有 SQL 语言的简洁性和过程化语言的灵活性。

（2）每个 SQL 语句的处理请求都将引起一次网络传输，容易导致网络拥塞。而 PL/SQL 是以整个语句块发给服务器的，从而减少了网络通信流量，提高了应用程序的执行速度。

（3）PL/SQL 块可以被命名和存储在 Oracle 服务器中，同时也能被其他的 PL/SQL 程序或 SQL 语句调用，任何客户/服务器工具都能访问 PL/SQL 程序，具有很好的可重用性。

（4）通过授予用户执行 PL/SQL 块的权限，而不是直接授予用户对数据库对象的操作权限，大大提高了数据库的安全性。

（5）PL/SQL 是一种块结构语言，即构成一个 PL/SQL 程序的基本单位是块，这些块可以顺序出现，也可以相互嵌套。PL/SQL 没有专门的应用程序，能够在安装 Oracle 的任何平台上运行。其中，SQL*Plus 是 PL/SQL 语言运行的基本工具。

13.1.1　PL/SQL 块

1. 基本结构

PL/SQL 程序的基本单位是块，块分匿名块、命名块两种。匿名块指未命名的程序块，只能执行一次，不能存储在数据库中；命名块指过程、函数、触发器和包等数据库对象，它们存储在数据库中，可以被多次调用执行。本节先介绍匿名块，其基本结构如下：

```
[DECLARE]
    语句组          --声明
BEGIN
    语句组          --执行
[EXCEPTION]
    语句组          --异常处理
END;
```

说明：

（1）DECLARE 部分为声明部分，用来声明程序中用到的变量、类型和游标等，如果不需要声明，则这部分可以忽略。

（2）BEGIN 部分是 PL/SQL 块的主程序体，一般使用 SQL 语句和过程性语句来完成和处理特定的工作。

（3）EXCEPTION 异常处理部分也是可选的，用来检查和处理异常或错误。

（4）块中每一条语句都以分号结束。一条 SQL 语句可以分多行来写，但最终以分号结束。

（5）在 PL/SQL 程序块中，注释单行使用"--"表示，注释多行使用"/*……*/"形式。

2. 块的执行

在 SQL*Plus 中，PL/SQL 程序块通过在其后输入"/"来执行。

【例 13-1】　PL/SQL 程序块。

```
DECLARE
    name VARCHAR2(10):='wxh';
BEGIN
    DBMS_OUTPUT.PUT_LINE(name);
END;
/
```

【例 13-2】　PL/SQL 程序块。

```
DECLARE
    name  CHAR(10);
    sex   CHAR(2);
BEGIN
    SELECT sname,ssex INTO name,sex  FROM stud WHERE sno=98001;
                                --将检索的值存储到变量中
    DBMS_OUTPUT.PUT_LINE(name);
END;
/
```

需要说明的是，如果以上两个 PL/SQL 程序块执行时没有显示结果，那么需要执行以下 SQL 命令：

```
SQL>SET SERVEROUTPUT ON
```

SERVEROUTPUT 是一个环境变量，当值为 ON 时，创建一个缓冲区用来存储 PL/SQL 块的输出。DBMS_OUTPUT 是用来输出结果的 ORACLE 系统包，PUB_LINE 是包中的函数，用来显示缓冲区中的内容。

13.1.2　声明常量、变量

1. 声明常量

语句格式：<常量名>　CONSTANT　<数据类型>:=<值>

　　CONSTANT 选项表示声明的是固定不变的值，即常量。常用的数据类型如 CHAR、NUMBER、DATE、BOOLEAN 等。常量一旦定义，在以后的使用中其值将不再改变。

　　2. 声明变量

　　语句格式：<变量名>　<数据类型>　NOT NULL [DEFAULT | :=默认值]

　　NOT NULL 表示该变量非空，必须指定默认值，否则执行块时将返回出错信息。DEFAULT 和 ":=" 作用等同，可互相替换。

　　变量是存储值的内存区域，在 PL/SQL 中用来处理程序中的值。像其他高级语言程序一样，PL/SQL 中的变量命名也要遵循一定约定，约定如下。

　　（1）变量名以字母开头，由字母、数字以及$、#或_组成，不区分大小写。

　　（2）变量名最大长度为 30 个字符。

　　（3）不能用系统保留字命名。

　　在 PL/SQL 中，每一行只能声明一个变量。

　　【例 13-3】　声明常量、变量。

```
n1 CONSTANT INT:=100;
c CHAR(4);
d DATE;
n2 NUMBER(5) DEFAULT 100;
name VARCHAR2(10) :='TOM';
istrue BOOLEAN DEFAULT TRUE;
```

　　3. 绑定变量

　　绑定变量又称全局变量，用于将应用程序环境中的值传递给 PL/SQL 程序块中进行处理。在 SQL*Plus 中创建绑定变量主要有 CHAR、NUMBER 和 VARCHAR2 类型，不存在 DATE 和 BOOLEAN 数据类型的 SQL*Plus 变量。

　　在 SQL*Plus 环境中声明绑定变量使用 VAR 关键字，在 PL/SQL 块内部使用该绑定变量需在变量名前加冒号。

　　【例 13-4】　输出所有雇员的平均工资。

```
SQL>SET SERVEROUTPUT ON
SQL>VAR  avgsal  NUMBER;
SQL>BEGIN
SELECT AVG(sal) INTO :avgsal FROM emp;
                --只是将查询值赋给了 avgsal，不会显示 select 语句的结果
DBMS_OUTPUT.PUT_LINE(:avgsal);
END;
/
2001.92308
PL/SQL  过程已成功完成。
SQL>PRINT avgsal
   AVGSAL
   ----------
   2001.92308
```

　　为了减少程序的修改，方便操作数据表数据，还可以使用%TYPE 和%ROWTYPE 两种

类型来声明变量，使变量的类型与表中的保持一致。

4. %TYPE 类型

在 PL/SQL 中，使用%TYPE 声明的变量类型与数据库表中某字段的数据类型相同，如果表中的字段类型发生变化，则相应变量的类型也自动随之改变，用户就不必修改程序代码。

【例 13-5】　输出 7934 雇员的姓名、岗位。

```
DECLARE
  my_name emp.ename%TYPE;  --声明%TYPE 类型的变量
  my_job  emp.job%TYPE;
BEGIN
  SELECT ename,job INTO my_name,my_job  FROM emp
    WHERE empno=7934;
  DBMS_OUTPUT.PUT_LINE(my_name||'  '||my_job);
END;
/
MILLER  CLERK
PL/SQL 过程已成功完成。
```

说明：

（1）使用%TYPE 类型是一个很好的编程风格，可以不必确切知道表字段的数据类型，而且当表字段类型发生改变时，变量类型自动随之改变。

（2）在 PL/SQL 程序中，不能显示 SELECT 语句的查询结果，只能使用 SELECT…INTO <变量>的形式，其中该变量必须已声明，用来存储查询结果，因此，SELECT…INTO 语句只能返回一行结果，如果返回了多行数据，Oracle 将报错。另外，可以使用 INSERT、UPDATE、DELETE 命令来添加、修改、删除表中的数据。

【例 13-6】　删除 9988 雇员。

```
BEGIN
 DELETE FROM emp WHERE empno=9988;
COMMIT;
END;
/
PL/SQL 过程已成功完成。
```

5. %ROWTYPE 类型

%ROWTYPE 可以得到数据表中整条记录的数据类型。声明了%ROWTYPE 类型的变量可以完整地存放数据表中的整条记录。

【例 13-7】　输出 7934 雇员的姓名、岗位。

```
DECLARE
  emp1 emp%ROWTYPE;
BEGIN
  SELECT * INTO emp1 FROM emp WHERE empno=7934;
  DBMS_OUTPUT.PUT_LINE(emp1.ename||'''s job is '||emp1.job);
END;
 /
MILLER's job is CLERK
PL/SQL 过程已成功完成。
```

13.1.3　PL/SQL 流程控制

PL/SQL 提供了分支结构、循环结构和 GOTO 结构等控制结构对块的行为进行控制。

1. 分支结构

PL/SQL 分支结构有 **IF-THEN-ELSE** 语句和 **CASE** 语句两种。

（1）IF-THEN-ELSE 语句。

语法为：

```
IF 条件表达式1 THEN
  语句组1
[ELSIF 条件表达式2 THEN
  语句组2]
    …
[ELSE
  语句组]
END IF;
```

其中，**ELSIF** 和 **ELSE** 子句是可选的，可以根据需要包含任意多个 ELSIF 子句，但 ELSE 子句只能包含一个。

（2）CASE 语句。

```
CASE
  WHEN 表达式1 THEN 语句组1
  WHEN 表达式2 THEN 语句组2
    …
  WHEN 表达式N-1 THEN 语句组N-1
   [ELSE   语句组N]
  END CASE;
```

CASE 语句的功能为顺序检查表达式，一旦从中找到匹配的表达式值，就执行相应的语句组并跳出 CASE 结构。ELSE 子句是可选的。

以下通过实例来说明以上两种分支结构的应用。

【例 13-8】　IF-THEN-ELSE 结构。

```
DECLARE
  e_sal emp.sal%TYPE;
BEGIN
  SELECT sal INTO e_sal FROM emp WHERE empno=7934;
  IF e_sal<2000 THEN
    UPDATE emp SET comm=comm+sal*1.2 WHERE empno=7934;
  ELSIF e_sal>=2000 AND e_sal<2500 THEN
    UPDATE emp SET comm=comm+sal*1.1 WHERE empno=7934;
  ELSE
    DBMS_OUTPUT.PUT_LINE('不提高补助金');
  END IF;
END;
```

【例 13-9】 CASE 语句。

```
DECLARE
  e_deptno emp.deptno%TYPE;
  d_dname dept.dname%TYPE;
  e_ename emp.ename%TYPE;
BEGIN
  SELECT deptno,ename INTO e_deptno,e_ename FROM emp
     WHERE empno=7934;
  SELECT dname INTO d_dname FROM dept WHERE deptno=e_deptno;
  CASE
     WHEN  d_dname='ACCOUNTING' THEN d_dname:='财务部';
     WHEN  d_dname ='RESEARCH' THEN d_dname:='开发部';
     WHEN  d_dname ='SALES' THEN d_dname:='销售部';
     WHEN  d_dname ='OPERATIONS' THEN d_dname:='项目部';
     ELSE  d_dname:='没有这样的部门';
  END CASE;
DBMS_OUTPUT.PUT_LINE(d_dname);
END;
/
财务部
PL/SQL 过程已成功完成。
```

2. 循环结构

PL/SQL 的循环结构有简单循环、FOR 循环和 WHILE 循环三种类型组成。

（1）简单循环。

语法：

```
LOOP
语句组
END LOOP;
```

这种循环结构是没有终止的，必须人为进行控制，一般通过加入 EXIT 或 EXIT WHEN 子句来结束循环。

（2）FOR 循环。

```
FOR 循环变量 IN [REVERSE] 起始值..终止值 LOOP
   语句组
END LOOP;
```

FOR 循环的循环次数是固定的，如果使用了 REVERSE 选项，那么循环变量将从终止值到起始值降序取值。

（3）WHILE 循环。

```
WHILE 条件表达式 LOOP
   语句组
END LOOP;
```

WHILE 循环通过条件表达式来控制循环的执行，如果条件表达式为真（TRUE），则执行循环体内的语句；如果为假（FALSE），则结束循环。

以下通过求"1+2+…+100"的值来说明三种类型循环的应用。

【例 13-10】 简单循环。

```
DECLARE
  v_count  INT:=1;
  v_sum    INT:=0;
BEGIN
  LOOP
    v_sum:=v_sum+v_count;
    v_count:= v_count+1;
    EXIT WHEN v_count>100;    --结束循环
  END LOOP;
  DBMS_OUTPUT.PUT_LINE('1+2+…+100='||v_sum);
END;
/
1+2+…+100=5050
PL/SQL 过程已成功完成。
```

【例 13-11】 FOR 循环。

```
DECLARE
  v_sum  INT:=0;
BEGIN
  FOR i IN 1..100 LOOP
    v_sum :=v_sum+i;
  END LOOP;
  DBMS_OUTPUT.PUT_LINE('1+2+…+100='||v_sum);
END;
/
1+2+…+100=5050
PL/SQL 过程已成功完成。
```

【例 13-12】 WHILE 循环。

```
DECLARE
  v_count  NUMBER:=1;
  v_sum    NUMBER:=0;
BEGIN
  WHILE v_count<=100  LOOP
    v_sum := v_sum+v_count;
  END LOOP;
  DBMS_OUTPUT.PUT_LINE('1+2+…+100='||v_sum);
END;
/
1+2+…+100=5050
PL/SQL 过程已成功完成。
```

3. GOTO 结构

GOTO 语句可以将程序控制转到设定的标签语句。标签的形式是"<< >>"。格式如下：

```
GOTO label_name;
…
<<label_name>>
…
```

例如：

```
DECLARE
  id NUMBER:=1;
BEGIN
  LOOP
  DBMS_OUTPUT.PUT_LINE('循环次数--'||id);
  id:=id+1;
  IF id=10 THEN
  GOTO a;
  END IF;
  END LOOP;
<<a>>
DBMS_OUTPUT.PUT_LINE('跳出循环');
END;
/
```

以上例子说明，执行 **GOTO** 语句时，控制会立即转到由标签标记的语句。但是对于块、循环、**IF** 语句而言，从外层通过 **GOTO** 语句跳转到内层是非法的。

GOTO 结构虽然从某种意义上提高了程序处理的灵活性，但是大大降低了程序的可读性，而且也不便于查错，因此建议尽量少用 **GOTO** 结构。

13.2 游　　标

上一节中介绍了使用 **SELECT..INTO** 语句可处理表的单行数据，本节学习使用游标处理多行查询数据。**Oracle** 把从数据表中查询出来的结果集存放在内存中，PL/SQL 游标是指向该内存的指针，通过游标指针的移动实现对内存数据的各种操作处理，最后将操作结果写回到数据表中。

13.2.1 处理游标

游标的处理包括 4 个步骤。

（1）声明游标。

（2）打开游标。

（3）将结果集中的数据提取（FETCH）到 PL/SQL 变量中。

（4）关闭游标。

1. 声明游标

声明游标即定义游标的名称，并将该游标与一个 **SELECT** 语句相关联。语法格式为：

```
CURSOR 游标名 IS SELECT 语句;
```

其中，**SELECT** 语句为游标所关联的查询语句。

2. 打开游标

游标使用之前必须要打开，语法格式是：

OPEN 游标名；

其中，游标名必须是一个已经被声明的游标。游标打开后，指针指向结果集的第一行。

3. 提取数据

FETCH 语句用来从游标中提取数据。在每次执行 FETCH 语句之后，游标指针都移向下一行。这样，连续的 FETCH 语句将返回 SELECT 结果集中连续的行，直到整个结果集中的数据都被返回。语法格式为：

FETCH 游标名 INTO 变量列表

注意，INTO 子句中的变量列表用来存放游标中相应字段的数据，因此变量的个数、顺序、类型必须与 SELECT 查询中相应的字段列表相匹配。

4. 关闭游标

当所有的结果集数据都被检索完以后，必须关闭游标，以释放游标所占用的资源。语法格式为：

CLOSE 游标名；

一旦关闭了游标，再从游标中提取数据就是非法的，将会产生 Oracle 错误。

13.2.2 游标属性

在 PL/SQL 中可以使用游标的 4 个属性，%FOUND、%NOTFOUND、%ISOPEN 和 %ROWCOUNT。游标属性返回的值为逻辑型值或数值，通过游标属性值可以获取游标当前的状态，以此进行相应的控制和数据处理。关于游标 4 个属性的说明见表 13-1。

表 13-1　　　　　　　　　　　游 标 属 性 说 明

名　　称	说　　明
%ISOPEN	逻辑值，用来确定游标是否被打开了，如已被打开值为 TRUE；否则为 FALSE
%FOUND	逻辑值，如果前一个 FETCH 语句返回一行数据，则值为 TRUE；否则为 FALSE
%NOTFOUND	逻辑值，如果前一个 FETCH 语句没有返回任何行数据，则值为 TRUE；否则为 FALSE，通常用作提取循环的退出条件
%ROWCOUNT	数值，返回当前游标提取数据的行数

游标的属性反映了游标的状态，下面假定 stud 表中只有两行记录，执行以下 PL/SQL 块：

```
DECLARE
  CURSOR c_stud IS SELECT sname FROM stud;
  name  stud.sname%TYPE;
BEGIN
    --loc1
  OPEN c_stud;
    --loc2
  FETCH c_stud INTO name;
```

```
        --loc3
    FETCH c_stud INTO name;
        --loc4
    FETCH c_stud INTO name;
        --loc5
    CLOSE c_stud;
        --loc6
  END;
```

表 13-2 给出了以上块运行的不同阶段四个游标属性的不同取值。

表 13-2　　　　　　　　　　在不同运行阶段游标属性的取值

游标操作	位置	c_stud%FOUND	c_stud %NOTFOUND	c_stud %ISOPEN	c_stud %ROWCOUNT
OPEN	loc1	Ora-1001 异常	Ora-1001 异常	FALSE	Ora-1001 异常
	loc2	NULL	NULL	TRUE	0
FETCH 第一条记录	loc3	TRUE	FALSE	TRUE	1
FETCH 第二条记录	loc4	TRUE	FALSE	TRUE	2
第三次 FETCH	loc5	FALSE	TRUE	TRUE	2
CLOSE	loc6	Ora-1001 异常	Ora-1001 异常	FALSE	Ora-1001 异常

13.2.3　游标提取循环

对游标进行的最常见的操作是通过"提取循环"来提取该游标相关联的 **SELECT** 查询结果集中的所有数据行，以下介绍三种类型的提取循环。

1. 简单循环

简单循环使用 LOOP…END LOOP 语句来构建。

【例 13-13】

```
DECLARE
  CURSOR c_dept  IS SELECT * FROM dept;      /*声明游标*/
  dept1 dept%ROWTYPE;
BEGIN
  OPEN c_dept;                               /*打开游标*/
  DBMS_OUTPUT.PUT_LINE('部门号   部门名称   所在城市');
  LOOP
    FETCH c_dept INTO dept1;                 /*提取数据*/
     EXIT WHEN c_dept%NOTFOUND;
         /*如果前一个 FETCH 语句没有返回数据，则退出 LOOP 循环*/
     DBMS_OUTPUT.PUT_LINE(dept1.deptno||'   '||dept1.dname||'   '||dept1.loc);
    END LOOP;
   CLOSE c_dept;                             /*关闭游标*/
  END;
/
部门号        部门名称      所在城市
  10     ACCOUNTING    NEW YORK
  20     RESEARCH       DALLAS
  30      SALES        CHICAGO
  40     OPERATIONS    BOSTON
PL/SQL 过程已成功完成。
```

需要说明的是，EXIT WHEN 语句紧跟在 FETCH 语句的后面，在检索完最后一行数据后，c_dept%NOTFOUND 的值为 TRUE，该循环退出。EXIT WHEN 在数据处理部分的前面，是为了确保这个过程不重复处理数据，否则 40 部门会打印两次。

2．WHILE 循环

WHILE 循环使用 WHILE…LOOP 语句来构建。同样是上面的例子，看使用 WHILE 循环如何处理。

【例 13-14】

```
DECLARE
  CURSOR c_dept  IS SELECT * FROM dept;  /*声明游标*/
  dept1 dept%ROWTYPE;
 BEGIN
 OPEN c_dept;          --打开游标
 DBMS_OUTPUT.PUT_LINE('部门号    部门名称    所在城市');
 FETCH c_dept INTO dept1;          --提取一条数据以进入循环
 WHILE c_dept%FOUND LOOP
   DBMS_OUTPUT.PUT_LINE(dept1.deptno||'  '||dept1.dname||'  '||dept1.loc);
   FETCH c_dept INTO dept1;          --指针移向下一条记录
 END LOOP;
 CLOSE c_dept;    /*关闭游标*/
 END;
/
```

需要说明的是，FETCH 语句在循环前和循环中出现了两次：一次是在循环前面，一次是在循环处理的后面，这样就保证了 c_dept%FOUND 对每一次循环迭代都进行了求值。

3．FOR 循环

简单循环和 WHILE 循环都需要使用 OPEN、FETCH 和 CLOSE 语句对游标进行显式地处理，FOR 循环则可以隐式地进行游标处理，减少了语句书写。同样是上面的例子，使用 FOR 循环进行处理。

【例 13-15】

```
DECLARE
  CURSOR c_dept  IS SELECT * FROM dept;  /*声明游标*/
  dept1 dept%ROWTYPE;
 BEGIN
 DBMS_OUTPUT.PUT_LINE('部门号    部门名称    所在城市');
 FOR dept1 IN c_dept LOOP
 DBMS_OUTPUT.PUT_LINE(dept1.deptno||'  '||dept1.dname||'  '||dept1.loc);
 END LOOP;
 END;
```

13.2.4　参数化游标

如果游标相关联的 SELECT 语句中带有参数，则这种游标称为参数化游标。当打开这种类型的游标时，必须为游标参数提供数据。声明和打开游标的语法如下：

声明：CURSOR 游标名（参数声明）IS SELECT 语句；

打开：OPEN 游标名（参数值）；

【例 13-16】　使用参数化游标。

```
DECLARE
  CURSOR c_emp(p_deptno  emp.deptno%TYPE) IS SELECT * FROM emp WHERE deptno=p_
deptno;                   --声明参数化游标
   emp1 emp%ROWTYPE;
  BEGIN
    OPEN c_emp(10);           --为参数提供值，列出 10 号部门的雇员姓名
    LOOP
       FETCH c_emp INTO emp1;
       EXIT WHEN  c_emp%NOTFOUND;
       DBMS_OUTPUT.PUT_LINE(emp1.ename);
    END LOOP;
    CLOSE c_emp;
 END;
/
CLARK
KING
MILLER
PL/SQL 过程已成功完成。
```

13.2.5　游标变量

以上定义的游标都与固定的一个查询语句相关联，可称为静态游标。下面要讲的游标变量是一种动态游标，可以在运行时刻与不同的查询语句相关联，极大地简化了处理。

1. 声明游标变量

游标变量可以使用的类型是 **REF CURSOR**，定义一个游标变量类型的语法为：

```
TYPE 类型名 IS REF CURSOR [RETURN 返回类型];
```

其中，类型名是新建游标类型的名称；返回类型是一个记录类型，它指明了最终由游标变量返回的选择列表的类型，为可选子句。

定义了 **REF CURSOR** 游标类型后，就可以声明游标变量了，语法格式如下：

```
游标名  游标变量类型;
```

2. 打开并使用游标变量

如果要将一个游标变量与一个特定的 **SELECT** 查询相关联，使用 **OPEN** 的如下语法格式：

```
OPEN 游标变量 FOR SELECT 语句;
```

其中，游标变量是一个已经被定义的游标变量，**SELECT** 语句为该游标变量当前相关联的查询语句。游标变量与一个 **SELECT** 语句相关联打开后，就可以使用 **FETCH** 语句从结果集中提取数据并进行相应的处理，与静态游标相同可以使用游标循环。

当使用 **OPEN…FOR** 语句打开一个查询语句时，游标变量上一个相关联的查询语句将会被覆盖。

3. 关闭游标变量

游标变量的关闭和静态游标的关闭类似，都是用 **CLOSE** 语句，以释放游标所占用的资源。语法格式为：

```
CLOSE 游标变量名;
```

【例 13-17】 提取游标变量操作示例。

```
DECLARE
  TYPE emp_typ IS REF CURSOR RETURN emp%ROWTYPE;
  c_emp emp_typ;
  emp1 emp%ROWTYPE;
BEGIN
  OPEN c_emp FOR SELECT * FROM emp;
                      /*定义该游标变量相关联的查询语句并打开游标变量*/
  LOOP
    FETCH c_emp INTO emp1;              --提取数据
    EXIT WHEN  c_emp%NOTFOUND;
    DBM_OUTPUT.PUT_LINE(emp1.ename);
  END LOOP;
  CLOSE c_emp;
END;
/
```

13.3 过 程 和 函 数

前面所讲的 PL/SQL 块都是匿名块，每次执行时都要进行编译，而且匿名块不存储在数据库中，不能被 SQL 或其他 PL/SQL 程序调用。后面几节中我们将介绍过程、函数、包、触发器四种命名块，这些命名块创建成功后，首先被编译，然后作为 Oracle 数据库对象以被编译的形式存储在数据库中，其他应用程序可以按名称多次调用执行，连接到 Oracle 数据库的用户只要有合适的权限都可以使用。本节先介绍过程和函数。

过程和函数的结构是相似的，一般都被称为子程序（SUBPROGRAM），它们都可以接收输入值并向应用程序返回值。但两者也存在一定的区别，过程用来完成特定的功能，可能不返回任何值，也可能返回多个值，过程的调用本身就是一条 PL/SQL 语句，不能作为表达式的一部分；函数包含 RETURN 子句，用来进行数据操作，并返回一个函数值，函数的调用只能在一个表达式中。

13.3.1 过程基本操作

过程的基本操作有创建过程、查看过程、修改过程、调用过程和删除过程。

1. 创建过程

语法如下：

```
CREATE [OR REPLACE] PROCEDURE 过程名
[参数 1 {IN | OUT | IN OUT}类型,
参数 2 {IN | OUT | IN OUT}类型,
…
参数 N {IN | OUT | IN OUT}类型]
{IS | AS}
过程体
```

说明：

（1）OR REPLACE 关键字可选，但一般会使用，功能为如果同名的过程已存在，则删除同名过程，然后重建，以此来实现修改过程的目的。

（2）过程可以包含多个参数，参数模式有 IN、OUT 和 IN OUT 三种，默认为 IN，过程也可以没有参数。

（3）IS 和 AS 关键字等价。

（4）过程体为该过程的代码部分，是一个含有声明部分、执行部分和异常处理部分的 PL/SQL 块。但需要注意的是，在过程体的声明中不能使用 DECLARE 关键字，由 IS 或 AS 来代替。

2. 查看过程

过程创建成功后，即说明编译已经成功，并把它作为一个 Oracle 对象存储在数据库中，使用 user_source 视图查看过程的源程序代码信息，使用 user_objects 视图可以查询到该数据库对象。

```
SQL>DESC user_source
    名称            是否为空        类型
------------    ---------    -----------
    NAME                        VARCHAR2(30)
    TYPE                        VARCHAR2(12)
    LINE                        NUMBER
    TEXT                        VARCHAR2(4000)
SQL>SELECT text FROM user_source WHERE name='VIEW_STU';
```

以上 SQL 语句显示了 view_stu 过程的源代码。

过程作为一个数据库对象，也可以用 DESC 命令列出关于过程结构的详细信息，如下面的语句：

```
SQL>CREATE OR REPLACE PROCEDURE test1(
    P1  IN  NUMBER,
    P2  OUT  NUMBER,
    P4  OUT  DATE)
    AS
    …
    /
SQL>DESC test1
PROCEDURE test1
    参数名称           类型            输入/输出默认值
-----------     -----------    -----------
    P1              NUMBER          IN
    P2              NUMBER          OUT
    P4              DATE            OUT
```

3. 调用过程

一旦过程创建成功后，就可以在任何一个 PL/SQL 程序块中通过过程名直接调用。在 SQL*Plus 环境中可以用 EXECUTE 命令来调用过程。语法格式如下：

（1）在 SQL*Plus 中直接用 EXECUTE 命令调用：

```
SQL>EXECUTE proc_name(par1,par2…);
```

（2）PL/SQL 程序块调用：

```
BEGIN
    proc_name(par1,par2…);
END;
```

4. 删除过程

删除过程的语法如下：

```
DROP PROCEDURE 过程名；
```

下面是一个完整的创建、查看、调用过程的一个实例。

【例 13-18】　完成以下操作。

（1）编写过程，显示指定雇员所在的部门名称和所在城市。

```
SQL>CONN scott/tiger
SQL>CREATE OR REPLACE PROCEDURE deptmesg(p_ename emp.ename%TYPE) AS
  p_dname dept.dname%TYPE;
  p_loc dept.loc%TYPE;
BEGIN
  SELECT dname,loc INTO p_dname,p_loc  FROM emp,dept
    WHERE emp.deptno=dept.deptno AND emp.ename=p_ename;
  DBMS_OUTPUT.PUT_LINE(p_dname||'   '||ploc);
END;
/
```

过程已创建。

（2）查看以上过程。

```
SQL>SELECT object_name FROM user_objects
  WHERE object_type='PROCEDURE';
  OBJECT_NAME
  -----------------
  DEPTMESG
SQL>SELECT text FROM user_source WHERE name='DEPTMESG';
  TEXT
  --------------------------------------------------------
PROCEDURE deptmesg(p_ename emp.ename%TYPE) AS
p_dname dept.dname%TYPE;
p_loc dept.loc%TYPE;
BEGIN
SELECT dname,loc INTO p_dname,p_loc  FROM emp,dept
WHERE emp.deptno=dept.deptno AND emp.ename=p_ename;
DBMS_OUTPUT.PUT_LINE(p_dname||'   '||p_loc);
END;
```

（3）调用以上过程。

在 **PL/SQL** 程序中调用：

```
BEGIN
    DeptMesg('SMITH');
END;
    /
RESEARCH    DALLAS
PL/SQL 过程已成功完成。
```

在 **SQL*Plus** 中执行：

```
SQL>EXECUTE deptmesg('SMITH')
RESEARCH    DALLAS
PL/SQL 过程已成功完成。
```

13.3.2 参数和模式

上面我们创建了 **DeptMesg** 过程，并且可以在以下的 **PL/SQL** 块中调用它：

```
DECLARE
    e_name emp.ename%TYPE:='SMITH';
BEGIN
    DEPTMESG(e_name);
END;
```

在上面块中声明的变量 e_name 作为参数传递给 DEPTMESG，称为实际参数。**DEPTMESG** 过程中的 p_ename 就是形式参数。实际参数包含了在调用时传递给该过程的数值，同时它们也会接收在返回时过程的处理结果。形式参数只是实际参数取值的占位符，在过程被调用时，形式参数被赋予实际参数的取值。当过程返回时，实际参数被赋予形式参数的取值。

参数模式决定了形参的行为，**PL/SQL** 中参数模式有 **IN**、**OUT** 和 **IN OUT** 三种，默认为 **IN**。

（1）**IN** 模式参数。用于向过程传入一个值。调用该过程时，实参取值被传递给该过程。在该过程内部，形参是只读的，不能被改变。当过程返回时，实际参数取值不会改变。

（2）**OUT** 模式参数。用于从被调用过程返回一个值。在调用过程时实参取值被忽略。在过程内部，形参是只写的，即只能被赋值，不能从中读取数据。当过程返回时，形参取值将赋予实参。

（3）**IN OUT** 模式参数。是 **IN** 和 **OUT** 的组合，用于向过程传入一个初始值，返回更新后的值。在调用该过程时，实参的值传递给形参。在过程内部，形参被读出也被写入。当过程返回时，形参取值将赋予实参。

【例 13-19】 使用不同参数模式的示例。

```
CREATE OR REPLACE PROCEDURE proce_test(p_in IN VARCHAR2,p_out OUT VARCHAR2,
p_inout IN OUT VARCHAR2)
    AS
    var1 VARCHAR2(20);
    BEGIN
```

```
    var1:=p_in;
    p_out:=var1||p_inout;
END;
 /
```
过程已创建。

调用以上过程，体会参数的三种模式。

```
SQL>DECLARE
    v_out VARCHAR2;
    v_inout VARCHAR2;
 BEGIN
   v_inout:='ff';
   proce_test('dd',v_out,v_inout);
   DBMS_OUTPUT.PUT_LINE(v_out);
 END;
 /
ddff
PL/SQL 过程已成功完成。
```

另外，可以为参数定义默认值，语法如下：

参数名 参数类型 { [DEFAULT|:=] }默认值

调用过程时，如果没有给参数赋值，则使用默认值。

13.3.3 函数基本操作

函数的基本操作包括创建函数、查看函数、修改函数、调用函数及删除函数等。

1. 创建函数

创建函数的语法如下：

```
CREATE [OR REPLACE] FUNCTION 函数名
[参数1 {IN|OUT|IN OUT}类型,
参数2 {IN|OUT|IN OUT}类型,
…
参数N {IN|OUT|IN OUT}类型]
RETURN 返回类型
{ IS |AS }
函数体
```

其中，**RETURN** 指定了该函数返回的数值的类型，是必选项，因为调用函数是作为表达式的一部分。函数体是一个含有声明部分、执行部分和异常处理部分的 PL/SQL 块。

查看函数和修改函数均和过程的操作类似，不再详细讲述。

2. 调用函数

函数创建成功后，就可以在任何一个 PL/SQL 程序块中调用，但不能在 SQL*Plus 中使用 **EXECUTE** 命令来调用，因为函数是有返回值的，必须作为表达式的一部分来调用。

3. 删除函数

删除函数的语法如下：

```
DROP FUNCTION 函数名;
```

下面是一个完整的创建、调用函数的一个实例。

【例 13-20】　完成以下操作。

（1）编写一个函数以显示该雇员在此组织中的工作天数。

```
CREATE OR REPLACE FUNCTION hire_day(no emp.empno%TYPE)
 RETURN NUMBER AS
 vhiredate emp.hiredate%TYPE;
 vday NUMBER;
BEGIN
 SELECT hiredate INTO vhiredate FROM emp WHERE empno=no;
 vday:=CEIL(SYSDATE-vhiredate);   -- CEIL 返回最小整数值
 RETURN vday;
END;
/
函数已创建。
```

（2）调用以上函数。

```
DECLARE
 n1 number;
BEGIN
  n1:=hire_day(7900);
 DBMS_OUTPUT.PUT_LINE(n1||' days');
END;
/
9866  days
PL/SQL 过程已成功完成。
```

13.4　包

包是继过程和函数之后的第三种类型的命名 PL/SQL 块，它是将类型、变量、过程、函数和游标等相关对象存储在一起的一种 PL/SQL 结构。包的使用有效隐藏了对象信息，同时也有利于 PL/SQL 程序的维护。

包由包头和包体两部分组成，包头和包体都单独被存储在不同的数据字典中。包头包含了有关包的内容信息，但不包括任何代码。包头对于一个包来说是必不可少的，而包体有时则不一定是必需的。包中所包含的过程、函数、游标和变量必须在包头中声明，而它们的实现代码则包含在包体中。如果包头编译不成功，则包体编译必定不成功。只有包头和包体都编译成功，包才能使用。

13.4.1　创建包

1. 创建包头

创建包头的语法格式如下：

```
CREATE  [OR REPLACE]  PACKAGE 包名
    {IS|AS}
    类型 | 变量 | 游标 | 异常 | 函数 | 过程 声明
    END [包名];
```

需要说明的是，如果包头不包含任何过程和函数，仅包含变量声明、游标、类型等，那么包体可以没有，这种技术对于声明全局变量是很有用的，包中所有的对象在包的外面都是可见的。

2. 创建包体

创建包体使用 **CREATE PACKAGE BODY** 语句，包体中可以声明自身的私有变量、游标、类型、过程、函数等。

13.4.2 包基本操作

1. 查看包

包创建成功后，可以在 USER_OBJECTS 视图中查看包信息，在 USER_SOURCE 视图中查看包的源代码。

2. 调用包中的对象

过程、函数、触发器及 PL/SQL 程序块等，可以通过在包名后添加 "." 来调用包内的类型、子程序等对象。

3. 修改包

修改包，只能通过带有 **OR REPLACE** 选项的 **CREATE PACKAGE** 语句重建。重建的包将取代原来包中的内容，达到修改包的目的。

4. 删除包

删除包时将包头和包体一块删除，其语法如下：

```
DROP PACKAGE 包名;
```

以下是创建、查看、调用包的一个实例。

【例 13-21】　使用学生—选课数据库的表 stud。

（1）创建包。

```
/*包头*/
CREATE OR REPLACE PACKAGE stu_package AS
  PROCEDURE addstud(p_sno  stud.sno%TYPE,
              p_sname stud.sname%TYPE,
              p_ssex stud.ssex%TYPE,
              p_sage stud.sage%TYPE,
              p_sdept stud.sdept%TYPE);
  PROCEDURE removestud(p_sno stud.sno%TYPE);
  FUNCTION  get_name(p_sno stud.sno%TYPE) RETURN VARCHAR2;
END;
/
程序包已创建。
```

```
/*包体*/
CREATE OR REPLACE PACKAGE BODY stu_package AS
    PROCEDURe addstud(p_sno   stud.sno%TYPE,    --给表添加记录的过程
                      p_sname stud.sname%TYPE,
                      p_ssex stud.ssex%TYPE,
                      p_sage stud.sage%TYPE,
                      p_sdept stud.sdept%TYPE)  IS
      BEGIN
        INSERT INTO stud VALUES(p_sno, p_sname, p_ssex, p_sage,p_dept);
        COMMIT;
      END  addstud;
    PROCEDURE removestud(p_sno stud.sno%type) IS
                                              --按学号删除学生记录的过程
      BEGIN
        DELETE FROM stud WHERE sno=p_sno;
        COMMIT;
      END  removestud;
  FUNCTION  get_name(p_sno stud.sno%type) RETURN VARCHAR2
                                      --按学号查询学生姓名的函数
   AS
    name stud.sname%TYPE;
   BEGIN
    SELECT sname INTO name FROM stud WHERE sno=p_sno;
    RETURN name;
   END get_name;
 END stu_package;
/
```

程序包主体已创建。

（2）查看以上包的信息。

```
SQL>SELECT object_name FROM user_objects WHERE object_type='PACKAGE';
    OBJECT_NAME
    ------------------------
    STU_PACKAGE
SQL>SELECT text FROM user_source WHERE name='STU_PACKAGE';
```

将显示包头、包体的源代码。

（3）调用包。

```
SQL>EXECUTE stu_package.addstud('23458','王晓','女',20,'计算机');
PL/SQL 过程已成功完成。
SQL>DECLARE
      str1 VARCHAR(30);
    BEGIN
      str1:=stu_package.get_name('23458');
      DBMS_OUTPUT.PUT_LINE('23458:'||'  '||str1);
 END;
/
23458:  王晓
PL/SQL 过程已成功完成。
```

13.5 触 发 器

触发器类似于过程和函数，也是具有声明部分、执行部分和异常处理部分的命名块，作为 Oracle 对象存储在数据库中。但触发器是一种特殊类型的 PL/SQL 程序块，当触发事件发生时被触发执行，并且触发器不能接受参数。执行触发器的操作就是"点火（FIRING）"触发器。

使用触发器可以实现许多功能，如可以用来维护数据的完整性，当表被修改的时候，可以自动给其他需要执行的程序发出信号等。

13.5.1 创建触发器

创建触发器的语法如下：

```
CREAT [OR REPLACE] TRIGGER ] 触发器名
    { BEFORE | AFTER | INSTEAD OF }
    { DML 触发事件
    |DDL 触发事件 [OR DDL 触发事件]…
    |DATABASE 事件[OR DATABASE 事件]…
    ON {[模式.]表 | {[模式.]视图|DATABASE }
    [FOR FACH ROW [WHEN 触发条件]]
    触发体
```

说明：

（1）BEFORE 或 AFTER 表示在事件发生之前触发还是事件发生之后触发。

（2）DML 触发事件为 INSERT、UPDATE 或 DELETE；DDL 触发事件为 CREATE、ALTER 或 DROP；DATABASE 事件可以是 SERVERERROR、LOGON、LOGOFF、STARTUP 或 SHUTDOWN。

（3）FOR EACH ROW 选项可选，指明触发器是行级触发器，表示该触发器对 SQL 语句执行的每一行触发一次；缺省则是语句级触发器，对每一个 SQL 语句只触发一次。

（4）触发体由 PL/SQL 语句组成。

根据以上触发事件，可以将触发器分为 DML 触发器、INSTEAD-OF 触发器、系统触发器及 DDL 触发器四种类型：

（1）DML 触发器，由 DML 语句（INSERT、UPDATE 和 DELETE 等）触发的触发器，可以创建 BEFORE 触发器（发生前）和 AFTER 触发器（发生后）。DML 触发器可以在语句级或行级操作上被触发。

（2）INSTEAD-OF 触发器，仅可以定义在视图上，可以替代点火它们的 DML 语句进行点火。

（3）系统触发器，分为数据库级（DATABASE）和模式级（SCHEMA）两种。数据库级触发器的触发事件对于所有用户都有效，模式级触发器仅对被指定的用户触发。

（4）DDL 触发器，即由 DDL 语句（CREATE、ALTER 和 DROP 等）触发的触发器。

13.5.2　点火触发器

下面以比较常用的 DML 类型触发器为例来说明触发器的点火次序：

（1）执行 BEFORE 语句级触发器（如有）。

（2）对于受 DML 语句影响的每一行：

①执行 BEFORE 行级触发器（如有）。

②执行 DML 语句。

③执行 AFTER 行级触发器（如有）。

（3）执行 AFTER 语句级触发器。

下面通过一个实例体会触发器的作用及点火的过程。

【例 13-22】　创建触发器。

```
CREATE OR REPLACE TRIGGER stud_count
AFTER DELETE ON stud
DECLARE
  v_count  INTEGER;
BEGIN
    SELECT COUNT(*) INTO v_count FROM stud;
  DBMS_OUTPUT.PUT_LINE('Student table now have' ‖
    v_count ‖ 'student.');
END;
/
触发器已创建。
```

上面代码创建的触发器当在 STUD 表中删除记录后，显示表中还有几条记录的信息。再执行下面的代码，可以看到触发器已被触发。

```
SQL>DELETE FROM stud WHERE sno=23456;
  Student table now have 5 student.
  已删除 1 行。
```

13.5.3　触发器基本操作

1. 查看触发器

触发器作为对象存放在数据库，与触发器有关的数据字典有 user_triggers、all_triggers 和 dba_triggers 等，其中，user_triggers 存放当前用户的所有触发器，all_triggers 存放当前用户可以访问的触发器，dba_triggers 存放数据库中所有触发器。

2. 修改触发器

修改触发器通过带有 OR REPLACE 选项的 CREATE　TRIGGER 语句重建。而 ALTER TRIGGER 语句则用来生效或禁止触发器。

3. 改变触发器的状态

触发器有 ENABLED（允许点火）和 DISABLED（禁止点火）两种状态。禁止触发器指禁止点火触发器，并不是删除它。新建的触发器默认是 ENABLED 状态。改变触发器的状态使用 ALTER TRIGGER 语句，语法格式为：

```
ALTER  TRIGGER 触发器名  ENABLED|DISABLED;
```

如果使一个表相关的所有触发器都允许点火或禁止点火，可以使用下面的语句：

```
ALTER  TABLE  <表名>  ENABLED |DISABLED ALL  TRIGGERS;
```

4. 删除触发器

删除触发器的语法如下：

```
    DROP  TRIGGER  触发器名;
```

下面是创建、查看、点火触发器的完整实例。

【例 13-23】

（1）创建编写触发器，当删除 dept 表中某个部门时，将从 emp 表中删除该部门的所有雇员。

```
CREATE OR REPLACE TRIGGER del_emp_deptno
  BEFORE DELETE ON dept
  FOR EACH ROW
BEGIN
  DELETE FROM emp WHERE deptno=:OLD.deptno;
END;
/
触发器已创建。
```

需要说明的是，OLD 关键字指数据操作之前的旧值，与之对应的 NEW 关键字指数据操作之后的新值。OLD 和 NEW 关键字在使用时必须在其前面加上冒号（:）。另外，OLD 和 NEW 关键字只能用于行级触发器（FOR EACH ROW），不能用在语句级触发器，因为在语句级触发器中一次触发涉及许多行，无法指定是哪一个新旧值。

（2）查看以上触发器。

查询 del_emp_deptno 触发器的类型、触发事件及相关的表。

```
SQL> COL triggering_event FORMAT a30
SQL> COL table_name FORMAT a20
SQL>SELECT trigger_type,triggering_event,table_name
    FROM user_triggers
    WHERE trigger_name='DEL_EMP_DEPTNO';
  TRIGGER_TYPE          TRIGGERING_EVENT         TABLE_NAME
--------------- ----------------------- ------------
  BEFORE EACH ROW          DELETE                 DEPT
```

查询 del_emp_deptno 触发器的触发体。

```
SQL>SELECT trigger_body FROM user_triggers
  WHERE  trigger_name='DEL_EMP_DEPTNO';
TRIGGER_BODY
-------------------------------------------------
BEGIN
 DELETE FROM emp WHERE deptno=:OLD.deptno;
END;
```

（3）点火 del_emp_deptno 触发器。

```
SQL>DELETE FROM emp WHERE deptno=10;
已删除 3 行。
SQL>SELECT * FROM emp WHERE deptno=10;
未选定行。
```

说明当删除某个部门后，EMP 表中该部门的雇员自动被删除。

13.6　异　常　处　理

一个编写得好的程序必须能够处理各种出错情况，并且尽可能地从错误中进行恢复。PL/SQL 程序运行期间经常会发生各种异常，一旦发生异常，如果不进行处理，程序就会终止执行。PL/SQL 使用异常处理来实现错误处理，使用异常处理机制使得程序变得更加健壮。

异常是程序对运行时刻错误作出反应并进行处理的方法，即当 PL/SQL 程序检测到一个异常时，将触发（RAISE）一个异常处理，这时程序会转入相应异常处理代码段进行处理。异常处理是程序中一个单独的部分，与程序的其他部分分开，这样使得程序的逻辑更容易被理解，也确保了所有错误都会被捕获。异常处理的一般语法如下：

```
EXCEPTION
WHEN 异常 1  THEN
语句组；
…
WHEN 异常 n  THEN
语句组；
WHEN OTHERS THEN
语句组；
```

其中，**WHEN OTHERS THEN** 子句指异常如果不在前面所列的异常之中，将进入 **OTHERS** 异常处理代码段进行处理。

Oracle 系统中的异常分系统预定义异常和用户自定义异常两种。

13.6.1　系统预定义异常

系统预定义异常和通常的 Oracle 错误相对应，它无需声明，可以直接使用。当系统预定义异常发生时，Oracle 系统会自动触发，在 PL/SQL 中只需添加相应的异常处理程序代码即可。

常见的 Oracle 系统预定义异常如表 13-3 所示。

表 13-3　　　　　　　　　　　　　　常见的系统预定义异常

Oracle 错误	异　常　名　称	说　　　明
ORA-06511	CURSOR_ALREADY_OPEN	试图打开一个已经打开的游标
ORA-00001	DUP_VAL_ON_INDEX	违反了表中的唯一性约束

Oracle 错误	异 常 名 称	说 明
ORA-01001	INVALID_CURSOR	无效游标
ORA-01017	LOGIN_DENIED	登录 Oracle 数据库时使用了无效的用户名和密码
ORA-01403	NO_DATA_FOUND	没有找到数据
ORA-01012	NOT_LOGGEN_ON	没有登录数据库
ORA-06501	PROGRAM_ERROR	PL/SQL 内部错误
ORA-06500	STORAGE_ERROR	PL/SQL 运行内存溢出错误
ORA-01422	TOO_MANY_ROWS	SELECT INTO 语句返回数据超过一行
ORA-06502	VALUE_ERROR	所赋变量的值与变量类型不一致
ORA-01476	ZERO_DIVIDE	被零除

例如，以下 **PL/SQL** 块中，出现了系统预定义异常。

```
SQL>DECLARE
   stu  stud%ROWTYPE;
 BEGIN
   SELECT * INTO stu  FROM stud WHERE Sno='23456';
 END;
/
DECLARE
*
ERROR 位于第 1 行：
ORA-01403：未找到数据
ORA-06512：在 line 4
```

上例代码中运行后，出现系统预定义异常："ORA-01403：未找到数据"。对于这种可能发生的系统预定义异常，可以在程序中作如下异常处理：

```
SQL>DECLARE
 stu  stud%ROWTYPE;
 BEGIN
 SELECT  * INTO stu FROM stud WHERE sno=23456;
 EXCEPTION
 WHEN  NO_DATA_FOUND THEN
 DBMS_OUTPUT.PUT_LINE('没有找到符合条件的数据。');
 END;
/
没有找到符合条件的数据。
PL/SQL 过程已成功完成。
```

13.6.2 用户自定义异常

用户自定义异常与 Oracle 错误没有任何关联，它是开发人员为特定情况在 PL/SQL 程序块、子程序或包中定义的异常。用户自定义异常需要在 PL/SQL 程序块的声明部分中进行声明，语法如下：

```
异常名 EXCEPTION;
```

另外，用户自定义异常需要用 RAISE 语句显示触发。

【例 13-24】　用户创建自定义异常处理示例。

```
CREATE OR REPLACE PROCEDURE insert_sc(p_cno sc.cno%TYPE,
                                      p_sno sc.sno%TYPE,
                                      p_grade sc.grade%TYPE)
    AS
    grade_out_of_range  EXCEPTION;                    --声明异常
  BEGIN
    IF  p_grade>100 OR p_grade<0  THEN
     RAISE grade_out_of_range;                        --触发异常
     END IF;
    INSERT INTO sc VALUES(p_cno,p_sno,p_grade);
  EXCEPTION                                 --处理异常
    WHEN grade_out_of_range THEN
    DBMS_OUTPUT.PUT_LINE('输入分数无效');
 END;
过程已创建。
SQL>BEGIN
    Insert_sc('c3','20070203',101);
    END;
    /
    输入分数无效。
    PL/SQL 过程已成功完成。
```

另外，使用 Oracle 系统提供的 **RAISE_APPLICATION_ERROR** 内置过程，用户可以创建自己的异常信息，使得比已命名的异常更具说明性。该内置过程只能在过程、函数、包、触发器中使用，不能在匿名块中使用。使用 **RAISE_APPLICATION_ERROR** 的语法如下：

```
RAISE_APPLICATION_ERROR（异常号,异常信息[,{TRUE | FALSE}]）;
```

其中，异常号是-20 000～-20 999 之间的整数；异常信息是异常发生时显示的错误文本，最多不能超过 2048 个字节；[,{TRUE | FALSE}]选项可选，默认值为 FALSE,如果为 TRUE,则将该异常添加到异常列表中。

【例 13-25】　在过程中创建异常信息。

```
CREATE OR REPLACE PROCEDURE raise_comm(eno NUMBER)
 IS
 v_comm emp.comm%TYPE;
 BEGIN
   SELECT comm INTO v_comm FROM emp WHERE empno=eno;
   IF v_comm IS NULL THEN
     RAISE_APPLICATION_ERROR(-20001,'该员工无补助。');
   END IF;
 EXCEPTION
```

```
   WHEN NO_DATA_FOUND THEN
     DBMS_OUTPUT.PUT_LINE('该雇员不存在.');
   END;
  /
```

过程已创建。
```
SQL>EXECUTE raise_comm(7394);
   该雇员不存在。
   PL/SQL 过程已成功完成。
SQL>EXECUTE raise_comm(7782);
BEGIN raise_comm(7782); END;
  *
ERROR 位于第 1 行:
ORA-20001: 该员工无补助。
ORA-06512: 在"scott.RAISE_COMM", line 7
ORA-06512: 在 line 1
```

【例 13-26】 在函数中创建异常信息。

```
CREATE OR REPLACE FUNCTION dept_count(dept_no  NUMBER)
   RETURN  NUMBER
 IS
   v_deptcount  NUMBER;
   count_null  EXCEPTION;
 BEGIN
   SELECT count(*)  INTO v_deptcount FROM emp WHERE deptno=dept_no;
   IF v_deptcount=0 THEN
    RAISE count_null;
   ELSE
    RETURN  v_deptcount;
   END IF;
 EXCEPTION
   WHEN count_null THEN
   RAISE_APPLICATION_ERROR (-20001, '不存在部门号为' || TO_CHAR(dept_no)|| '
的部门！');
   END;
  /
```

函数已创建
```
SQL>Begin
     DBMS_OUTPUT.PUT_LINE('60 号部门的人数为：' ||
         TO_CHAR(dept_count(60)));  --to_char()将数值转换为字符输出
     End;
      /
Begin
*
ERROR 位于第 1 行:
ORA-20001: 不存在部门号为 60 的部门！
ORA-06512: 在"scott.DEPT_COUNT", line 15
ORA-06512: 在 line 2

SQL>BEGIN
```

```
        DBMS_OUTPUT.PUT_LINE('10 号部门的人数为: '
            ||TO_CHAR(dept_count(10)));
    End;
    /
```

10 号部门的人数为：3
PL/SQL 过程已成功完成。

小　　结

本章重点介绍了 PL/SQL 编程的基础知识。PL/SQL 是 Oracle 对标准 SQL 规范的扩展，全面支持 SQL 的数据操作、事务控制等。

PL/SQL 是一种块结构的语言，组成 PL/SQL 程序的单元是块，一个 PL/SQL 程序包含了一个或多个块。PL/SQL 的块结构由声明部分、执行部分和异常处理部分组成，有分支、循环等控制结构。熟练应用%TYPE 和%ROWTYPE 等数据类型对于操作和处理数据库表数据非常方便。游标使 PL/SQL 可以处理数据库的多行数据。

块分匿名块和命名块两种。匿名块先编译后执行，不能存储在数据库中。命名块，包括过程、函数、触发器和包，作为数据库对象保存在数据库中，可以被其他 PL/SQL 程序直接调用。要求熟练掌握过程、函数、触发器和包的创建、查看、修改、删除、应用的命令。

PL/SQL 使用异常处理来实现错误处理，使用异常处理机制使得程序变得更加健壮。Oracle 系统中的异常分系统预定义异常和用户自定义异常两种。

习　　题

一、填空题

1. PL/SQL 程序的基本单位是＿＿＿＿＿＿，其结构包括＿＿＿＿＿＿、＿＿＿＿＿＿和＿＿＿＿＿＿三部分。

2. 函数和过程的区别在于＿＿＿＿＿＿＿＿＿＿＿＿＿＿＿＿＿＿＿＿＿。

二、思考题

假设表 stud1，包括 xh CHAR (2)、xm CHAR(6)、csrq DATE、 bj CHAR (20)、cj NUMBER(6,2)五个字段，基于该表阅读以下程序，分析其功能。

（1）

```
SQL>VAR  g_count NUMBER;
SQL>BEGIN
      SELECT count(*)  INTO  :g_count  FROM stud1;
    END;
    /
SQL>PRINT g_count
SQL>BEGIN
  DBMS_OUTPUT.PUT_LINE(:g_count);
    END;
    /
```

（2）
```
DECLARE
  var3 stud1.xh%TYPE;
  var4 stud1.xm%TYPE;
  CURSOR cur1 IS   SELECT * FROM stud1  WHERE bj IN ('xxj01','xxj03');
  CURSOR cur2 IS   SELECT xh,xm FROM stud1  WHERE csrq<'01-1月-82';
  var1 stud1%ROWTYPE;
  var2 cur2%ROWTYPE;
BEGIN
  OPEN cur1;
  FETCH cur1 INTO var1;
  CLOSE cur1;
  OPEN cur2;
  FETCH cur2 INTO var2;
  FETCH cur2 INTO var3,var4;
  CLOSE cur2;
END;
```

（3）
```
DECLARE
  var3 stud1.xh%TYPE;
  var4 stud1.xm%TYPE;
  CURSOR cur2 IS
    SELECT xh,xm FROM stud1 WHERE csrq<TO_DATE('01-1月-82');
BEGIN
  OPEN cur2;
  LOOP
    FETCH cur2 INTO var3,var4;
    EXIT WHEN cur2%NOTFOUND;
    INSERT INTO new VALUES(var3,var4,'计算机');
  END LOOP;
  CLOSE cur2;
END;
```

（4）
```
DECLARE
  CURSOR cur3 IS
    SELECT * FROM stud1  WHERE cj BETWEEN 70 AND 80;
  BEGIN
  FOR var_jl IN cur3 LOOP
    INSERT INTO new VALUES(var_jl.xh,var_jl.xm,'经济');
END LOOP;
  END;
```

（5）
```
DECLARE
  CURSOR cur1 IS   SELECT * FROM stud1;
  var1 stud1%ROWTYPE;
BEGIN
  OPEN cur1;
  FETCH cur1 INTO var1;
  DBMS_OUTPUT.PUT_LINE(var1.xm);
  CLOSE cur1;
END;
```

```
（6）CREATE OR REPLACE PROCEDURE addnewstud1
    (v_xh stud1.xh%TYPE,v_xm stud1.xm%TYPE)  IS
BEGIN
    INSERT INTO stud1 (xh,xm) VALUES(v_xh,v_xm);
    COMMIT;
END addnewstud1;
```

```
（7）CREATE OR REPLACE PACKAGE BODY  stud1pack  AS
PROCEDURE  addstud1
      ( p_bj  IN  stud1.bj%TYPE,
       p_xh  IN   stud1.xh%TYPE,
       p_xm IN  stud1.xm%TYPE)  IS
  BEGIN
      INSERT  INTO  stud1(bj,xh,xm) VALUES (p_bj,p_xh,p_xm);
      COMMIT;
  END  addstud1;
PROCEDURE  delstud1
        ( p_bj  IN    stud1.bj%TYPE,
          p_xh  IN  stud1.xh%TYPE )   IS
  BEGIN
        DELETE  FROM  stud1  WHERE  bj=p_bj  AND  xh=p_xh;
        COMMIT;
  END  delstud1;
END  stud1pack;
```

```
（8）CREATE  OR  REPLACE  TRIGGER  stud1bef
    BEFORE  UPDATE  ON  stud1
BEGIN
    DBMS_OUTPUT.PUT_LINE('BEFORE 语句级触发器');
END  stud1bef;/*创建了一个 BEFORE 语句级触发器*/
```

```
（9）CREATE  OR  REPLACE  TRIGGER  stud1before
 BEFORE  UPDATE  ON  stud1   FOR  EACH  ROW
BEGIN
 DBMS_OUTPUT.PUT_LINE('BEFORE 行级触发器');
END  stud1before;  /*创建了一个 BEFORE 行级触发器*/
```

实　　　训

目的与要求

（1）掌握 PL/SQL 的基本知识。

（2）掌握 PL/SQL 程序的控制结构。

（3）掌握游标循环对数据的处理。

（4）掌握过程、函数、包、触发器的创建、使用等操作。

（5）了解 PL/SQL 的异常处理。

实训项目

假设表 stud1，包括 xh CHAR (2)、xm CHAR(6)、csrq DATE、 bj CHAR (20)、cj NUMBER(6,2)五个字段，基于该表完成以下实训内容。

1. 按要求完成以下内容

（1）计算 1＋2＋…＋100 的值，并输出结果。

（2）输出 scott.emp 表中雇员号为 7788 的姓名。

（3）删除 scott.emp 表中雇员号为 7788 的记录。

（4）创建一个包含块的脚本文件，这个块用来将 scott.emp 表中每个雇员的工资 sal 都增加 10%，将该脚本文件命名为 pp1.sql。

（5）分别使用三种游标循环显示 scott.dept 表的所有记录。

（6）使用参数化游标按部门编号（deptno）显示该部门的雇员姓名。

（7）编写向 scott.dept 表中插入数据的过程。

（8）编写一个输出 dept 表中所有数据的过程。

（9）编写一个根据职工号输出职工姓名的过程。

（10）编写一个查看、插入、删除学生的包。

（11）编写触发器，当删除 emp 表中的记录后，显示该表中还有几条记录的信息。

（12）创建一个触发器 scott.salarychk，在插入工资前进行有效检查，其至少为 2000。

（13）编写一个插入 emp 表数据的过程，其中对违反 empno 列唯一性约束的错误进行处理。

2. 查询信息

（1）利用视图 user_objects 查看当前用户拥有的所有对象信息。

（2）利用视图 user_source 查看过程、函数或包的代码信息。

（3）利用命令 desc 查看过程或函数的结构信息。

（4）利用 user_triggers 视图查看触发器的类型、触发事件、触发体及所在表名称。

第 14 章

Oracle 数据库综合实训——基于 JSP＋Oracle 环境的"科技信息情报网站"设计与开发

1. 系统需求

网站的目的是要针对某行业建立一个信息服务平台，一方面提供丰富的信息服务，包括所有的科研机构、科研成果、行业杂志文章等信息，另一方面为解决实际生产中遇到的问题提供一定的咨询、指导，或展开讨论。

对于科研机构，需要展示每个子机构的研究方向与能承担的科研任务、取得的主要研究成果、本机构拥有的专家。有期刊业务的，还应该为用户提供刊物文章信息的阅读、浏览功能。

因为网站还要为解决企业一些实际问题提供一定的咨询、指导，或展开讨论，不同的子机构其研究的领域或学科并不相同，所以按照领域或学科分成多个讨论专题，由专家负责定期提供该领域最新的发展动态或成果，并提出自己的点评或指导，然后网友可以就此参与讨论，解决生产中遇到的问题。综上所述，本网站应具备的功能（前台部分）如图 14-1 所示。

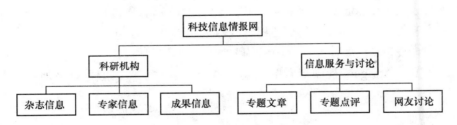

图 14-1　网站功能模块

2. 数据库设计

根据需求分析，将本系统中处理的数据进行设计。数据表如表 14-1～表 14-13 所示。

表 14-1　　　　　　　　　　　　　机构信息表（Jigoub）

序号	含　义	字　段　名	类　型	宽　度	约　束
1	机构代码	jgdm	字符	4	主键
2	机构名称	jgmc	字符	30	非空
3	简介	jgjj	字符	4000	
4	研究方向	yjfx	字符	100	非空

表 14-2 专 家 表（Zhuanjiab）

序号	含 义	字 段 名	类 型	宽 度	约 束
1	专家编号	zjbh	数值	3	主键，自动生成
2	姓名	xm	字符	10	非空
3	简介	zjjj	字符	1000	
4	电话	dh	字符	15	
5	e-mail	e-mail	字符	50	
6	所属机构	jgdm	字符	4	外键
7	照片地址	zjzp	字符	50	
8	专家职称	zjzc	字符	20	
9	学历学位	xlxw	字符	10	
10	专家职务	zjzw	字符	30	
11	研究方向	yjfx	字符	100	
12	服务领域	fwly	字符	100	

表 14-3 成 果 表（Chengguob）

序号	含 义	字 段 名	类 型	宽 度	约 束
1	成果编号	cgbh	数值	6	主键，自动生成
2	成果名称	cgmc	字符	80	非空
3	简介/摘要	cgjj	字符	2000	
4	所属机构	jgdm	字符	4	外键
5	成果类别	cglbbh	字符	2	外键
6	获奖情况	hjqk	字符	100	
7	访问次数	fwcs	数值	10	
8	显示序号	xsxh	数值	3	

表 14-4 成果作者表（Chengguozzb）

序号	含 义	字 段 名	类 型	宽 度	约 束
1	成果编号	cgbh	数值	6	主键
2	作者	zjbh	数值	3	主键、外键
3	名次	mc	数值	1	

表 14-5 成果类别表（Chengguolbb）

序号	含 义	字 段 名	类 型	宽 度	约 束
1	成果类别编号	cglbbh	字符	2	主键
2	类别名	cglbhy	字符	30	非空

表 14-6　　　　　　　　　　　　杂志基本信息表（Zazhijbb）

序号	含　义	字 段 名	类　型	宽　度	约　束
1	杂志编号	zzbh	数值	2	主键
2	杂志名称	zzmc	字符	50	非空
3	国内刊号	gnkh	字符	9	
4	国际刊号	gjkh	字符	9	
5	摘要	zy	字符	1000	
6	所属机构	jgdm	字符	4	外键

表 14-7　　　　　　　　　　　　杂志文章表（Zazhib）

序号	含　义	字 段 名	类　型	宽　度	约　束
1	编号	id	数值	6	主键
2	论文题目	title	字符	50	非空
3	作者	author	字符	100	
4	关键词	keywords	字符	100	
5	摘要	zy	字符	500	
6	全文(地址)	qw	字符	50	
7	出版年份	pubyear	字符	4	非空
8	出版期号	pubnum	字符	2	非空
9	出版年期	pubdate	字符	6	非空
10	浏览次数	cs	数值	4	
11	栏目	lm	字符	30	
12	杂志编号	zzbh	数值	2	外键

表 14-8　　　　　　　　　　　　栏目表（Lanmub）

序号	含　义	字 段 名	类　型	宽　度	约　束
1	栏目	lm	字符	30	唯一

表 14-9　　　　　　　　　　　　版块表（Bankuaib）

序号	含　义	字 段 名	类　型	宽　度	约　束
1	版块代码	bkdm	字符	3	主键
2	版块名称	bkmc	字符	50	非空
3	简介	bkjj	字符	1000	
4	所属机构	jgdm	字符	4	外键
5	点击次数	djcs	数值	10	

表 14-10　　　　　　　　　二级版块表（Bankuaib2）

序号	含　义	字 段 名	类　型	宽　度	约　束
1	所属版块	bkdm	字符	3	外键
2	版块代码	bkdm2	字符	3	主键
3	版块名称	bkmc	字符	50	非空
4	简介	bkjj	字符	200	
5	点击次数	djcs	数值	10	
6	主题数(新帖)	zts	数值	10	默认 0
7	回复数(回帖数)	hts	数值	10	默认 0

表 14-11　　　　　　　主题表（存放新帖）（Zhutib）

序号	含　义	字 段 名	类　型	宽　度	约　束
1	所属二级版块	bkdm2	字符	3	外键
2	主题编号	ztbh	数值	10	主键
3	主题文章标题	ztbt	字符	100	非空
4	发帖人	username	字符	10	外键
5	主题创建日期	ztrq	日期		sysdate
6	主题文章正文内容	ztnr	字符	2000	
7	该文章回帖数	hts	数值	6	默认 0
8	期号	qh	数值	3	

表 14-12　　　　　　　回帖表（存放回帖）（Huitieb）

序号	含　义	字 段 名	类　型	宽　度	约　束
1	所属主题	ztbh	数值	10	外键
2	回帖编号	htbh	数值	10	主键
3	回帖人	username	字符	10	外键
4	回帖创建日期	htrq	日期		
5	回帖文章正文内容	htnr	字符	2000	

表 14-13　　　　　　　　专题杂志表（Zhuantizzb）

序号	含　义	字 段 名	类　型	宽　度	约　束
1	id	id	数值	3	主键
2	二级版块编号	bkdm2	字符	3	非空
3	期号	qh	数值	3	非空
4	文章名	ztbt	字符	100	
5	文章内容地址	ztnr	字符	100	
6	评论	ztpl	字符	3000	
7	显示序号	xsxh	字符	2	

3. 数据库实现

采用 Oracle9i for Linux。网站的数据量与增长量都不是很大，可与其他应用系统共用一个数据库。但是为了管理维护方便，建立一个专门的表空间用于存放网站数据，而且也要为网站创建一个专门的数据库用户，使得网站所建对象为该用户的模式对象。

（1）为网站创建表空间 kjqb，大小为 1GB。

```
SQL>CONN system/manager
SQL>CREATE TABLESPACE kjqb
    DATAFILE '/u01/oradata/post/kjqb01.dbf' SIZE 1000M;
```

（2）创建数据库用户 kjqbuser，默认表空间为 kjqb，空间使用无限制。该用户作为普通用户，具有连接数据库、建表、视图、序列等权限即可。这里将系统预定义角色 CONNECT 与 RESOURCE 授予该用户。

```
SQL>CONN system/manager
SQL>CREATE USER kjqbuser IDENTIFIED BY abc789
    DEFAULT TABLESAPCE kjqb QUOTA UNLIMITED ON kjqb;
SQL>GRANT CONNECT,RESOURCE TO kjqbuser;
```

（3）下面给出了部分建表的 SQL 代码：

```
SQL>CONN kjqbuser/abc789
SQL>CREATE TABLE jigoub(
    jgdm CHAR(4) PRIMARY KEY,
    jgmc VARCHAR2(30) NOT NULL,
    jgjj VARCHAR2(4000),
    yjfx VARCHAR2(100) NOT NULL);
SQL>CREATE TABLE zhuanjiab(
    zjbh NUMBER(3) PRIMARY KEY,
    xm VARCHAR2(10) NOT NULL,
    zjjj VARCHAR2(1000),
    dh VARCHAR2(15),
    email VARCHAR2(50),
    jgdm CHAR(4)  REFERENCES jigoub(jgdm) ON DELETE SET NULL,
    zjzp VARCHAR2(50),
    zjzc CHAR(20),
    xlxw CHAR(10),
    zjzw VARCHAR2(30),
    yjfx VARCHAR2(100),
    fwly VARCHAR2(100));
SQL>CREATE TABLE chengguolbb(
    cglbbh CHAR(2) PRIMARY KEY,
    cglbhy VARCHAR2(30) NOT NULL);
SQL>CREATE TABLE chengguob(
    cgbh NUMBER(6) PRIMARY KEY,
    cgmc VARCHAR2(80) NOT NULL ,
    cgjj VARCHAR2(2000),
    jgdm CHAR(4) REFERENCES jigoub(jgdm),
    cglbbh CHAR(2) REFERENCES chengguolbb(cglbbh),
    fwcs NUMBER(10) DEFAULT 0 ,
```

```
       hjqk  VARCHAR2(100),
       xsxh NUMBER(3));
```

（4）创建 2 个序列，分别用于产生专家编号和成果编号。

```
SQL>CONN kjqbuser/abc789
SQL>CREATE SEQUENCE sq_zjbh START WITH 1 MAXVALUE 999;
SQL>CREATE SEQUENCE sq_cgbh START WITH 1 MAXVALUE 999999;
```

（5）针对经常用于查询条件的列，创建必要的索引。

例如，杂志经常要按关键词查询文章，因此为关键词建立索引是必要的，索引命名为 ind_keywords_zazhib：

```
SQL> CREATE INDEX ind_keywords_zazhib ON zazhib(keywords);
```

4. SQL 综合运用

（1）显示"经济研究室"机构的所有成果名称，并按访问次数排列。

```
SQL>SELECT cgmc FROM chengguob WHERE jgdm=(
      SELECT jgdm FROM jigoub WHERE jgmc= '经济研究室')
      ORDER BY fwcs DESC;
```

（2）列出主持过项目的专家名单。

```
SQL>SELECT xm FROM Zhuanjiab WHERE zjbh=(
      SELECT zjbh FROM chengguozzb WHERE mc=1);
```

（3）统计各杂志每年各栏目的文章数量。

```
SQL>SELECT zzbh,pubyear,lm,COUNT(*) FROM zazhib
      GROUP BY zzbh,pubyear,lm;
```

（4）显示关键词包含"信函"或"商函"的文章。

```
SQL>SELECT * FROM zazhib WHERE keywords LIKE '%信函%' OR
      keywords LIKE '%商函%';
```

（5）显示一级、二级专题版块的名称。

```
SQL>SELECT a.bkmc, b.bkmc
      FROM bankuaib a #LFFT#JOIN bankuaib2 b ON a.bkdm=b.bkdm
      ORDER BY a.bkdm;
```

注意，考虑到有些一级专题版块，可能没有所属二级专题版块，但是这样的一级专题版块也应该列出来。故采用外连接查询方法。

（6）显示各机构名称及其所负责的一级专题版块名称。

```
SQL>SELECT jgmc,bkmc
      FROM bankuaib b RIGHT JOIN jigoub j ON b.jgdm=j.jgdm;
```

（7）显示主题名称中含有"改革"的主题内容。

```
SQL>SELECT ztbh,ztbt,username,ztrq,hts FROM zhutib
      WHERE ztbt LIKE '%改革%' ;
```

（8）显示二级专题版块 002 的第 2 期的主题编号与名称。

```
SQL>SELECT ztbh,ztbt FROM zhutib WHERE bkdm2='002' AND qh=2;
```

（9）统计并显示各二级专题版块的主题数与回帖数。

```
SQL>SELECT z.bkdm2,COUNT(DISTINCT Z.ZTbh) ztsl,COUNT(htbh) htsl
    FROM zhutib z LEFT JOIN huitieb h ON z.ztbh=h.ztbh
    GROUP BY z.bkdm2;
```

5. PL/SQL 编程

编写存储过程，从杂志编号为 1 的杂志的指定栏目中找出最新的两篇文章，并显示出其编号。

```
SQL>CREATE OR REPLACE PROCEDURE zazhi_lm (
      currlm zazhib.lm%TYPE) As
       CURSOR zzb IS SELECT id,lm,pubdate  FROM zazhib
         WHERE zzbh=1 AND lm=currlm
       ORDER BY pubdate DESC,id DESC ;
      rd zazhib%ROWTYPE;
    i NUMBER;
 BEGIN
    OPEN zzb;
    i:=1;
    LOOP
       FETCH zzb INTO rd.id,rd.lm,rd.pubdate;
       EXIT WHEN zzb%NOTFOUND;
       IF i<=2 THEN
            DBMS_OUTPUT.PUT_LINE(rd.lm|| '  '||rd.id);
            i:=i+1;
    END IF;
    END LOOP;
    CLOSE zzb;
END;
```

例如，要得到"业务发展"栏目的最新的两篇文章的文章编号，可以通过如下的命令得到。

```
SQL>EXEC  zazhi_lm('业务发展');
```

6. 制定备份策略与方案

该网站数据库管理的数据主要包括定期出版的杂志文章信息，以及定期增加的专题文章和网友的讨论信息，数据规模比较小，而且日增长量也不大。为了方便用户的使用和维护，数据的备份工作应尽可能简单、自动化。因此，该系统适合采用逻辑备份的方法。由于数据量不大，每次可以备份网站的全部数据。根据用户要求，出现故障时丢失的数据最多不能超过 1 天的数据，所以需要每天备份。为了保证备份的可用性，备份可以保留 7 份冗余，即总是保留最近一周的备份。

一般情况下，备份程序只需安装在运行维护人员的日常工作机上，就可通过网络访问并备份 Linux 平台下的数据库。为此，针对运行维护人员日常工作机器，进行如下步骤配置，即可实现网站数据的自动逻辑备份功能。

（1）安装 Oracle 客户端软件，然后配置指向欲备份的数据库的网络服务名 kjqbwz，即在 tnsnames.ora 文件中增加如下代码。

```
kjqbwz=
  (DESCRIPTION =
    (ADDRESS_LIST =
      (ADDRESS = (PROTOCOL = TCP)(HOST = 202.207.121.171)(PORT = 1521))
    )
    (CONNECT_DATA =
      (SERVICE_NAME = student)
    )
  )
```

（2）编写执行备份的程序 autoback.bat。

```
exp kjqbuser/abc789@kjqbwz file=D:\kjwzbf\kjdb%DATE:~11,16%
```

（3）通过 Windows 的"任务计划"功能，添加任务，并设置为每日 23:00 自动执行备份程序 autoback.bat。

工作人员查看 D:\kjwzbf 文件夹，发现将会产生如下一些文件。

```
kjdb 星期一.DMP
kjdb 星期二.DMP
kjdb 星期三.DMP
kjdb 星期四.DMP
kjdb 星期五.DMP
kjdb 星期六.DMP
kjdb 星期日.DMP
```

7. JSP 连接 Oracle 数据库

JSP（Java Server Pages）是一种基于 Java 语言的当前主流的 B/S 开发工具，可以创建交互式的、动态 Web 站点。站点包含大量 JSP 文件，这些文件就是在传统的网页 HTML 文件中，插入 Java 程序段和 JSP 标记而形成的。

JSP 基于 Java 语言，具有平台无关性的强大优势，而 Oracle 是当前开发大型系统的数据库系统，开发基于 JSP 与 Oracle 的动态网站是目前许多企业和公司的需求，因此，"科技信息情报网站"就采用 JSP 与 Oracle 技术进行开发。

由于篇幅有限，这里将只对 JSP 中连接 Oracle 的内容进行详细介绍，有关开发的细节请参阅其他书籍。

（1）JDBC 连接技术。Java 通过 JDBC（Java DataBase Connectivity）连接 Oracle 数据库。JDBC 是一种用于执行 SQL 语句的 Java API，可以为多种关系数据库提供统一的访问接口。数据库应用开发人员与数据库前台工具开发人员，使用这些 API 可以比较容易地编写数据库应用程序。

JDBC 主要实现三个方面的功能：建立与数据库的连接、向数据库发送 SQL 语句和处理 SQL 执行结果。

（2）JSP 直接连接 Oracle 数据库。

下面给出了连接数据库的 JSP 参考代码（p1.jsp）。

```
<%@ page contentType="text/html;charset=gb2312"%>
<%@ page import="java.sql.*"%>
<html>
<body>
<table width="500" border="1">
<%
//加载 JDBC 驱动程序
Class.forName("Oracle.jdbc.driver.OracleDriver");
//数据库地址
String url=" jdbc:Oracle:thin:@ 202.207.120.171:1521:student ";
String user="kjqbuser"; //数据库用户名
String password="abc789"; //数据库用户口令
//连接数据库
Connection conn= DriverManager.getConnection(url,user,password);
//向数据库发送 SQL 语句
Statement
stmt=conn.createStatement(ResultSet.TYPE_SCROLL_SENSITIVE,ResultSet.CONCUR_
UPDATABLE);
String sql="SELECT * FROM jigoub ";
ResultSet rs=stmt.executeQuery(sql);
//处理 SQL 执行结果
while(rs.next()) {%>
<tr><td><%=rs.getString("jgmc")%> </td>
<td> <%=rs.getString(2)%></td>
<%}%>
</table>
<%out.print("很好！数据库操作成功！");%>
<%//关闭所创建的各个对象
rs.close();
stmt.close();
conn.close();
%>
</body>
</html>
```

当在浏览器地址栏中输入"http:// 202.207.120.171:8087/p1.jsp"之后，将会显示表 jigoub 中的机构名称信息。其中 8087 为 Web 服务器的端口。

（3）JSP 通过连接池连接 Oracle 数据库。上述连接的方法中，需要将连接的代码（包括加载驱动程序、设置数据库地址、设置用户名与密码，然后建立连接）复制于每一个 JSP 程序，这样不仅不安全，不易维护，而且动态建立连接导致网站性能低劣。

每一个 Web 服务器都有自己的连接池，如果能利用 Web 服务器自己的连接池，在 Web 服务器启动时就建立好一定数量的连接，页面访问数据库时可以直接从连接池取得一个连接，这样免去了每次访问需要临时创建连接的开销，网站性能得到提高，而且可维护性也增加了。

Tomcat 是目前最流行的中小型网站的 Web 服务器。以 Tomcat 5 为例，要使用连接池，就需要在配置站点时设置相关参数，即打开文件$TOMCAT_HOME\conf\server.xml，找到</host>的位置，在此行的前面增加如下内容，以配置连接池的各项参数。

```
<Context displayName="Welcome " docBase="d:\syy" path="/syy">
  <Resource name="jdbc/postdb1" type="javax.sql.DataSource"/>
  <ResourceParams name="jdbc/postdb1">
   <parameter>
     <name>maxWait</name>
     <value>5000</value>
   </parameter>
   <parameter>
     <name>maxActive</name>
     <value>100</value>
   </parameter>
   <parameter>
     <name>password</name>
     <value>abc789</value>
   </parameter>
   <parameter>
     <name>url</name>
<value>jdbc:Oracle:thin:@202.207.120.171:1521:student</value>
   </parameter>
   <parameter>
     <name>driverClassName</name>
     <value>Oracle.jdbc.driver.OracleDriver</value>
   </parameter>
   <parameter>
     <name>maxIdle</name>
     <value>2</value>
   </parameter>
   <parameter>
     <name>username</name>
     <value>kjqbuser</value>
   </parameter>
  </ResourceParams>
</Context>
```

代码中配置的连接池名称为 jdbc/postdb1，站点名为 syy，站点位于 D:\syy，JDBC 驱动程序为"Oracle.jdbc.driver.OracleDriver"，连接的数据库是位于 202.207.120.171 服务器机器的 student，连接的用户名与口令分别是 kjqbuser 与 abc789，连接池在同一时刻的最大活动连接数为 100，连接池在空闲时刻保持的最大连接数为 2，当发生异常时（如没有可用连接）数据库等待的最大毫秒数为 5000。

配置好连接池之后，需要在欲访问数据库的 JSP 程序中，增加从连接池中取得连接的相关代码，然后再发送 SQL 语句以及处理执行结果。这种方法中，不需要将数据库服务器的地址、连接信息（即数据库用户名、密码）再写入每一个 JSP 程序中。下面就是利用连接池、将 p1.jsp 程序进行了改动的 JSP 程序的参考代码（p2.jsp）。

```jsp
<%@ page contentType="text/html;charset=gb2312"%>
<%@ page import="java.sql.*"%>
<%@ page import="javax.naming.Context "%>
<%@ page import="javax.sql.DataSource "%>
<%@ page import="javax.naming.InitialContext "%>
<html>
<body>
<table width="500" border="1">
<%
Statement stmt =null;
ResultSet rs=null;
String sql="SELECT * FROM jigoub";
Connection cn=null;
//查找上下文命名变量 java:comp/env，因为所有配置的连接池都会放在这里
Context initCtx = new InitialContext();
Context envCtx = (Context) initCtx.lookup("java:comp/env");
//查找我们的连接池
DataSource ds = (DataSource)envCtx.lookup("jdbc/postdb1");
if(ds!=null){
   cn=ds.getConnection();//从连接池取得一个连接
  if(cn!=null){
       stmt = cn.prepareStatement(sql,
ResultSet.TYPE_SCROLL_SENSITIVE,ResultSet.CONCUR_UPDATABLE);
 rs=stmt.executeQuery(sql); //发送 SQL 语句
      }
    }
//处理 SQL 执行结果
while(rs.next()) {%>
<tr><td><%=rs.getString("jgmc")%> </td>
<td> <%=rs.getString(2)%></td>
</tr>
<%}%>
</table>
<%out.print("很好！数据库操作成功！");%>
<%//关闭所创建的各个对象
rs.close();
stmt.close();
cn.close();
%>
</body>
</html>
```

此时，在浏览器输入地址"http:// 202.207.120.171:8087/syy/p2.jsp"，就可以获得机构名称信息，实现与 p1.jsp 一样的功能，但是系统的性能却得到了提高。

注：程序 p1.jsp 与 p2.jsp 已经在 Tomcat 5.0、JDK 1.5、Oracle 9.2.0.1.0 for Windows 及 Oracle 9.2.0.4.0 for Red Flag Linux 4.1 环境中测试通过。

参 考 文 献

［1］ Marie St. Gelais. Oracle9i Database Administration Fundamentals I. Oracle Corporation, 2002.

［2］ Donna Keesling. Oracle9i Database Administration Fundamentals II. Oracle Corporation, 2002.

［3］ 蒋秀凤. Oracle9i 数据库管理教程［M］. 北京：清华大学出版社，2005.

［4］ 孟德欣. Oracle9i 数据库技术［M］. 北京：清华大学出版社，北京交通大学出版社，2004.

［5］ 王海亮. Oracle9i 快速入门［M］. 北京：中国水利水电出版社，2004.

［6］ 孙佳. JSP+Oracle 动态网站开发案例精选［M］. 北京：清华大学出版社，2005.

［7］ Lannes L. Morris-Murphy. Oracle9i 数据库管理员 II：备份/恢复与网络管理［M］. 天宏工作室. 译. 北京：清华大学出版社，2004.

［8］ 黄河. Oracle9i for Windows NT/2000 数据库系统培训教程（基础篇）［M］. 北京：清华大学出版社，2002.

［9］ 黄河. Oracle9i for Windows NT/2000 数据库系统培训教程（高级篇）［M］. 北京：清华大学出版社，2003.

［10］ 李卓玲. 数据库实用技术教程（基于 Oracle 系统）［M］. 北京：高等教育出版社，2007.

专业技术人才知识更新工程（"653工程"）简介

为贯彻落实《中共中央、国务院关于进一步加强人才工作的决定》，进一步加强专业技术人才队伍建设，国家人力资源和社会保障部于2005年9月27日印发了《专业技术人才知识更新工程（"653工程"）实施方案》（国人部发〔2005〕73号），《方案》指出：从2005年开始到2010年6年间，国家将在现代农业、现代制造、信息技术、能源技术、现代管理等5个领域，重点培训300万名紧跟科技发展前沿、创新能力强的中高级专业技术人才。

专业技术人才知识更新工程（"653工程"）作为高素质人才队伍建设的重点项目被列入《中国国民经济和社会发展第十一个五年规划纲要》。

信息技术领域"653工程"介绍

工业和信息化部为配合实施开展信息技术领域的"653工程"，于2006年1月19日联合人力资源和社会保障部下发了《信息专业技术人才知识更新工程（"653工程"）实施办法》（国人厅发〔2006〕8号），《办法》指出：根据我国信息技术发展和信息专业技术人才队伍建设的实际需要，从2006年至2010年，在我国信息技术领域开展大规模的专业技术人员继续教育活动，每年开展专业技术人才知识更新培训12万人次左右，6年内共培训信息技术领域各类中高级创新型、复合型、实用型人才70万人次左右。

信息技术领域的"653工程"由人力资源和社会保障部、工业和信息化部共同组织实施，工业和信息化部具体负责。成立"全国信息专业技术人才知识更新工程办公室"，负责领导小组和专家指导委员会及"653工程"的各项日常工作，办公室设立在信息产业部电子人才交流中心，承担具体工作。

全国计算机专业人才考试

"全国计算机专业人才考试"是国家信息产业部电子人才交流中心推出的国家级计算机人才评定体系，是信息技术领域"653工程"示范性项目。该体系以计算机技术在各行业、各岗位的广泛应用为基础，对从事或即将从事信息技术工作的专业人才进行综合评价，通过科学、完善的测评体系，准确考量专业人才的技术水平和从事计算机工作所需的逻辑思维及协作能力，提高其整体素质和创新能力。

"全国计算机专业人才考试"采用全国统一大纲、统一命题、统一组织的考试方式，考试合格者获得由信息产业部电子人才交流中心颁发的《全国计算机专业人才证书》。该证书是计算机从业人员胜任相关工作的岗位能力证明，各单位可将证书作为专业技术人员职业能力考核、岗位聘用、任职、定级和晋升职务的重要依据。同时，证书持有人相关信息将被直接纳入工业和信息化部人才网。

中国 IT 人才网

中国 IT 人才网（www.ittalent.com.cn）是信息产业部电子人才交流中心主办的国内最大的 IT 人才服务综合平台，也是工业和信息化部直属 IT 人才库，为广大 IT 人才和企业提供一站式人才服务，具备以下鲜明的特点：

专业：集中于信息技术和工程领域，包含计算机软硬件、网络通信、电子电气等专业。

权威：由信息产业部电子人才交流中心主办，承担工业和信息化部 IT 人才库的功能，拥有海量的企业资源和 IT 人才信息。

系统：覆盖了人才服务的整个产业链，全面系统地整合了人才培养、人才评测、人才交流等环节的资源和功能，具备强大的 IT 人才网络体系。

每天有十万会员企业在中国 IT 人才网提供上百万的 IT 职位，搜索、招聘优秀的 IT 人才。针对个人用户，中国 IT 人才网提供详尽的简历库，专业、权威的职业测评报告和应聘进展动态报告，帮助求职者准确了解自己，即时知晓应聘过程。同时，网站还致力于打造一个终身教育培训的平台，通过线上线下配套的教育服务，提高 IT 职场人士的求职竞争力。

你获得的服务

本系列教材作为"653 工程"指定教材，严格按照《信息专业技术人才知识更新工程（"653 工程"）实施办法》的要求，以培养符合社会需求的信息专业技术人才为目标，力求培养创新型、复合型、实用型人才。为了更好地检验学生的专业技能，本系列教材编委会在编写教材的同时，还研发了一套既紧扣教材又贴近实际应用的考试，所有学习本系列教材的学员均可参加相应科目的考试，考试合格者将获得由信息产业部电子人才交流中心颁发的"全国计算机专业人才"证书，作为所掌握职业能力的权威证明，以及岗位聘用、任职、定级和晋升职务的重要依据。

同时，将为获得"全国计算机专业人才"证书的学员发放登录中国 IT 人才网的账号及密码，可以参加职场素质测评并获得职场素质测评报告。本测试基于"天生我材必有用"的理念，将通过职场天赋、职场潜能、职场惯性、职场经验等 4 个评价元素，让你全面了解自己的分析力、个性特质、职位素质、组织角色行为，帮助你发现和确定自己的职业兴趣和能力特长。

官方网站：http://www.miitec.org.cn/zyks/

咨询电话：010-68208669/72/62